新时代大数据管理与应用专业
新形态系列教材

Big Data Analytics
and Mining

大数据分析与挖掘

刘伟◎主编

清华大学出版社
北京

内 容 简 介

作为近十几年来大数据、人工智能行业飞速发展最重要的驱动技术之一,大数据分析与挖掘已经成为各个行业商业决策的必备技术。本书紧跟数据科学前沿,旨在帮助读者建立大数据分析与挖掘的思维框架,培养其使用数据驱动的方法解决商业决策问题的能力。本书秉承经典、主流和发展的理念,重点介绍了大数据分析与挖掘的主要步骤,关联分析、分类和聚类等经典算法的原理以及文本挖掘和深度学习等最新算法和应用。本书内容设计采用"算法原理＋商业案例"的方式,突出课程的实践性和应用性特点。

本书适合作为开设数据挖掘、机器学习及大数据分析类课程的高校课程教材,也可作为从事数据挖掘开发、高级数据分析的企事业单位工作人员以及从事大数据分析应用研究的科研人员的参考书。

图书在版编目(CIP)数据

大数据分析与挖掘/刘伟主编.—北京:清华大学出版社,2024.5
新时代大数据管理与应用专业新形态系列教材
ISBN 978-7-302-66200-6

Ⅰ.①大… Ⅱ.①刘… Ⅲ.①数据处理－教材 Ⅳ.①TP274

中国国家版本馆 CIP 数据核字(2024)第 085326 号

责任编辑:张　伟
封面设计:李召霞
责任校对:王荣静
责任印制:刘海龙

出版发行:清华大学出版社
网　　　址:https://www.tup.com.cn,https://www.wqxuetang.com
地　　　址:北京清华大学学研大厦 A 座　　　邮　　编:100084
社 总 机:010-83470000　　　　　　　　　邮　　购:010-62786544
投稿与读者服务:010-62776969,c-service@tup.tsinghua.edu.cn
质量反馈:010-62772015,zhiliang@tup.tsinghua.edu.cn
课件下载:https://www.tup.com.cn,010-83470332
印 装 者:北京同文印刷有限责任公司
经　　销:全国新华书店
开　　本:185mm×260mm　　印　　张:16.25　　　　字　　数:398千字
版　　次:2024 年 5 月第 1 版　　　　　　　　　印　　次:2024 年 5 月第 1 次印刷
定　　价:49.00 元

产品编号:101818-01

前言

大数据作为移动互联网、云计算、物联网和人工智能等新兴信息技术变革驱动而形成的要素资源,在政府公共治理、商务、医疗健康、金融等经济社会各领域催生许多新兴商业模式,也为国家、产业、组织和个人等经济主体带来管理决策范式的变革,深刻改变生产方式、生活方式和社会治理方式。以 GPT(Generative Pre-Trained Transformer,生成式预训练转换模型)为代表利用大数据(big data)的人工智能应用正在对商业运行的内在逻辑产生颠覆性影响,带来产业、就业等领域的重大变革。各国政府都从国家战略层面推出大数据相关的战略规划以应对其带来的深层次挑战,我国也高度重视数据要素的基础性作用,提出一系列重要的政策部署。2015 年党的十八届五中全会提出实施国家大数据战略,国务院印发《促进大数据发展行动纲要》(国发〔2015〕50 号),提出数据已成为国家基础性战略资源,加快建设数据强国。2022 年《中共中央 国务院关于构建数据基础制度更好发挥数据要素作用的意见》进一步明确加快构建数据基础制度,充分发挥我国海量数据规模和丰富应用场景优势,构筑国家竞争新优势。大数据在经济社会、政府决策、产业政策、商业运营和公共治理等方面将发挥越来越重要的作用,大数据分析与挖掘为大数据的应用提供重要的工具和手段。

本书作者从商业实践应用出发,结合具体数据驱动的商业决策案例,深入浅出地介绍大数据分析与挖掘建模过程的关键技术和算法,包括数据预处理、特征工程与降维、关联分析、回归分析、分类、集成分类方法、聚类、文本挖掘、神经网络与深度学习等主要知识点。本书的内容设计秉承经典、主流与发展结合的理念,以"新文科"建设背景下经济管理类本科专业教学为导向,采用"理论驱动+案例教学"的编写方式,以大数据分析与挖掘过程和经典算法为主线,融合机器学习的最新发展和应用,重点突出大数据分析与挖掘技术对不同类型数据驱动的商业决策的支持和作用,让读者在了解大数据分析与挖掘的基本理论框架的同时,把握应用大数据分析与挖掘技术解决商业应用问题的方法。

本书共 10 章。第 1 章大数据分析与挖掘概论,介绍大数据分析与挖掘的应用、相关概念、模式及技术等内容;第 2 章数据预处理,阐述数据类型、邻近性度量、数据预处理过程和方法等内容;第 3 章特征工程与降维,主要介绍特征变换与选择的策略、主成分分析、因子分析等常用的降维方法;第 4 章关联分析,主要讨论关联规则的商业应用、Apriori 算法、FP-Growth 算法及关联规则评价;第 5 章回归分析,主要介绍回归分析的商业应用、线性回归算法及正则化、回归模型的评估及逻辑回归算法;第 6 章分类和第 7 章集成分类方法,主要阐述分类方法的商业应用、决策树算法、朴素贝叶斯算法、k-最近邻算法、支持向量机算法、Boosting 算法、Bagging 算法及分类模型评价等;第 8 章聚类,主要讨论聚类的商业应用、基于划分的聚类方法、基于层次的聚类方法、基于密度的聚类方法、基于网格的聚类方法、基于模型的聚类方法及聚类评估等；第 9 章文本挖掘，主要介绍文本挖掘的商业应用、文本表示方法、文本降维、主题分析及情感分析等；第 10 章神经网络与深度学习，主要介绍深度学习的商业应用、神经网络的原理、反向传播算法、卷积神经网络和循环神经网络等。章后还配套应用实例、课后习题和即测即练，方便读者学习和理解。

本书凝聚了作者多年来从事数据挖掘与商务智能课程教学和研究的经验，是工作成果的汇总和整理。

本书由刘伟教授担任主编，祝志杰副教授和许莉薇副教授担任副主编。其中，刘伟教授提出总体方案，完成第 1、9 章的编写，并进行全书的统稿工作；祝志杰副教授完成第 3、5、8 章的编写；许莉薇副教授完成第 6、7、10 章的编写；赵灼老师完成第 2 章的编写；郝建民老师完成第 4 章的编写。在此，向参与本书写作的各位老师表示衷心的感谢！

感谢清华大学出版社提供的机会，使我们的教学积累得以出版。感谢在写作过程中参考的各文献的作者，感谢提出写作意见的专家。

尽管在编写过程中付出许多努力，但由于资料收集不够全面、知识更新快、作者能力有限，本书还存在很多不足之处，恳请读者批评指正，并将意见和建议及时反馈给我们，帮助我们改进此书。

刘 伟

2024 年 1 月于大连

目录

第1章　大数据分析与挖掘概论 ································· 1

1.1　大数据及其应用 ·································· 1

1.2　大数据分析与挖掘的相关概念 ················· 3

1.3　大数据分析与挖掘的模式 ····················· 7

1.4　大数据分析与挖掘技术 ······················· 10

课后习题 ··· 13

应用实例 ··· 13

即测即练 ··· 14

第2章　数据预处理 ······································ 15

2.1　数据类型 ···································· 15

2.2　数据的邻近性度量 ····························· 16

2.3　数据预处理过程 ······························ 20

2.4　数据预处理方法 ······························ 21

课后习题 ··· 30

应用实例 ··· 30

即测即练 ··· 30

第3章　特征工程与降维 ·································· 31

3.1　特征工程 ···································· 31

3.2　降维方法 ···································· 40

课后习题 ··· 53

应用实例 ··· 54

即测即练 ··· 54

第4章　关联分析 ·· 55

4.1　关联规则的概念 ······························ 55

4.2 Apriori 算法 ·· 57

4.3 FP-Growth 算法 ·· 64

4.4 关联规则评价 ··· 74

课后习题 ·· 77

应用实例 ·· 78

即测即练 ·· 78

第 5 章 回归分析 ··· 79

5.1 回归分析概述 ··· 79

5.2 线性回归 ·· 81

5.3 线性回归正则化 ··· 92

5.4 逻辑回归 ··· 100

课后习题 ··· 104

应用实例 ··· 105

即测即练 ··· 105

第 6 章 分类 ··· 106

6.1 分类方法概述 ·· 106

6.2 决策树分类 ·· 107

6.3 朴素贝叶斯 ·· 117

6.4 k-最近邻 ··· 119

6.5 支持向量机 ·· 121

6.6 模型评估与选择 ·· 125

课后习题 ··· 132

应用实例 ··· 133

即测即练 ··· 133

第 7 章 集成分类方法 ··· 134

7.1 集成分类方法概述 ·· 134

7.2 Boosting ·· 135

7.3 Bagging ··· 143

课后习题 ··· 147

应用实例 ··· 147

即测即练 ··· 147

第8章 聚类 148

8.1 聚类概述 148

8.2 基于划分的聚类方法 150

8.3 基于层次的聚类方法 153

8.4 基于密度的聚类方法 157

8.5 基于网格的聚类方法 161

8.6 基于模型的聚类方法 168

8.7 聚类评估 170

课后习题 174

应用实例 175

即测即练 175

第9章 文本挖掘 176

9.1 文本挖掘概述 176

9.2 文本表示方法 178

9.3 文本降维 186

9.4 主题分析 188

9.5 情感分析 191

课后习题 196

应用实例 196

即测即练 196

第10章 神经网络与深度学习 197

10.1 深度学习概述 197

10.2 多层感知机 197

10.3 反向传播算法 199

10.4 卷积神经网络 202

10.5 循环神经网络 211

10.6 深度学习方法的优化 223

课后习题 243

应用实例 244

即测即练 244

参考文献 245

第 1 章
大数据分析与挖掘概论

　　随着 Web 2.0、物联网等信息技术的发展,组织内部积累了各种业务系统中形成的结构化数据,同时也能够获取海量的非结构化数据,如用户的评论数据、产品和设备状态的实时数据、各类社交媒体平台的数据。这些非结构化数据呈现出海量、多样、高速等特点,需要使用以机器学习为代表的数据挖掘技术进行大数据分析与处理,为组织的智能化决策提供帮助。

1.1　大数据及其应用

1.1.1　大数据的概念

　　我们正生活在大数据时代,互联网时刻在产生来自商业、社会、科学和工程、医学以及日常生活的方方面面的大数据。数据的爆炸式增长是技术驱动数字社会转型和功能强大的数据存储工具快速发展的结果。全世界范围内的商业活动产生了海量的结构化数据,如产品销售、金融交易、电子商务、组织运营以及顾客服务等业务产生的数据。科学和工程实践持续地从遥感、过程测量、科学实验、系统实施、工程观测和环境监测中产生海量的实时数据。医疗领域的医疗记录、病人监护和医学图像也是重要的健康大数据来源。社会化媒体发展,使各类商务平台、政务平台、网络社区、搜索引擎和社交软件等已经成为日趋重要的非结构化数据来源,包括文本、图片、视频、Web 页等,蕴含着重要的价值。

　　大数据的概念起源于 2008 年 9 月 *Nature* 杂志刊登的名为“Big Data”的专题。2011年,*Science* 杂志也推出专刊 *Dealing with Data* 对大数据计算问题进行讨论。维克托·迈尔-舍恩伯格(Viktor Mayer-Schönberger)及肯尼思·库克耶(Kenneth Cukier)所著的《大数据时代》一书中,提出大数据是摒弃了抽样调查而采用所有数据进行分析处理的方法。Gartner 将“大数据”定义为需要新处理模式才能具有更强的决策力、洞察发现力和流程优化能力的海量、高增长率和多样化的信息资产。

　　目前,大数据并没有一个明确的定义。从狭义层面,大数据通常被理解为“用现有的一般技术难以管理的大量数据的集合”。然而,该定义仅着眼于“大数据”一词的数据相关性质,并不能全面解释大数据相关的问题和内容。从广义层面,所谓“大数据”,包括因具备 4V特征而难以进行管理的数据,也包括对这些数据进行存储、处理、分析的技术,以及能够通过分析这些数据获得实用价值的人员、组织和系统。其中,“存储、处理、分析的技术”指的是用于大规模数据分布式处理的框架 Hadoop、具备良好扩展性的 NoSQL(非关系型数据库),以及机器学习(machine learning)和统计分析方法等。"能够通过分析这些数据获得实用价值的人员、组织和系统"指的是能够对大数据进行有效存储和运用的技术人员、数据分析公司和管理信息系统。

1.1.2 大数据的特征

大数据具有四个维度的特征,包括规模性(volume)、多样性(variety)、高速性(velocity)和价值性(value),简称 4V 特征。

(1) 规模性。从大数据的定义可知,规模性体现在数据的存储和计算均需要耗费海量的计算资源,现在来看,基本上是指从几十 TB 到几 PB 的数量级。随着数据处理技术的进步,这个数值也在不断变化。若干年后,也许只有几个 EB 数量级的数据量才称得上是大数据。中商产业研究院发布的《2023 年全球及中国数据产量预测分析》数据显示,全球数据产量由 2019 年的 42 ZB 增长至 2022 年的 81.3 ZB,复合年均增长率达 24.6%。另外,对于不同的应用领域,大数据的数据量也有所不同。例如互联网大数据要比传统制造业大数据量大得多,而随着智能制造中大量使用物联网、移动计算等"5G+工业互联网"技术,现代制造业中的大数据同样具有海量性。

(2) 多样性。多样性指的是大数据来源和形式的多样性,体现为多模态数据。大数据类型十分丰富,主要包括结构化数据和非结构化数据。随着 Web 2.0 技术、移动互联网的发展,网络中产生了大量非结构化数据,如位置信息、文本、图片、音频和视频等。现代企业运营中会产生生产、销售、库存、财务、人事等结构化数据,还会收集和使用海量非结构化数据,如网站日志、社交网络、全球定位系统(GPS)位置数据和温湿度等传感器数据,以及图片、语音和视频等各种非结构化数据。这些类型繁多的多源异构数据,对大数据分析处理提出了许多挑战。

(3) 高速性。高速性是指大数据产生和更新的频率很快。例如,POS 机(销售点终端机)交易数据、电商网站点击流、购买数据和评论数据、社交网站中用户发布的推文数据、搜索引擎的实时搜索数据、移动应用商店的 App 下载数据、市场遍布全球的传感器和摄像头所采集的数据等,这些数据以极高的速度产生、存储和利用,对这些数据的分析和处理颇具挑战。大数据分析处理的需求推动了流数据处理等新技术的发展,产生实时分析结果,用于指导生产和生活实践。

(4) 价值性。大数据蕴含着重要价值,价值性体现大数据分析与应用的目的。通过深入的大数据分析与挖掘,可以为企业与政府等组织的经营和管理决策提供有效支持,创造巨大的经济社会价值。同时,大数据也具有价值密度低的特点。一般价值高低与数据总量的大小成反比,以视频为例,一部 1 小时的视频,在不间断的监控中,有用数据可能仅有几秒。如何通过强大的人工智能和机器学习算法实现大数据的价值提取,成为目前大数据分析亟待解决的难题。

1.1.3 大数据的应用

新兴信息技术发展及在各个行业的应用,使得行业大数据的应用越来越深入,产生了重要的经济社会价值。如金融大数据、消费大数据、工业大数据、城市大数据、政府治理大数据等应用领域,实现数据驱动的管理决策,显著提升企业管理和政府治理水平与能力。

(1) 金融大数据。金融领域是数字化转型较为成熟的领域,线上线下业务积累了海量的用户数据和业务数据。如中国建设银行加速推进业务、数据、技术“三大中台”建设,数据中台方面,以共享数据资源和能力为核心,夯实多源异构数据的统一数据基础,持续丰富智能数据产品货架,打造全域数据视图。中国建设银行网站显示,截至 2022 年底,建设银行金融科技投入 232.90 亿元,占营业收入的 2.83%;线上用户数超过了 5 亿户,其中手机银行用户数达到 4.4 亿户,月均月活数 1.32 亿户;“建行生活”客户数达 1 亿规模。大数据在金融行业的应用包括精准营销、风险管控、决策支持、效率提升和产品设计等方面。

(2) 消费大数据。电子商务日益成为人们消费的主要渠道。电商数据较为集中,数据量足够大,数据种类较多,使用电商数据挖掘消费者需求以及高效整合供应链满足其需求的能力越来越重要。消费大数据的应用包括预测流行趋势、消费趋势、地域消费特点、客户消费习惯、消费热点、影响消费的因素等。

(3) 工业大数据。工业互联网的主要特征是智能和互联,通过充分利用信息通信技术,把产品、机器、资源和人有机结合在一起,推动制造业向基于大数据分析与应用的智能化转型。随着智能制造时代的到来,工业大数据的应用将成为提升制造业生产力、竞争力、创新能力的关键要素。工业大数据的应用包括提升工厂运营效率、优化供应链、创新商业模式、提升产品质量等方面。

(4) 城市大数据。城市大数据是指在城市发展过程中形成的数据资源,包括人口、交通、环境、经济、社会、文化等方面的信息。对这些数据的收集、整理、分析与应用,可以为政府决策提供科学依据,为社会公众提供服务,促进城市可持续发展,显著提升智慧城市治理水平。以交通大数据为例,一方面可以利用交通传感器数据了解车辆通行密度,合理进行道路规划;另一方面可以利用交通大数据来实现即时交通信号调度,提高线路运行能力。

(5) 政府治理大数据。政府利用经济、资源、公众等方面大数据,可以显著提升政府智慧治理能力,优化资源配置。如政府依据经济发展大数据,可以了解地区经济发展情况、产业发展情况、人民生活状况等,科学地制定宏观政策。政府使用大数据舆情监控,以减少群体性事件,提升社会治理水平。

1.2　大数据分析与挖掘的相关概念

1.2.1　大数据分析与挖掘的重要性

1. 商业实践与现实需求

数字技术驱动的商业实践积累了海量的数据,数据的广泛性和多样性产生了“数据丰富,但信息贫乏”的现象。快速增长的海量数据被收集、存放在数据库中,没有强有力的数据分析工具,理解它们已经远远超出了人的能力。这样,商业决策通常不是基于数据库中含有丰富信息的数据,而是基于决策者的直觉,原因在于决策者缺乏从海量数据中提取有价值知识的工具。尽管学术界和产业界在开发专家系统与知识库系统方面已经做出很大的努力，但是这种系统通常依赖用户或领域专家人工地将知识输入知识库，这一过程常常有偏差和错误，并且费用高、耗费时间。

大量数据不仅仅累积在数据库和数据仓库中，20 世纪 90 年代，万维网和基于 Web 的数据库（如 XML 数据库）开始出现。诸如万维网和各种互联的、异种数据库等基于互联网的全球信息库已经出现，并在信息产业中扮演极其重要的角色。数据和信息之间的鸿沟越来越宽，通过集成信息检索、数据挖掘和信息网络分析技术来有效地分析这些不同形式的数据成为一项具有挑战性的任务。这就要求系统地开发大数据挖掘（big data mining）技术，对海量的结构化大数据和非结构化大数据进行高效处理，以实现数据驱动的商业决策。

2. 解决方案

数据的爆炸式增长、广泛可用和巨大数量使我们的时代成为真正的数据时代。在这个时代，我们急需功能强大和通用的工具，以便从这些海量数据中发现有价值的信息，把它们转化成有组织的知识。大数据分析与挖掘的手段通常有两种：一是通过数据仓库，进行联机分析处理（OLAP）；二是通过数据挖掘建模从大规模数据中抽取有用的知识。OLAP 是一种分析技术，具有汇总、合并和聚集以及从不同的角度观察信息的能力。尽管 OLAP 工具支持多维分析和决策，但是对于深层次的分析，仍然需要其他分析工具，如提供数据分类（classification）、聚类（clustering）、离群点/异常检测和刻画数据随时间变化等特征的大数据挖掘技术。本书将重点介绍大数据挖掘的建模方法。

数据挖掘可以看作信息技术自然进化的结果。数据库和数据管理在一些关键功能的开发上不断发展：数据收集和数据库创建、数据管理（包括数据存储和检索）和高级数据分析（包括数据仓库和数据挖掘）。作为高级数据分析的手段，数据挖掘可以把大型数据集转换成有价值的知识。像 Google（谷歌）搜索引擎每天接受数亿次查询，每个查询都被看作一个事务，用户通过事务描述他们的信息需求。随着时间的推移，搜索引擎可以从这些大量的搜索查询中学到新颖的、有用的知识。如 Google 的 Flu Trends（流感趋势）使用特殊的搜索项作为流感活动的指示器，发现了搜索流感相关信息的人数与实际具有流感症状的人数之间的紧密联系。使用聚集的搜索数据，Google 的 Flu Trends 可以比传统的系统早两周对流感活动作出评估。因此，大数据挖掘已经成为大数据时代商业决策的最重要技术和工具。

1.2.2 相关概念

1. 大数据挖掘

大数据挖掘是从海量的结构化数据和非结构化数据中挖掘出隐含的、未知的、用户可能感兴趣的、对决策有价值的知识和规则的过程。大数据挖掘涉及机器学习、统计学、数据库与数据仓库、信息检索、算法、模式识别、分布式计算、可视化技术等核心技术；数据源包括数据库、数据仓库、Web 数据、文本、多媒体数据、空间数据、时序数据等结构化数据和非结构化数据。

大数据挖掘是人工智能和数据库领域研究的热点问题,其任务有关联分析、聚类分析、分类分析、离群点分析等。大数据挖掘的应用领域包括商务管理、生产控制、市场分析、运营管理、政府治理、智慧城市管理、工程设计和科学研究等方面。

2. 知识发现

知识发现(knowledge discovery in database,KDD)是应用特定的数据挖掘算法按指定方式和阈值抽取有价值的知识,以及评价解释模式的一个循环反复过程。知识发现的过程包括数据获取、数据预处理、数据挖掘、结果评价与解释等步骤,从这一视角来看,数据挖掘是知识发现的一个环节。但是现实中,往往将两者等同起来,数据挖掘多为统计学、数据分析及管理信息系统领域采用,而知识发现通常用于人工智能、机器学习领域。

3. 商务智能

商务智能(business intelligence)是一个从大规模数据中发现潜在的、新颖的、有用的知识的过程,旨在支持组织的业务运作和管理决策。

商务智能是一套完整的解决方案,它将数据仓库、联机分析处理和数据挖掘等结合起来应用到商业活动中,从不同的数据源收集数据,对数据进行抽取、转换和装载,将所得到的信息存入数据仓库或数据集市,然后使用合适的查询与分析工具、联机分析处理工具和数据挖掘工具对信息进行处理,将信息转变为辅助决策的知识,最后将知识呈现在用户面前,以实现技术服务与决策的目的。

因此,数据挖掘侧重从海量数据中发现隐含的、未知的并有潜在价值的信息,是商务智能最重要的技术基础。商务智能是数据挖掘的应用,目的是为企业提供数据驱动的决策支持。数据挖掘与商务智能的关系如图 1-1 所示。

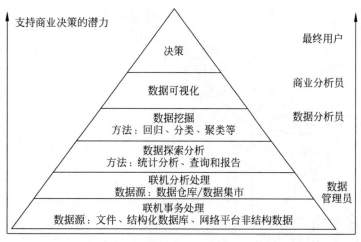

图 1-1　数据挖掘与商务智能的关系

作为商务智能的核心技术,数据挖掘的商业应用体系包括行业应用层、商业逻辑层、数据挖掘算法层(图 1-2)。其中,行业应用层是不同数据挖掘算法所解决的各类商业问题。

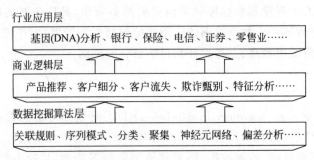

图 1-2　数据挖掘的商业应用体系

1.2.3　大数据分析与挖掘的过程

大数据分析与挖掘的过程包括数据准备、模型构建与评估、结果表达和解释三个环节，具体由七个步骤构成，如图 1-3 所示。

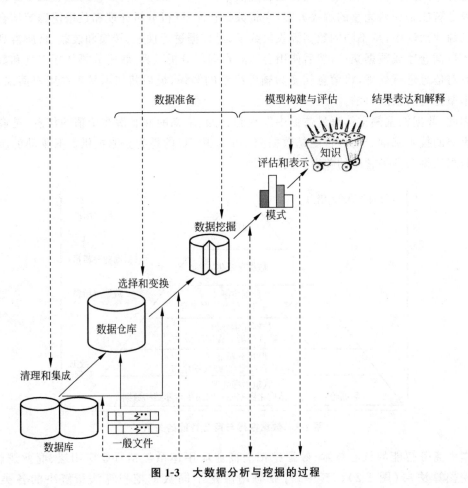

图 1-3　大数据分析与挖掘的过程

（1）数据清理［消除噪声（noise）和删除不一致数据］。

（2）数据集成（将多种数据源组合在一起）。

（3）数据选择（从数据库中提取与分析任务相关的数据）。

（4）数据变换（通过汇总或聚集操作，把数据变换和统一成适合挖掘的形式）。

（5）模型构建（使用机器学习、统计学等方法提取数据模式。建立模型是一个反复的过程，需要仔细考察不同的模型以判断哪个模型对商业问题最有用。先用一部分数据建立模型，然后再用剩下的数据来测试和验证这个得到的模型）。

（6）模式评估（根据某种兴趣度度量，识别真正有趣的模式）。

（7）知识表示（使用可视化和知识表示技术，向用户提供挖掘的知识）。

步骤（1）～（4）是数据预处理的过程，为大数据挖掘准备数据。模型构建与模式评估阶段可能与用户或知识库交互，然后将有趣的模式提供给用户，或作为新的知识存放在知识库中。有时数据变换在数据选择过程之前进行，特别是在数据仓库的情况下。可能还需要进行数据归约，以得到原始数据的较小表示，而不牺牲完整性。

1.3　大数据分析与挖掘的模式

1.3.1　模式类型

大数据分析与挖掘的任务是发现数据背后的规律和模式。一般而言，这些任务可以分为两类：描述型（descriptive）和预测型（predictive）。描述型挖掘任务是刻画目标数据中数据的一般性质。预测型挖掘任务是对当前数据进行归纳，以便作出预测。大数据分析与挖掘的具体算法和工具类型如图 1-4 所示。

1.3.2　关联规则

关联规则（association rule）挖掘是在大量数据中挖掘数据项之间的关联关系，寻找可靠的频繁模式，其典型的应用就是购物篮分析。

频繁模式是在数据中频繁出现的模式，存在多种类型的频繁模式，包括频繁项集、频繁子序列和频繁子结构。频繁项集一般是指频繁地在事务数据集中一起出现的项的集合，如超市中被许多顾客频繁地一起购买的商品组合（如牛奶和面包、啤酒和尿布、相机和存储卡等）。频繁子序列是频繁出现的项的序列模式，如顾客倾向于先购买便携计算机，再购买数码相机，然后购买内存卡这样的模式就是一个频繁序列模式。子结构可能涉及不同的结构形式（例如，图、树或格），可以与项集

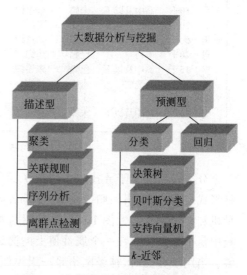

图 1-4　大数据分析与挖掘的具体算法和
工具类型

或子序列结合在一起。如果一个子结构频繁地出现,则称它为频繁结构模式。挖掘频繁模式以发现数据中有趣的关联关系。

例:关联分析。假设作为超市经理,你想知道哪些商品经常被一起购买(即在相同的事务中)。从超市的事务数据库中挖掘出来的这种关联规则的一个例子是

$$buys(X, \text{“computer”}) => buys(X, \text{“software”})[support = 1\%, confidence = 50\%]$$

其中,X 代表顾客。50%的置信度意味着如果一位顾客购买计算机,则购买软件的可能性是50%。1%的支持度意味着所分析的所有事务的1%显示计算机与软件一起被购买。这个关联规则涉及单个的属性或谓词(即 buys)。通常,一个关联规则如果同时满足最小支持度阈值和最小置信度阈值,则认为是一个有趣的关联关系。

关联规则挖掘在很多领域有广泛应用,如产品推荐、网络入侵检测、基因分析、医疗诊断等。

1.3.3 分类

分类是一种典型的有监督学习(supervised learning)问题,用于建立数据特征和数据类别之间映射关系的模型,以便使用模型预测类标号未知的对象的类标号。分类的过程一般包括分类器训练和预测两个阶段。通常会将已有数据集划分为训练集和测试集两个部分,训练集用来训练分类器,测试集用来评估分类器的效果,训练集中的每一个样本除了包含一些特征外,还有一个标注好的标签类别。分类器训练完成后,能够对没有类别标签的样本进行预测,得到合适的标签。分类器的构建流程如图1-5所示。

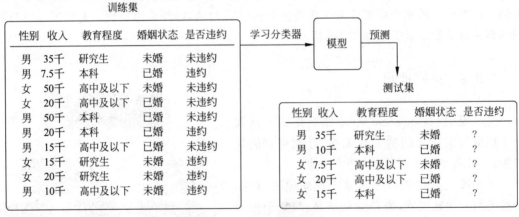

图 1-5 分类器的构建流程

分类模型等价于寻找一个函数 f,不同分类模型体现在对 f 形式的假设不同,可以用多种形式表示,如逻辑回归(logistic regression)、决策树、朴素贝叶斯(Naïve Bayesian)、支持向量机和神经网络等。图1-6是决策树与神经网络。决策树是一种类似于流程图的树结构,其中每个结点代表在一个属性值上的测试,每个分枝代表测试的一个结果,而树叶代表类标签。当用于分类时,神经网络是一组类似于神经元的处理单元,单元之间加权连接。

分类模型广泛应用于疾病预测、信用风险评估、产品推荐、垃圾邮件检测等场景中。

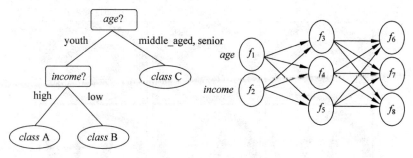

图 1-6　决策树与神经网络

1.3.4　回归

回归是一种确定两种或两种以上变量间相互依赖的定量关系的有监督学习方法，用于建立连续值函数模型。回归模型用来预测缺失或难以获得的数据值，而不是（离散的）类标号。在一个回归模型中，需要关注或预测的变量叫作因变量（响应变量或结果变量），用来解释因变量变化的变量叫作自变量（解释变量或预测变量）。

回归分析（regression analysis）按照涉及的变量的多少，可分为一元回归分析和多元回归分析；按照因变量的多少，可分为简单回归分析和多重回归分析；按照自变量和因变量之间的关系类型，可分为线性回归分析和非线性回归分析。

如图 1-7 所示，假设根据产品质量数据预测产品的用户满意度，这是一个典型回归分析的例子，因为所构造的回归模型将预测一个连续型的函数值。

回归模型广泛应用于收入预测、销量预测、库存预测和绩效预测等类别为连续值的场景中。

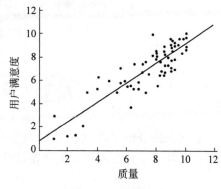

图 1-7　回归分析

1.3.5　聚类

聚类是对数据集中相似的样本进行分组的过程，是一种典型的无监督学习（unsupervised learning）方法。聚类中每个组称为一个“簇”，每个簇的样本对应一个潜在的类别。聚类分析是对未知类别标签的数据进行直接处理，其目标是使簇内样本的相似性最高，簇间样本的相似性最低。每一个簇看成一个类别，可以简化数据，从中寻找数据的内部结构。常见的聚类算法有 K-means（K-均值）、层次聚类和密度聚类等，如图 1-8 所示。

聚类分析广泛应用于商业、金融、医疗、教育、电商、旅游等行业涉及的市场细分、客户分类、产品定位、用户画像、信用评级等方面。

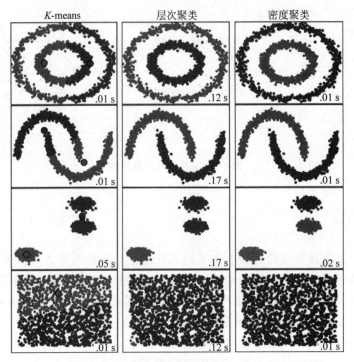

图 1-8　常见的聚类算法

1.4 大数据分析与挖掘技术

　　数据挖掘吸纳了诸如统计学、机器学习、模式识别、数据库和数据仓库、信息检索、可视化、算法、高性能计算和许多应用领域的大量技术,如图 1-9 所示。

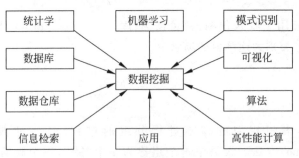

图 1-9　数据挖掘的相关技术

1.4.1　机器学习

　　机器学习是数据挖掘的核心技术,主要研究计算机程序基于数据自动地学习识别复杂的模式,并作出智能的决断。机器学习可用来找到将特征 X 和 Y 关联的模型 F,从数据到特征 X 的步骤通常是人工完成的(特征工程)。

机器学习的任务主要分为以下三类。

1. 有监督学习

有监督学习要求数据集中的样本带有一个输出标签,模型的目标是找到一个样本到标签的最佳映射,典型的有监督学习包括回归和分类。前者的标签是连续型的,如线性回归、岭回归、LASSO(Least Absolute Shrinkage and Selection Operator,最小绝对值收敛和选择算子算法)回归等算法;后者的标签是离散型的,如决策树、朴素贝叶斯、神经网络、支持向量机、Boosting/Bagging 等算法。深度学习(deep learning)是机器学习领域的一个新的研究方向,基于神经网络算法的扩展产生卷积神经网络(convolutional neural network,CNN 或 ConvNet)、递归神经网络(recursive neural network,RecNN)等算法。深度学习的应用非常广泛,包括图像识别、语音识别、自然语言处理、推荐系统等领域。

2. 无监督学习

无监督学习不要求数据集中的样本带有标签,它根据用户的兴趣来刻画数据的某种统计规律。典型的无监督学习包括聚类和关联规则挖掘等。聚类算法包括划分方法、层次聚类、密度聚类和谱聚类等;关联规则挖掘算法包括 Apriori 算法、FP 树(Frequent Pattern Tree,频繁模式树)等。

3. 强化学习

强化学习(reinforcement learning,RL)是一种特殊的机器学习方法,它让用户在学习过程中扮演主动角色,用于描述和解决智能体在与环境的交互过程中通过学习策略以达成回报最大化或实现特定目标的问题。强化学习可分为基于模式的强化学习(model-based RL)和无模式强化学习(model-free RL),以及主动强化学习(active RL)和被动强化学习(passive RL)。其中,主动强化学习方法可能要求用户(例如领域专家)对一个来自未标记的实例集或由学习程序合成的实例进行标记。给定可以要求标记的实例数量的约束,目的是通过主动地从用户获取知识来提高模型质量。

1.4.2　统计学

统计学研究数据的收集、分析、解释和表示。大数据挖掘与统计学具有紧密联系。统计模型是一组数学函数,它们用随机变量及其概率分布刻画目标对象的行为。统计模型广泛用于数据和数据类建模,如在数据特征化和分类这样的大数据挖掘任务中,可以建立目标类的统计模型。数据挖掘任务也可以建立在统计模型之上,如使用统计模型对噪声和缺失的数据值建模,大数据在集中挖掘模式时,可以使用该模型来帮助其识别数据中的噪声和缺失的数据值。

统计学研究开发许多使用数据和统计模型进行预测的工具。统计学方法可以用来汇总或描述数据集,帮助从数据中挖掘各种模式,以及理解产生和影响这些模式的潜在机制。推理统计学(或预测统计学)用某种方式对数据建模,解释观测中的随机性和确定性,并用来提取关于所考察的过程或总体的结论。

统计学方法也可以用来验证数据挖掘结果,如建立分类或预测模型之后,应该使用统计假设检验来验证模型。统计假设检验使用实验数据进行统计推断,如果结果不大可能随机出现,则为统计显著的。如果分类或预测模型有效,则该模型的描述统计量将增强模型的可靠性。

1.4.3 数据库与数据仓库

数据库系统研究关注最终用户创建、维护和使用数据库。数据库系统研究者已经建立了数据建模、查询语言、查询处理与优化方法、数据存储以及索引和存取方法等数据库的功能及工具。用户通过查询语言、用户界面、查询处理优化和事务管理,可以方便、灵活地访问数据。数据库系统因其在处理非常大的、相对结构化的数据集方面的高度可伸缩性而闻名。政府、企业等组织运营数据大多数是采用数据库进行管理,因此数据库也称为大数据挖掘重要的数据源和数据管理工具。

数据仓库是一种将多个异构数据源在单个站点以统一的模式组织存储的数据存储结构,让用户能运行查询、产生报告、执行分析,以支持管理决策。数据仓库的奠基人威廉·H.英蒙(William H. Inmon)对数据仓库的定义是:数据仓库是支持管理决策过程的、面向主题的、集成的、随时间变化的、用来支持管理人员决策的数据集合。数据仓库的底层是多个数据源,一般情况下,这些数据源可以是关系数据或其他类型数据,如平面文件(flat files)、XML(可扩展标记语言)文档等,从数据源中按照统一的规则抽取数据,经过数据清理、数据抽取和转换、数据过滤、数据汇总等过程,将数据转换成数据仓库所需的形式,并将其加载到数据仓库。数据仓库是为联机分析处理、大数据挖掘提供海量数据存储、数据组织的容器和解决数据集成问题的关键技术。

许多大数据挖掘任务都需要处理大型数据集,甚至是处理实时的快速流数据。因此,大数据挖掘可以很好地利用可伸缩的数据库技术,以便获得在大型数据集上的高效率和可伸缩性。此外,大数据挖掘任务也可以用来提升已有数据库系统的能力,以便满足高端用户复杂的数据分析需求。

1.4.4 信息检索

信息检索是信息按一定的方式进行加工、整理、组织并存储起来,再根据信息用户特定的需要将相关信息准确地查找出来的过程。信息检索是搜索文档或文档中信息的科学。文档可以是文本或多媒体,并且可能驻留在 Web 上。传统的信息检索与数据库系统之间的差别有两点:信息检索假定所搜索的数据是无结构的;信息检索查询主要用关键词,没有复杂的结构[不同于数据库系统中的 SQL(结构化查询语言)查询]。

信息检索的典型方法是采用概率模型。例如,文本文档可以看作词的包,即出现在文档中的词的多重集。文档的语言模型是生成文档中词的包的概率密度函数。两个文档之间的相似度可以用对应的语言模型之间的相似性度量。此外,一个文本文档集的主题可以用词汇表上的概率分布建模,称作主题模型。一个文本文档可以涉及多个主题,看作多主题混合模型。通过集成信息检索模型和数据挖掘技术,可以找出文档集中的主要主题,对集合中的每个文档,找出所涉及的主要主题。

由于万维网和电商平台、数字图书馆、数字政府、社交媒体平台等应用快速增长,大量文本和多媒体数据日益累积并且可以联机获得。对它们的有效搜索和分析对大数据挖掘提出了许多挑战性问题。因此,文本挖掘(text mining)和多媒体挖掘与信息检索方法集成已经变得日益重要。

1.4.5　算法

与机器学习模型相辅相成的是算法及算法的实现。在大数据分析的应用中,由于海量数据会显著增加算力需求,算法设计的重要性尤为突出,对大数据分析的效率具有重要影响。如决策树分类模型就有 ID3、C4.5 和 CART(分类与回归树)等算法。

从算法的角度来看,处理大数据主要有两个思路:一是降低算法的复杂度,即减小计算量,如对社交网络或电商平台等数据量特别大的数据集,采用抽样方法,再使用随机梯度下降算法;二是分布式计算,它的基本思想是把一个大问题分解成很多小问题,然后分而治之,如 MapReduce 框架。

1.4.6　分布式计算

互联网多源异构大数据,如社交网络、搜索数据和电商平台数据,是典型的非结构化大数据,需要占用海量的存储空间和较高性能的算力,单台计算机往往很难完成数据的分析与挖掘任务,需要借助分布式计算的方式来解决。

当前流行的分布式系统 Hadoop,已经被工业界诸多企业用作大规模数据存储和处理的标准工具。Hadoop 包括两个核心工具:HDFS(Hadoop 分布式文件系统)和 MapReduce。HDFS 实现数据存储,是一个运行在普通计算机组成的集群中的分布式文件系统,适合大文件的存储和处理,能够处理 GB、TB 甚至是 PB 级别的数据,具有很强的扩展性。MapReduce 实现数据处理,数据处理流程被分解成一个个 MapReduce 作业,特别适合数据的批量处理。使用 MapReduce 完成数据分析和建模任务,需要对算法的处理逻辑和流程进行重新设计。Spark 是另一个高效的分布式计算系统,核心思想是使用内存代替磁盘作为计算过程的数据存储,大大加快数据处理速度。

课后习题

1. 简述大数据的特征。
2. 简述大数据挖掘、知识发现与商务智能之间的关系。
3. 简述大数据分析与挖掘的过程。
4. 简述大数据分析挖掘的常见模式。
5. 简述大数据分析与挖掘的技术。

应用实例

即测即练

第 2 章

数据预处理

　　数据分析和挖掘成功与否的重要前提是数据的质量,错误的数据只会产生错误的分析结果,不适合的数据则会增加分析与挖掘的难度、降低效率。原始数据来源复杂多样、信息庞杂、采集和加工方法有别,存在不一致、不完整、重复、维度高等各种问题,也可能由于人工失误、意外事件、技术问题等产生错误数据、噪声数据。这样的数据不能直接使用,必须经过数据预处理,将其转变为干净、准确、简洁的数据,才能用于后续的分析和挖掘过程,进而提高挖掘的效率与准确性。据统计,在整个数据分析与挖掘过程中,用于数据准备和预处理的时间占到全部工作量的一半以上,由此可见数据预处理是大数据分析与挖掘中必不可少的重要一环。

2.1 数据类型

　　这里所说的数据类型并不是指编程语言所支持的字符型、整形、布尔型等,而是指数据的属性类型。数据集是数据对象的集合,一个数据对象代表一个实体。数据对象用一组刻画对象基本特征的属性来描述,属性可以具有不同的类型,由该属性可能具有的值的集合决定。数据的类型决定我们应使用何种工具和技术来分析数据。

2.1.1 标称属性

　　标称属性(nominal attribute)的值是一些符号或事物的名称,仅用于区分对象。对于标称属性,值之间的排列顺序是不重要的,每一个值代表某种类别、编码或状态,所以标称属性又被看作是分类的。例如产品的 color(颜色)属性就是一个典型的标称属性,可以有五种取值: red(红)、yellow(黄)、blue(蓝)、green(绿)、white(白)。标称属性不能求均值和中位数,但能够找出众数。

2.1.2 二元属性

　　二元属性(binary attribute)是一种特殊的标称属性,属性取值只有两个类别或状态。例如 HIV(人类免疫缺陷病毒)检测结果为阴性或阳性,gender(性别)属性值为男或女。一般用 0 和 1 编码表示两种不同的属性值。

如果二元属性的两个取值具备同等价值并携带相同权重,则称该二元属性是对称的。例如,gender 属性的取值男或女是同等对待的,使用 0 或 1 编码时并无偏好。

对于非对称的二元属性,其状态的两个结果的重要性是有区别的。例如 HIV 的检测结果为阳性或阴性,在实际问题中,阳性更具有研究意义。根据惯例,将比较重要的结果,也就是出现概率较小的结果编码为 1,而将另一种结果编码为 0。

2.1.3 序数属性

序数属性(ordinal attribute)是一种有序型属性,其值之间具备有意义的序或秩评定,但相继值的差是无意义的。序数属性用于描述那些难以客观度量的主观评价、等级评定是非常有用的。例如,比赛的冠军、亚军、季军,或成绩等级 A^+、A、A^-、B^+。序数属性的中心趋势能够用它的众数和中位数表示,但不能定义均值。

2.1.4 数值属性

数值属性(numeric attribute)是可度量的量,用正数或实数值表示。数值属性可以是区间标度的或比率标度的。

(1) 区间标度属性(interval-scaled attribute)。区间标度属性用相等的单位尺度度量,是一个粗略线性标度的连续度量,通常用浮点数表示。典型的区间标度属性诸如重量、高度、收入、温度等。区间标度属性的值有序,能够为负、0、正。所以,这种属性容许比较和定量评估值之间的差,值的秩评定也有意义。区间标度属性除了用于中心趋势度量的中位数和众数外,还能够计算均值。

(2) 比率标度属性(ratio-scaled attribute)。比率标度属性总是取正的值,这些值都是有序的,有一个非线性标度,近似地遵循指数标度。如果度量是比率标度的,可以说一个值是另外一个值的倍数或比率。例如,细菌数目的增长,或放射性元素的衰变。

2.1.5 离散属性和连续属性

据属性可能取值的个数来区分属性类型,有离散属性(discrete attribute)和连续属性(continuous attribute)。

离散属性具有有限个值或无限可数个值。这样的属性可以是分类的,如邮政编码或 ID(身份证标识号);也可以是数值的,如计数。通常,离散属性用整数变量表示。

连续属性是取实数值的属性,如温度、高度或重量等属性。通常,连续属性用浮点变量表示。实践中,实数值只能用有限的精度测量和表示。

2.2　数据的邻近性度量

对象之间的相似性和相异性称为邻近性(proximity)。许多数据挖掘算法的实现基于对象之间的相似度(similarity)和相异度(dissimilarity),如聚类、最近邻分类和异常检测等。

　　相似度:衡量两个对象相似程度的数值度量,对象越类似,相似度越高,取值通常在0(不相似)和1(完全相似)之间。一般用 s 作为相似度符号。

　　相异度:又称距离,衡量两个对象差异程度的数值度量,对象越类似,相异度越低,通常在[0,1]范围取值。一般用 d 作为相异度符号。

　　相似度和相异度是重要的概念,两者之间可以进行转化。在许多情况下,一旦计算出相似度或相异度,就不再需要原始数据了。这种方法可以看作将数据变换到相似度(相异度)空间,然后进行分析。

2.2.1　标称属性的邻近性度量

　　标称属性通常有多于两个的状态值,用字母、符号或整数表示,属性值之间的排列顺序是不重要的。对于用标称属性描述的两个对象 i 和 j 之间的相异度可以用不匹配率来计算:

$$d(i,j) = \frac{(p-m)}{p}$$

其中,p 为刻画对象的属性总数;m 为匹配的数目,即 i 和 j 取值相同的属性的数目。可以通过赋权重来增强 m 的影响,或是对具有较多状态的属性的匹配赋予更大的权重。

2.2.2　二元属性的邻近性度量

　　一个二元属性只有0和1两个状态:0表示该属性为空,1表示该属性存在。要计算由二元属性刻画的两个对象 i 和 j 的相异性,应先建立两个对象的列联表,如图2-1所示。

　　如果二元属性的两个状态值同等重要,那么该二元属性是对称的。如果对象 i 和 j 都用对称的二元属性刻画,则 i 和 j 的相异度用简单匹配系数计算:

$$d(i,j) = \frac{(b+c)}{(a+b+c+d)}$$

	对象 i		
	1	0	sum
对象 j　1	a	b	$a+b$
0	c	d	$c+d$
sum	$a+c$	$b+d$	p

图 2-1　对象 i 和 j 的列联表

　　如果二元属性的两个状态值不是同等重要,那么该二元属性是非对称的。如果对象 i 和 j 都用非对称的二元属性刻画,两个都取值为1的情况比两个都取值为0的情况更有意义,此时 i 和 j 的相异度用 Jaccard 系数计算:

$$d(i,j) = \frac{(b+c)}{(a+b+c)}$$

　　例如,病人记录数据集如表2-1所示,包含姓名、性别、吸烟、喝酒、发热、咳嗽、测试-1,测试-2,测试-3等属性。

表 2-1　病人记录数据集

姓名	性别	吸烟	喝酒	发热	咳嗽	测试-1	测试-2	测试-3
Tom	M	N	Y	N	Y	N	N	N
Mary	F	Y	Y	Y	Y	Y	N	N

姓名	性别	吸烟	喝酒	发热	咳嗽	测试-1	测试-2	测试-3
Jack	M	Y	Y	N	N	N	N	Y
…	…	…	…	…	…	…	…	…

表 2-1 中,姓名是对象标识,性别是对称的二元属性,其余生活习惯、病症和检测等都是非对称的二元属性。若病人之间的差异性与性别无关,只基于非对称属性计算,那么 Tom 和 Mary 两病人之间的相异度如下:

$$d(\text{Tom},\text{Mary}) = \frac{0+3}{0+3+2} = 0.6$$

2.2.3 序数属性的邻近性度量

序数属性的 M 个状态是以有意义的顺序排列的,也就是说,序数属性的相对顺序是重要的,而其实际大小是不重要的。在计算对象之间的相异度时,序数属性的处理与区间标度变量相似。假设 f 是描述对象的一组序数属性之一,属性 f 有 M_f 个有序的状态,排位为 $1,2,\cdots,M_f$。计算 f 的相异度包括以下步骤。

(1)第 i 个对象的属性 f 的值为 x_{if},用对应的排位 $r_{if} \in \{1,2,\cdots,M_f\}$ 取代 x_{if}。

(2)由于每个序数属性可以有不同数目的状态,因此须将每个属性的值域规范到一个统一范围,如映射到 $[0.0,1.0]$ 上,使每个属性都有相同的权重。通过用 z_{if} 代替 r_{if} 来实现数据规范化:

$$z_{if} = \frac{(r_{if}-1)}{(M_f-1)}$$

(3)用 z_{if} 作为第 i 个对象的 f 值,计算欧几里得距离或曼哈顿距离来度量相异度。

2.2.4 区间标度属性的邻近性度量

区间标度属性选用的度量单位将直接影响属性的取值,进而影响分析结果。通常来说,所用的度量单位越小,属性的值就越大;属性的权重越大,对数据分析结果的影响也越大。为了避免这种情况,需要对度量值进行规范化处理,将原来的值转化为无单位的值。

当属性 f 有 n 个度量值 $x_{1f},x_{2f},\cdots,x_{nf}$ 时,可采用如下方法进行规范化处理:

$$\dot{z}_{if} = \frac{(x_{if}-m_f)}{S_f}$$

其中,S_f 为 f 的平均绝对偏差;m_f 为 f 的平均值。

$$m_f = \frac{1}{n}(x_{1f}+x_{2f}+\cdots+x_{nf})$$

$$S_f = \frac{1}{n}(|x_{1f}-m_f|+|x_{2f}-m_f|+\cdots+|x_{nf}-m_f|)$$

用区间标度属性描述的对象之间的相异度是通过距离来计算的。比较常用的距离度量方法有欧几里得距离、曼哈顿距离和闵可夫斯基距离。

（1）欧几里得距离。对象 i 和 j 是用 p 个数值属性描述的对象，记为 $i=(x_{i1},x_{i2},\cdots,x_{ip})$，$j=(x_{j1},x_{j2},\cdots,x_{jp})$，对象 i 和 j 之间的欧几里得距离定义为

$$d(i,j)=\sqrt{(x_{i1}-x_{j1})^2+(x_{i2}-x_{j2})^2+\cdots+(x_{ip}-x_{jp})^2}$$

（2）曼哈顿距离。对象 i 和 j 之间的曼哈顿距离定义为

$$d(i,j)=\mid x_{i1}-x_{j1}\mid+\mid x_{i2}-x_{j2}\mid+\cdots+\mid x_{ip}-x_{jp}\mid$$

（3）闵可夫斯基距离。闵可夫斯基距离是欧几里得距离和曼哈顿距离的推广，对象 i 和 j 之间的闵可夫斯基距离定义为

$$d(i,j)=\sqrt[h]{\mid x_{i1}-x_{j1}\mid^h+\mid x_{i2}-x_{j2}\mid^h+\cdots+\mid x_{ip}-x_{jp}\mid^h}$$

其中，h 为大于等于 1 的实数。当 $h=1$ 时，即为曼哈顿距离；当 $h=2$ 时，即为欧几里得距离。

2.2.5　比率标度属性的邻近性度量

比率标度属性总是在非线性的标度上取正的度量值，近似地遵循指数标度，如 Ae^{BT} 或 Ae^{-BT}。通常来说，比率标度属性的邻近性度量是将其转化为其他类型的属性之后再处理。例如，可对比率标度变量进行对数变换，转换为区间标度属性，也可以将其看作序数属性，将其秩作为区间标度的值来计算。

2.2.6　混合类型属性的邻近性度量

前面所讨论的度量对象之间邻近性的前提是：对象是由同种类型的属性描述的。但在实际使用的数据集中，对象可能是由混合类型的属性描述的，既可能是标称的或二元的，也可能是区间标度的或序数的。如何计算混合属性类型的对象之间的邻近性呢？一种方法是将属性按类型分组，对每种类型的属性分别进行分析。这种方法可能产生的问题是分析结果不兼容，因此这种方法实用性不大。

较为可行的方法是将所有的不同类型的属性组合在一个相异性矩阵中，把属性转换到共同的区间 $[0.0,1.0]$ 上，将所有属性一起处理，只做一次分析。假设数据集有 p 个混合类型的属性，对象 i 和 j 之间的相异度定义为

$$d(i,j)=\frac{\sum_{f=1}^{p}\delta_{ij}^{(f)}d_{ij}^{(f)}}{\sum_{f=1}^{p}\delta_{ij}^{(f)}}$$

其中，$\delta_{ij}^{(f)}$ 为第 f 个属性对 i 和 j 之间距离计算的影响，其取值为 0 或 1。如果对象 i 或 j 在属性 f 上缺失，或同时取 0，且 f 是不对称的二元变量属性，则指示项 $\delta_{ij}^{(f)}=0$，否则 $\delta_{ij}^{(f)}=1$。

对象 i 和对象 j 之间 f 属性相异性的计算与其具体类型有关。

（1）若 f 是二元属性或标称属性：如果 $x_{if}=x_{jf}$，则 $d_{ij}^{(f)}=0$，否则 $d_{ij}^{(f)}=1$。

（2）若 f 是区间标度属性：$d_{ij}^{(f)}=\dfrac{\mid x_{if}-x_{jf}\mid}{\max_h x_{hf}-\min_h x_{hf}}$，这里的 h 遍取在属性 f 上值非

空的对象。

（3）若 f 是序数属性或比率标度属性：计算 r_{if} 和 z_{if}，并将 z_{if} 作为区间标度属性对待。

2.3 数据预处理过程

数据预处理是数据分析的重要阶段，通过对原始数据进行预处理，可以解决原始数据中的噪声、错误、缺失等问题，提高数据的准确性和可靠性，从而降低数据分析的难度、提高数据分析的效率、降低数据分析的成本，提供更好的决策支持。针对各种各样的数据问题，数据预处理提供了相应的解决方法，逐步地提高数据质量，整合多源数据，调整数据形式，保留重要数据。数据预处理大致包含以下四个步骤：数据清洗（data cleaning）、数据集成、数据变换、数据归约。

2.3.1 数据清洗

数据清洗的目的是把"脏"的数据变成"干净"的数据。原始数据会存在缺失值、异常值、孤立点等问题，例如一般客户数据中有 age（年龄）属性，可能由于信息收集不严格，有记录在该字段是空值。数据清洗过程中需要填充空缺值、识别孤立点、去掉噪声和无关数据，以及筛选并清除重复多余的数据，最后将其整理成便于分析和使用的"高质量数据"。

2.3.2 数据集成

大数据分析与挖掘所使用的数据通常来源于不同的业务系统，这些应用系统可能是异构的，还可能存在属性同名不同义、同义不同名、类型不一致、单位不统一、数据重复等问题，例如一个数据源中货币单位使用人民币，而另一个数据源中可能使用美元。数据集成需要对原始数据进行重新组织，将多个数据源的数据结合起来，存放在一个一致的数据存储中。数据集成阶段主要解决多个数据源的数据匹配问题、数值冲突问题和数据冗余问题。

2.3.3 数据变换

数据变换是把原始数据转换为适当的形式，满足挖掘算法的要求，使得挖掘过程更有效、挖掘模式更易理解。例如，将字符串类型的数据转换成数值类型；根据年龄的具体数值将客户分成老、中、青三组。数据变换的策略包括数据的汇总和聚集、平滑、概化、规范化、离散化，可能还需要进行属性的重构。

2.3.4 数据归约

数据归约是指在对挖掘任务和数据本身内容理解的基础上，寻找目标数据的有用特征，在尽可能保持数据原貌的前提下,最大限度地缩减数据量,使其更适合挖掘算法的需要。数据归约能够降低无效或错误的数据对建模的影响、缩减时间、缩小存储数据的空间。数据归约的主要方法包括数据立方体聚集、维归约、数值归约和数据压缩等。

2.4　数据预处理方法

2.4.1　特征编码

从现实获取的原始数据会包含非数值型特征,这些特征常常以字符串格式存储。但是数据分析模型需要的输入特征通常都是数值型的,因此我们需要对其进行相应编码,使用数字对离散型的特征取值进行表示,这也是量化的过程。下面介绍两种常用的编码方式:独热编码(one-hot encoding)和标签编码(label-encoding)。

1. 独热编码

独热编码又称一位有效编码。独热编码将包含 K 个取值的离散型特征转换成 K 个二元特征(取 0 或 1)。例如,产品的 color 属性取值有 red、yellow、blue、green、white,一共包含 5 个不同的值,我们可以将其编码为 5 个特征: f_{red}、f_{yellow}、f_{blue}、f_{green}、f_{white},这 5 个特征与原始特征的取值一一对应,当原始特征取不同值时,转换后的特征取值如表 2-2 所示。

表 2-2　转换后的特征取值

color	f_{red}	f_{yellow}	f_{blue}	f_{green}	f_{white}
red	1	0	0	0	0
yellow	0	1	0	0	0
blue	0	0	1	0	0
green	0	0	0	1	0
white	0	0	0	0	1

采用这种编码方式的优点是解决了分类器不好处理分类数据的问题,在一定程度上也起到了扩充特征的作用;它的值只有 0 和 1,不同的类型存储在垂直的空间;不会给名义型特征的取值人为地引入次序关系。但是,当类别的数量很多时,特征空间会变得非常大,容易造成维度灾难;此外还可能增强特征之间的相关性,如会存在如下线性关系:

$$f_{red} + f_{yellow} + f_{blue} + f_{green} + f_{white} = 1$$

特征之间存在线性关系,会影响线性回归等模型的效果,因此我们需要对独热编码进行一些改变,对于包含 K 个取值的离散型特征,将其转换成 $K-1$ 个二元特征,这种编码方式称为哑变量编码(dummy encoding)。

2. 标签编码

标签编码使用类似字典的方式,依据字符串形式的特征值在特征序列中的位置,为其指定一个数字标签,将其提供给基于数值算法的学习模型。

标签编码将原始特征值编码为自定义的数字标签完成量化编码过程。例如衣服的 size：[S,M,L,XL,XXL]，使用标签编码对数值进行映射：{S:1,M:2,L:3,XL:4,XXL:5}。

这种编码方式的优点是可以自由定义量化数字。但这其实也是缺点，因为数值本身没有任何含义，只是排序。例如，前例也可编码为{S:5,M:4,L:3,XL:2,XXL:1}。

2.4.2　缺失值处理

由于各种各样的原因，很多现实世界中的数据集包含缺失值。有的缺失是无意造成的，比如工作人员的疏忽使得信息被遗漏，或是在市场调查中被调查人拒绝透露相关问题的答案带来的空白，或者由于数据采集器故障、存储器损坏等原因造成的缺失。有的缺失则是有意的，有些数据集在特征描述中会规定将缺失值也作为一种特征值，这时候缺失值就可以看作一种特殊的特征值。还有可能某些特征属性根本就是不存在的，比如一个未婚者的配偶名字就没法填写。对缺失数据进行处理前，了解数据缺失的机制和形式是十分必要的，这里要讨论的是第一种情况造成的缺失值的处理。

含有缺失值的数据集无法直接被分析模型处理。一个解决办法是将包含缺失值的整行或者整列直接丢弃，但这样可能会丢失很多有价值的数据。因此更好的办法是补全缺失值，也就是从已知的数据推断出未知的数据。对缺失值的填补大体有三种方法。

（1）替换缺失值：通过数据中非缺失数据的相似性来填补，其核心思想是发现相同群体的共同特征。

（2）拟合缺失值：通过其他特征建模来填补。

（3）虚拟变量：用衍生的新变量代替缺失值。

1. 替换缺失值

1）均值填充

数据的属性分为定距型和非定距型。如果缺失值是定距型的，就以该属性已有值的平均值或中位数来插补缺失的值。例如一些同学缺失的身高值就可以使用全班同学身高的平均值或中位数来填补。一般来说，如果特征分布为正态分布，使用平均值效果比较好，而在分布由于异常值存在不是正态分布的情况下，使用中位数效果比较好。如果缺失值是非定距型的，就根据统计学中的众数原理，用该属性的众数（即出现频率最高的值）来补齐缺失的值。比如某学校的男生 500 人、女生 50 人，那么如果性别属性存在缺失值，就用人数较多的"男"来填补。

2）热卡填补

热卡填补法对于对象缺失的某些属性值，会在整个数据集中找到最相似的对象，然后用这个相似对象的值来进行填充。通常会找到超出一个的相似对象，在所有匹配对象中没有最好的，从中随机挑选一个作为填充值即可。不同的问题可能需要选用不同的标准来对相似进行判定，如何制定这个判定标准是关键。该方法概念上很简单，且利用了数据间的关系来进行空值估计，但缺点在于难以定义相似的标准，受主观因素影响较多。

3）利用同类均值填补

首先利用无监督机器学习方法——K-means 聚类将所有样本划分成不同的簇，然后再利用划分后各个簇的均值对各自类中的缺失值进行填补,究其本质还是通过找相似来填补缺失值。

2. 拟合缺失值

拟合就是利用其他属性作为模型的输入,对缺失的属性值进行预测,与正常建模一样,只是目标变量是缺失值。

使用此类方法时应注意,如果其他特征属性与缺失属性无关,则预测的结果毫无意义;相反,如果预测结果相当准确,恰又说明存在重复信息,这个变量完全没有必要进行预测。因此一般情况下,介于两者之间,效果是最好的,若因填补缺失值而引入自相关,会对后续分析造成障碍。利用模型预测缺失变量的方法有很多,这里仅简单介绍几种。

1) 回归预测

基于完整的数据集,建立回归方程。对于包含空值的对象,将已知属性值代入方程来估计未知属性值,并以此估计值来进行填充。当属性不是线性相关或预测属性高度相关时,这种方法会导致有偏差的估计。

2) 极大似然估计

在缺失类型为随机缺失的条件下,假设模型对于完整的样本是正确的,那么通过观测数据的边际分布可以对未知参数进行极大似然(ML)估计。这种方法也被称为忽略缺失值的极大似然估计。对于极大似然的参数估计,实际中常采用的计算方法是期望值最大化(expectation maximization,EM)。使用该方法必须有足够数量的有效样本,并保证 ML 估计值是渐近无偏的且服从正态分布。极大似然估计仅限于线性模型,要求模型的形式必须准确,如果参数形式不正确,将得到错误的结论。这种方法计算复杂,可能会陷入局部极值,收敛速度也不是很快。

3) 多重插补

之前所述的拟合填补法对每一个缺失值都只给出一个填补值的估计,其准确性难以保证。而多重插补考虑到数据填补的不确定性,可以产生若干个用于填补的估计值,使结果更为可靠。多重插补的思想来源于贝叶斯估计,认为待插补的值是随机的,它的值来自已观测到的值,具体实践上通常是估计出待插补的值,然后加上不同的噪声,形成多组可选插补值。根据某种选择依据,选取最合适的插补值。此种方法更适用于多模态数据,如医学数据。

3. 虚拟变量

虚拟变量其实是缺失值的一种衍生变量,具体做法是通过判断属性是否有缺失值来定义一个新的二分类变量。例如属性 A 含有缺失值,衍生出一个新的属性 B。B 的取值规则:如果在 A 中属性值有缺失,那么相应的 B 中属性值设为 1;如果 A 中属性值没有缺失,那么相应的 B 中的属性值为 0。

某些数据分析与挖掘算法在处理空缺值方面的能力比较强,如决策树类、关联规则等算法,能快速产生较为准确的知识模型。而诸如神经网络等算法处理空缺值则需要花费较长时间,且产生的模型精确性也会差些。另外,不同的数据库系统对空缺值的处理也可能不同,例如 Oracle 数据库中不区分空值和空字符串,因此,在进行数据预处理时,要考虑挖掘算法和数据库系统的特点,选择合适的缺失值处理方法。

2.4.3 数据标准化

数据标准化(normalization)也称数据规范化,是将数据按比例缩放(zoom in/out),使之落入一个特定区间,如[0.0,1.0]。标准化对于基于距离的聚类算法和神经网络算法非常重要。例如,在应用聚类方法时,数据的度量单位越小,数值的取值就越大,对聚类产生的影响也越大;而采用神经网络方法时,需要事先告知变量的变化范围,神经网络在这个变化范围内跟踪数据的变化,一旦超出范围,就不能准确地跟踪。因此,在数据预处理阶段,对数据进行标准化处理,保证输入值在一个相对小的范围内,可以加快训练速度,避免因输入值的范围过大造成权重过大的情况。下面介绍几种常用的数据标准化方法。

1. 最小-最大标准化

最小-最大标准化(min-max normalization)方法假设原数据取值区间为[old_min,old_max],需映射到新的取值区间[new_min,new_max],对于在原来区间的任意一个变量 x,通过线性变换映射到新区间中一个对应值 x',变换公式为

$$x' = \frac{\text{new\_max} - \text{new\_min}}{\text{old\_max} - \text{old\_min}}(x - \text{old\_min}) + \text{new\_min}$$

其中,x 为属性的真实值;x' 为标准化处理后的值。

例如,"会员表"的 income 属性取值范围为[5 000,20 000],现在要将其标准化到[0,1]。以属性值 14 000 为例,应用上述公式:$\frac{1-0}{20\ 000 - 5\ 000} \times (14\ 000 - 5\ 000) + 0 = 0.6$,那么 14 000 经标准化处理之后的值就是 0.6。

应用最小-最大标准化的前提条件是属性的取值范围已知,当有新数据加入时,可能导致 max 和 min 的变化,需要重新定义。

2. 零-均值标准化

当属性范围未知的时候,可以使用零-均值标准化(zero-mean normalization)方法进行标准化,根据属性值的平均值和标准差进行标准化。

$$x' = \frac{x - \overline{X}}{\sigma x}$$

其中,$\overline{X}$ 为所有样本属性值的平均值;σx 为样本的标准差。

例如,"会员表"的 income 属性均值为 12 500,标准差为 3 125。属性值 14 000 应用上述公式:$\frac{14\ 000 - 12\ 500}{3\ 125} = 0.48$,那么 14 000 标准化之后的值就是 0.48。

3. 小数定标标准化

小数定标标准化(decimal scaling normalization)指通过移动属性值的小数点位置进行标准化。将所有数据的小数点移动指定位数,从而把数据缩放到[−1,1]区间上。小数点移动的位数由绝对值最大的那个数值确定。

$$x' = \frac{x}{10^j}$$

其中,j 为使 $\max(|x'|) < 1$ 的最小整数。

例如,"会员表"的 income 属性取值范围为 $[5\,000, 20\,000]$,采用小数定标法进行标准化,为使最大值 $\max\left(\dfrac{20\,000}{10^j}\right) < 1$,$j$ 取 5,那么 $14\,000$ 标准化后的值为 0.14。

4. Logistic 函数变换

Logistic 函数变换法使用幂函数将原始数据两极化,该变换使得负无穷到 0 之间的数据趋向于 0,而大于 0 到正无穷的数据趋向于 1。这种变换通常称为 S 函数变换,广泛用于神经网络和逻辑回归分析中。

$$x' = \frac{1}{1 + e^{-x}}$$

2.4.4 特征离散化

特征离散化就是把连续特征分段,使其变为一段段的离散化区间,并将每一段内的原始连续特征无差别地看成同一个新特征。离散化是量化连续属性的过程,离散化之后的特征具有如下优点。

(1)相较于连续特征,离散化的特征更易于理解、使用和解释,有效的离散化还能减少算法的时间和空间开销。

(2)一些挖掘算法是基于离散型的数据展开的,如决策树、朴素贝叶斯等算法,如果需要使用此类算法,必须将连续型特征离散化处理。

(3)特征离散化能简化模型,提高模型准确度,加快运行速度。

(4)特征离散化可以有效地克服数据中隐藏的缺陷,提升系统对样本的分类、聚类能力和抗噪声能力。

另外,特征离散化也会带来诸如信息损失、增加流程、影响模型稳定性等问题。

根据离散化过程中是否使用了类信息,特征离散化可分为监督离散化和无监督离散化。下面介绍几种常用的离散化技术。

1. 通过分箱离散化

分箱是基于指定的箱子个数、自顶向下的离散化技术,离散化过程中不使用类信息,是一种非监督的离散化技术,分为等宽分箱和等深分箱。

1)等宽分箱

等宽分箱法先按属性值排序,然后将最小值到最大值之间均分为 K 等分,即每个箱子的区间范围是相同的,称为箱子的宽度。箱子的个数 K 根据实际情况事先指定。假设最小值和最大值分别为 L、H,则每个区间的长度为 $W = (H - L)/K$,区间的边界为 $L + W, L + 2W, \cdots, L + (N-1)W$。该方法只考虑区间边界,每个区间内的样本数量可能不同,且对异常值比较敏感。

2) 等深分箱

等深分箱法将数据集按实例数量分箱,使得每个区间包含数量大致相等的实例数,每箱实例数称为箱子的深度。使用该方法时,要注意当某个值出现次数较多时,会出现等分边界是同一个值,而同一数值分到不同箱的情况。

分箱后,用箱均值、中位数或边界值替换箱中的每个值,实现属性值的离散化。分箱技术可以递归地作用于结果划分,产生概念分层。

例如,"会员表"的 age 属性先经过排序:20,23,25,28,30,32,35,35,39,40,40,42,42,43,48,52,利用分箱技术进行离散化。

(1) 等宽分箱。根据上述数据可知 age 属性的取值范围为[20,52],假设要分 4 箱,那么每箱的宽度为(52-20)/4=8,将属性划分为 4 个宽度相同的子区间:[20,28),[28,36),[36,44),[44,52],则分箱结果如下。

箱 1:20,23,25

箱 2:28,30,32,35,35

箱 3:39,40,40,42,42,43

箱 4:48,52

按中值离散化:取箱子的中值替代箱中所有数据。如果箱中数据是奇数个,中值就是位于中间位置的数;如果是偶数个,中值就是中间两个数的均值。离散化之后的结果如下。

箱 1:23,23,23

箱 2:32,32,32,32,32

箱 3:41,41,41,41,41,41

箱 4:50,50

(2) 等深分箱。设定箱子深度为 4,共 16 条数据,分 4 箱:

箱 1:20,23,25,28

箱 2:30,32,35,35

箱 3:39,40,40,42

箱 4:42,43,48,52

按均值离散化:对同一箱中的数据求平均值,用其替代箱中所有数据。离散化之后的结果如下。

箱 1:24,24,24,24

箱 2:33,33,33,33

箱 3:40.25,40.25,40.25,40.25

箱 4:46.25,46.25,46.25,46.25

2. 通过直方图离散化

直方图类似于分箱技术,使用分箱对数据分布进行近似的描述。在等宽直方图中(图 2-2),在整个属性的取值区间上将其平均地分成若干个不相交的区间(桶),桶的宽度代表值域范围,桶的高度代表这个范围内的值的个数,即频率,数据被表示成一些数对。等频直方图划分区间时则是要保证每个区间有同等数量的值。"会员"的 age 属性用直方图可以清楚地表示数据分布情况。

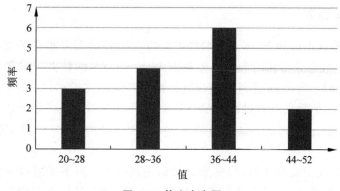

图 2-2　等宽直方图

3. 基于聚类的离散化

基于聚类的离散化方法包含两个步骤,首先是将变量的值通过某种聚类算法分为簇或组,然后将在同一个簇或组内的属性值做统一标记,即簇或组内的值用统一的属性值代替,由此实现离散化。

4. 基于卡方的离散化

卡方检验可以用来评估两个分布的相似性——卡方值越小,表示分布越相似,可以将这个特性用到数据分箱的过程中。卡方分箱是自底向上的数据离散化方法,其基本思想是:如果两个相邻的区间具有非常相似的类分布,则这两个区间可以合并;否则,它们应当保持分开。此处衡量分布相似性的指标就是卡方值。具体实现上,首先将数值特征的每个不同值看作一个区间,对每对相邻区间计算卡方统计量,与设定的阈值相比较,如果小于阈值,就将两个区间合并,重复执行直至找不到卡方统计量小于阈值的时候,此时即得到一个理想的分箱结果。此种方法需要用到类信息,因此是一种有监督离散化技术。

2.4.5　离群值检测

维基百科中关于离群值的定义为:"在统计学中,离群点是指与其他观测值有显著差异的数据点",即离群值是一种与其他值相差甚远的异常值,与其他数据相比,其数值过高或过低。例如,一个小学六年级的学生年龄基本是十一二岁,如果出现一个 28 岁的,即为离群值。有些算法对离群值比较敏感,如线性回归、逻辑回归、支持向量机、K-means 等,离群值会导致模型训练时间延长、准确性降低;而基于树的算法则对离群值的容忍度相对较高。

离群值的产生可能是实验操作有误、数据处理错误,或传感器灵敏度的调整等原因造成的,这样的离群值需要删除或转换;有些离群值则包含了重要信息,如心跳检测中异常的数据值有助于预测心脏病,信用卡的异常交易可帮助识别信用卡欺诈,这种离群值需特别关注。无论是删除还是分析离群值,前提都是准确检测出离群值,因此离群值的检测是数据预处理的重要内容之一。下面介绍检测离群值的常用方法。

1. 标准差-3σ 原则

如果数据集服从正态分布,那么数据集中大约 68% 的数据分布在平均值的 1 个标准差范围内,约 95% 的数据分布在两个标准差范围内,约 99.7% 的数据分布在 3 个标准差范围内。也就是说,距离平均值 3σ 之外的值出现的概率 $P(|x-\mu|>3\sigma)\leqslant 0.003$,属于小概率事件。因此,如果有任何数据点超过标准偏差的 3 倍,那么这些点很可能就是离群值。

2. 箱形图

箱形图又称盒须图或箱线图,因其形状如箱子而得名。箱形图通过分位数对数值数据进行图形化描述,能够准确、稳定地描绘出数据的离散分布情况,直观明了地识别数据中的异常值。

箱形图依据上四分位数 Q3 和下四分位数 Q1,确定四分位距 IQR＝Q3－Q1,再确定上下限［Q1－1.5IQR,Q3＋1.5IQR］(图 2-3)。把上下限看作数据分布的边界,任何在上下限范围外的数据点都可以被视为离散值。四分位数具有一定的耐抗性,异常值不会影响箱形图的数据形状,识别异常值的结果比较客观。

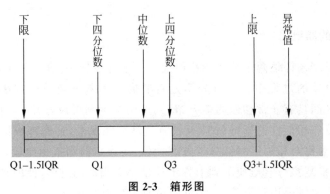

图 2-3　箱形图

3. 基于聚类检测

聚类是一类将数据分组的算法。无论是基于密度的 DBSCAN(Density-Based Spatial Clustering of Applications with Noise)聚类算法,还是基于距离的 K-means 聚类算法,都可以用来检测异常值。通过聚类,如果一个对象不属于任何簇,那么该对象即为离群点。

4. 孤立森林

之前的各种异常检测方法试图找到数据的正常区域,然后识别出这个区域之外的异常值。孤立森林(Isolation Forest,iForest)算法则不同,其基本思想是从异常点出发,通过指定规则进行划分,并根据划分次数来判断是否为异常值。

孤立森林是一种无监督学习算法,属于集成决策树家族。孤立森林基于这样的事实:异常样本相比正常样本,数量上比较少,特征值差异比较大。因此,异常样本更容易被孤立。孤立森林通过构建二叉树的方法孤立每一个异常样本——相对聚集的点需要分割的次数较多,比较孤立的点需要的分割次数较少。构建的这棵树被称为孤立树(Isolation Tree, iTree),iTree 的集合即为孤立森林。孤立森林就是利用分割的次数来度量一个点是聚集的（正常）还是孤立的（异常）。因为异常样本容易被孤立的特征，异常样本更靠近根节点。孤立森林是一个经典的异常检测算法，简单、高效，适用于高维数据集，在工业界应用较多。

2.4.6　维归约

在数据分析中，维度是我们观察数据的角度，也就是描述数据的属性或特征。数据集可能包含大量的属性特征，如一个文档向量，其分量是文档中每个词出现的频次，每个属性对应一个词语，可能会有成千上万的属性（分量）。数据维度的增加，会大大影响数据分析的速度。维归约即去掉不相关的属性，减少数据分析与挖掘所需处理的数据量。

维归约最直接的方法就是根据经验和领域知识人工选择属性，但是当属性数量庞大，人工法效率低且费时。维归约常用的方法包括小波变换、主成分分析（principal component analysis，PCA）和属性子集选择。

1. 小波变换

小波变换是一种信号分析手段，它继承和发展了短时傅里叶变换局部化的思想，同时又克服了窗口大小不随频率变化等缺点，能够提供一个随频率改变的"时间-频率"窗口，是进行信号时频分析和处理的理想工具。小波变换用于数据归约，将由多个属性描述的对象 X 看作一个 n 维数据向量，经过小波变换后得到一个与原数据向量长度相等的新数据向量 X'，X' 中一半代表属性，另一半是小波系数。小波变换后的数据可以截断，仅存放一小部分最强的小波系数，就能保留近似的压缩数据。流行的小波变换包括 Haar-2、Daubechies-4、Daubechies-6 等。

2. 主成分分析

主成分分析是将原数据集的 n 维特征映射到 k 维上（$k<n$），它们是重新构造的 k 维特征，并不是简单地从原 n 维中筛选出来。主成分分析通过搜索 k 个最能代表数据的 k 维正交向量，将原数据投影到一个小的维度空间上，实现维归约。

3. 属性子集选择

数据集可能包含非常多的属性，而实际上，某一次分析或挖掘任务可能只与其中小部分属性相关，过多无关或冗余的属性会增大计算量，降低数据挖掘的速度与效率，甚至会产生无用的模式，影响结果分析。属性子集选择通过删除不相关或冗余的属性找出最小属性集，使数据类的概率分布尽可能地接近使用所有属性得到的分布。

对于 n 个属性，会有 2^n 个可能的子集，通过穷尽的方式找到最佳子集基本是不可能的。实践中，比较可行的是基于贪心策略的一些启发式方法。

（1）逐步向前策略。以空属性集 S' 作为归约集的开始，从原属性集 S 中选择最相关的属性 x 加入 S' 中，循环上述操作直至满足结束条件。结束条件可以是达到约定的属性个数或满足相关度阈值等。

（2）逐步向后策略。以原属性集 S 作为归约集的开始，从 S 中选择最不相关的属性删除,循环上述操作直至满足结束条件。

（3）逐步向前策略和逐步向后策略结合。将逐步向前策略和逐步向后策略结合在一起使用：每一步选择一个最好的属性,并在剩余属性中删除一个最差的属性。

（4）决策树归纳。决策树算法是经典的分类方法,用于属性子集选择时,根据给定数据生成决策树,出现在树中的属性构成归约集,不在树中的属性认定为不相关。

课后习题

1. 为什么要进行数据预处理?

2. 简述数据预处理的步骤及其解决的主要问题。

3. 计算表 2-1 病人记录数据集中病人两两之间的相异度。

4. 给定两个对象 p_1 和 p_2,分别表示为 $p_1(1,3,5,2,1)$ 和 $p_2(2,4,6,3,5)$。

（1）计算两个对象之间的欧几里得距离。

（2）计算两个对象之间的曼哈顿距离。

5. 下面是某企业连续 24 个月的销售利润数据（万元）：21,16,19,24,27,23,22,15,18,23,25,22,20,17,18,30,28,25,20,20,21,27,26,25。

（1）分别使用等宽分箱法和等深分箱法对数据分箱,并绘制相应直方图。

（2）对上述分箱后的数据分别采用平均值、中值进行离散化。

6. 什么是维归约? 常用的维归约方法有哪些?

7. 处理数据缺失的方法有哪些?

8. 数据离散化的方法有哪些?

应用实例

即测即练

第3章

特征工程与降维

3.1 特征工程

特征工程在数据分析与应用中扮演着不可忽视的角色。特别是在多维高频数据环境下,未经处理的数据集通常呈现出多源、异构、冗余和信息模糊等特点,这些因素会干扰我们对数据结构、分布特征和元信息的正确理解。因此,在数据分析过程中,常常需要通过一系列数据处理方式对数据集进行特征重塑,以使数据更具可解读性。通常,数据以二维表的形式呈现,每一行代表一个记录,每一列代表一个字段,这些字段被称为特征(feature),用于描述记录在各方面的属性。特征可以是各种我们能够观察和测量的现象,不论是结构化数据还是非结构化数据。在结构化数据中,特征通常以列的形式呈现,而在非结构化数据中,如文档、短语或单词,特征可以是计数、频率或其他形式的表示。

在数据建模的过程中,不同模型对特征有不同的要求,因此,原始数据通常需要经过一定的处理和转换,以适应各模型的需求。这个处理和转换的过程被称为特征工程(feature engineering)。特征工程的主要目标是生成适合输入模型的特征,并确保所选择的特征数量适中,既保留重要特征,又不会选择过多的特征。特征工程通常包括三个主要部分:特征构建、特征提取和特征选择。特征构建是根据原始数据创建新的特征,可以通过组合、转换、缩放等方式进行。特征提取是从原始数据中提取出有用的特征,如从文本中提取关键词或主题。特征选择是从所有可用的特征中选择最具预测能力的特征,以提升模型的性能。综上所述,特征工程在数据建模中是至关重要的,可以显著影响模型的性能和效果。通过合理的特征构建、特征提取和特征选择,可以为模型提供更好的输入数据,从而取得更好的预测结果。

特征工程在整个数据分析的流程中占据着重要的地位,并且需要耗费大量的工作时间。可以认为,数据和特征决定了数据分析的上限,而模型和算法只是逼近这个上限的手段。因此,合理而有效的特征工程对于获得良好的数据分析结果至关重要,也是保证数据分析结果科学性的基本前提。

3.1.1 特征变换

不同的数据分析模型通常对输入数据的特征有着严格的要求。通过数据特征变换,可以使建模输入数据满足模型对特征的需求,从而确保数据分析结果的科学性和可解释性。

一般而言,特征变换是指利用适当的方法,对数据的分布、尺度等进行调整,以满足模型对数据特征的特殊需求。对于不同类型的数据,其特征变换的处理方式可能各不相同。

1. 连续型变量的特征变换

1) 无量纲化

连续型变量的无量纲化是特征工程中非常重要的一步,它的作用是将不同规格的数据转换到同一规格,以便后续的模型训练和分析。常用的无量纲化方法有标准化、归一化和区间缩放法(Min-Max Scaling)。因此在进行无量纲化之前,需要对数据进行分析和判断,选择合适的处理方法。

(1) 标准化。标准化是一种将特征值转换成服从标准正态分布的方法,也被称为 Z-score 标准化。它通过将特征值减去均值,然后除以标准差来实现。标准化的前提是特征值近似服从正态分布,因此在应用之前通常需要对数据进行正态性检验。标准化后,特征值的均值为 0,标准差为 1,从而使不同特征之间具有可比性。

$$z_i = \frac{x_i - \text{mean}(x_i)}{\text{std}(x_i)} \tag{3-1}$$

其中,$\text{mean}(x_i)$ 为 x_i 的均值;$\text{std}(x_i)$ 为 x_i 的标准差,即每个数值减去变量的均值后再除以标准差。

(2) 归一化。归一化是将特征值缩放到一个固定的范围内,常见的是将特征值缩放到 $[0,1]$ 的范围内。归一化的方法有很多种,如线性归一化、对数归一化等。线性归一化是通过对特征值进行线性变换使其取值范围在 $[0,1]$,对数归一化则是将特征值取对数后进行缩放。归一化可以保留特征值的分布形态,但不会改变其分布的形状。其公式表达为

$$x' = \frac{x}{\sqrt{\sum_{j}^{m} x[j]^2}} \tag{3-2}$$

(3) 区间缩放法。区间缩放法利用了边界值的信息,将特征的取值范围缩放到某个特定的范围内。例如将特征的取值范围缩放到 $[-1,1]$ 或 $[0,1]$ 等。区间缩放法可以保留特征值的相对关系,但不会改变其分布的形状。其思路有许多种,最为常见的是利用两个最值进行缩放,公式表达为

$$x' = \frac{x_i - x_{\min}}{x_{\max} - x_{\min}} \tag{3-3}$$

$x_{\min}$ 与 $x_{\max}$ 分别是最小值和最大值。此方法通常适用在数值比较集中的情况下。其缺陷是如果 $x_{\min}$ 和 $x_{\max}$ 不稳定,很容易使结果不稳定,从而后续使用效果也不稳定。实际使用中可以用经验常量值来替代 $x_{\min}$ 和 $x_{\max}$。

2) 数据转换

数据转换主要通过函数变换将原有变量转换成新变量来实现,主要方法有 log 转换和 Box Cox 转换两种。

(1) log 转换。使用 log 转换可以有效地将倾斜数据变得接近正态分布,通常使用 $\log(x+1)$ 的形式,其中加 1 是为了避免数据等于 0,同时确保 x 是正的。通过 log 转换,可以保持数据的基本性质和相关关系。这不仅有助于数据更加稳定,还有助于减少模型中可能存

在的共线性和异方差性等问题。

（2）Box Cox 转换。Box Cox 转换是将数据分布转换为正态分布的最有效的转换技术之一。Box Cox 转换可以定义为

$$T(Y) = \frac{Ye^{\lambda} - 1}{\lambda} \tag{3-4}$$

其中，Y 为响应变量；λ 为转换参数。Box Cox 是最适合年龄特征转换的方法之一。

3）离散化

离散化是连续型变量特征变换的常用方法，它将连续的数据分成不同的区间，称为离散化的区间。离散化的过程可以根据不同的原则来进行，包括基于等距离或等频率等方法。离散化后的特征对于处理异常数据具有较强的鲁棒性（鲁棒性是指系统或算法对于不同类型的噪声、异常值、错误数据和攻击的抵抗能力）。比如年龄的离散化：将年龄大于 30 岁视为 1，否则视为 0。如果没有离散化，数据中异常值 300（可能是录入错误）对模型造成很大干扰。离散化的动机在于一些模型需要处理离散数据，如决策树模型。良好的离散化可以减少算法的资源消耗，增强系统对样本的分类和聚类能力，同时提高其对抗噪声的能力。

（1）二值化。特征的二值化处理是将数值型数据转换为布尔类型。其主要步骤是设定一个阈值，当样本数值大于该阈值时，输出为 1；当样本数值小于或等于该阈值时，输出为 0。定量特征二值化的核心在于设定一个阈值，大于阈值的赋值为 1，小于等于阈值的赋值为 0，具体的公式表达如下：

$$x' = \begin{cases} 1, & x > 阈值 \\ 0, & x \leqslant 阈值 \end{cases} \tag{3-5}$$

（2）分箱化。分箱化是将一定范围内的数值划分成确定的块，以减少噪声对算法的干扰。在实际应用中，为了避免模型不必要地尝试区分那些相似度很高的值，分箱的方法变得尤为重要。

举例来说，假如我们的兴趣在于将一个城市视为一个整体，那么可以将所有与该城市相关的维度值合并为一个整体。分箱还有助于减小错误的影响，这是通过将某个给定的数值分入最接近的区间来实现的。对于一些特殊模型的开发，如信用评分卡，有时需要对连续型特征（如年龄和收入）进行离散化处理。

分箱化是一种将连续型数据转化为离散型数据的常用方法，在实际应用中具有多重优势。它有助于避免过拟合，以及满足特定模型的需求。常用的离散化方法包括等距离、等样本点离散、决策树离散化等，具体选择方法应根据数据和模型的需求来决定。

2. 离散型变量的特征变换

1）数值化处理

在机器学习中，数据的特征通常可以分为有序变量和无序变量。对于有序变量，可以直接使用其数值，但对于无序变量，则需要进行适当的数值化处理，以便机器学习算法理解和处理。以下是关于无序变量的处理方法。

（1）二分类问题。对于二分类问题，最常见的情况是将类别属性转换成一个标量。这种情况下，可以将 $\{0,1\}$ 映射到 $\{$类别 1，类别 2$\}$，从而将属性的值理解为属于类别 1 或类别 2

的概率。这种处理方式在许多应用中非常有效。

（2）多分类问题。当涉及多个类别时，需要将类别编码成机器学习算法能够理解的格式。通常，可以将类别编码为一个范围在[0,类别数)内的数字，每个数字代表一个类别。这种编码方式使得多分类问题更容易处理。

（3）类别不平衡问题。在实际数据中，某些类别可能比其他类别更常见，导致出现类别不平衡问题。为了应对这种情况，可以采用多种方法。在样本层面，可以使用过抽样（oversampling）增加少数类别样本或使用欠抽样（undersampling）减少多数类别样本。在算法层面，可以使用代价敏感方法或为样本设置权重，以平衡不同类别的影响。

需要注意的是，并非所有的无序变量都需要进行数值化处理。一些算法，如决策树和随机森林（random forest，RF），对于无序变量的处理相对宽容，因此在使用这些模型时，可能不需要进行额外的数值化处理。最终的处理方法应根据具体情况和所选用的算法而定，以确保数据的特征被有效地利用。

2）独热编码

拿一个简单的例子来说，考虑颜色属性，由{红,绿,蓝}表示。最常见的做法是将每个类别属性转换为二元属性，即使用{0,1}来表示。因此，对于每个类别，我们增加相应数量的属性。对于数据集中的每个实例，只有一个属性值为1，而其他属性值都为0，这就是独热编码的方式，类似于将它们转换为哑变量。

哑编码主要通过 N 位状态寄存器来编码 N 个状态，每个状态都由一个独立的寄存器位表示，任何时候只有一个位是有效的。使用独热编码，我们将离散特征的取值扩展到了欧氏空间，其中每个取值对应于欧氏空间中的一个点。在机器学习算法中，如回归、分类和聚类等，特征之间的距离计算或相似度计算非常重要，而我们通常使用的距离或相似度计算是在欧氏空间中进行的，如计算余弦相似性。

独热编码的优点包括简单易懂，并且确保没有共线性。通过对离散特征使用独热编码，可以更合理地进行特征之间的距离计算。此外，对离散特征进行独热编码可以加快计算速度。然而，独热编码的缺点是会产生稀疏矩阵，因为大多数属性值都为0，这可能会提高存储和计算的复杂性。

3）顺序性哑变量

顺序性哑变量是一种常见的处理方式，它将具有特定顺序关系的离散特征转化为数值型特征。顺序性哑变量的转换通常使用整数编码或者独热编码。

整数编码是将离散特征的每个取值按照其顺序关系映射为一个整数值。例如，对于一个特征"大小"，取值为"小""中""大"，可以分别映射为1、2、3。

独热编码是将离散特征的每个取值转化为一个二进制向量，其中只有一个元素为1，其余元素为0。例如，对于一个特征"颜色"，取值为"红""蓝""绿"，可以转化为三个特征"颜色_红""颜色_蓝""颜色_绿"，其中只有一个特征为1，其余特征为0。

顺序性哑变量的转换可以使模型更好地理解离散特征之间的顺序关系，从而提高模型的性能。同时，独热编码还可以避免特征之间的顺序关系对模型产生误导。顺序性哑变量的表达方式如表 3-1 所示。

表 3-1　顺序性哑变量的表达方式

Status 取值	向量表示
bad	(1,0,0)
normal	(1,1,0)
good	(1,1,1)

3.1.2　特征选择

特征选择是从全部的数据特征中选择适当的特征,以确保模型表现更出色。在一个模型中,特征的数量越多,意味着模型的计算维度越高,模型也越复杂,导致训练时间变长,这种现象被称为"维度灾难"。特征选择的目的是提高机器学习模型的性能,通过减少特征数量、剔除不相关或冗余的特征来降低模型的复杂度。这对应对维度灾难(由高维数据引发的问题)非常重要。

特征选择通常考虑以下三个因素。

(1) 特征发散性。如果一个特征在样本中几乎没有差异,即其方差接近于零,那么这个特征对模型没有贡献,可以考虑将其剔除。

(2) 特征与目标相关性。与目标相关性高的特征更有可能对模型性能有积极影响,因此应优先选择这些特征。

(3) 特征评价标准分类。根据不同的评价标准,选择对分类器性能有积极影响的特征或特征组合。这包括使用距离度量、信息熵、相关系数等方法。

特征选择方法一般分为三类:过滤式(filter)特征选择、包裹式(wrapper)特征选择和嵌入式(embedded)特征选择。

1. 过滤式特征选择

过滤式特征选择是一种基于每个特征与结果之间的相关性来筛选特征的方法,它保留与结果高度相关的特征。其核心思想是首先对数据集进行特征筛选,然后进行模型的训练。这一方法的主要优势在于其简单明了的思路。通常情况下,它使用诸如 Pearson(皮尔逊)相关系数法、方差选择法、互信息法等指标来度量特征与结果之间的相关性,然后保留相关性最高的 N 个特征供模型训练使用。

然而,过滤式特征选择方法存在一些不足之处。它主要关注特征与结果之间的单一关联,而忽略了特征与特征之间的相关性。这可能导致在模型训练过程中,一些具有潜在相关性但未被保留的特征被舍弃,从而对模型性能造成一定程度的影响。因此,在实际应用中,需要谨慎选择特征选择方法,根据具体情况综合考虑特征之间的相互关系,以确保最终模型的表现更为出色。

过滤式特征选择是一类单变量特征选择的方法,其基本思想是制定一个准则,用来衡量每个特征对目标属性的重要性,从而对所有特征进行排序或优选操作,根据某一准则来判断哪些特征重要,然后剔除不重要的特征。

过滤式特征选择通常使用方差选择法、相关系数法、卡方检验法、互信息法等方法来对特征进行评分,可以设定阈值或选择要保留的特征数量。

1) 方差选择法

使用方差选择法,首先需要计算各个特征的方差,然后根据阈值,选择方差大于阈值的特征。其中,当方差的阈值设定为 0 时,几乎等于是选择了所有特征。因为一组特征,若干方差等于 0 表示数据完全相等,所以一般不太可能会有这种数据。

2) 相关系数法

皮尔逊相关系数用于衡量变量之间的线性相关性,取值范围在 −1 到 +1 之间。当相关系数为 −1 时,表示完全负相关;当相关系数为 +1 时,表示完全正相关;当相关系数为 0 时,表示线性无关。然而,皮尔逊相关系数只能衡量线性关系,对于非线性关系较强的变量,相关系数可能接近于 0。

为了打破皮尔逊相关系数只能衡量线性关系的限制,距离相关系数被引入。距离相关系数可以计算变量之间的非线性关系。例如,对于变量 x 和 x^2,它们的皮尔逊相关系数可能接近于 0,但并不能说明它们是独立无关的。通过使用距离相关系数,我们可以计算 x 和 x^2 之间的非线性关系,如果距离相关系数接近于 0,则可以认为这两个变量是独立的。

3) 卡方检验法

经典的卡方检验用于检验定性自变量与定性因变量之间的相关性。假设自变量有 N 种取值,因变量有 M 种取值,我们考虑自变量等于 i 且因变量等于 j 的样本频数的观察值与期望值之间的差距,然后构建统计量:

$$\chi^2 = \sum \frac{(A - E)^2}{E} \tag{3-6}$$

其中,A 为变量;E 为均值。这个统计量表示了自变量与因变量的相关性,它衡量了实际观测值与理论推断值之间的偏离程度。卡方值的大小取决于实际观测值与理论推断值之间的偏离程度,卡方值越大,表示偏离程度越高,越不符合;卡方值越小,表示偏离程度越低,越趋于符合。卡方检验的优点是快速,只需要基础统计知识即可进行。然而,卡方检验的缺点是难以挖掘特征之间的组合效应。

4) 互信息法

互信息法可用于评估定性自变量与定性因变量的相关性,但它并不适用于特征选择。首先,它不属于度量方式,无法进行归一化,因此在不同数据集上的结果无法进行比较。其次,对于连续变量的计算不方便,通常需要将变量离散化,而互信息的结果对离散化的方法非常敏感。为了解决这些问题,最大信息系数被引入。最大信息系数首先寻找一种最佳的离散方法,然后将互信息转换为一种度量方式,其取值范围在 [0,1]。经典的互信息也是评价定性自变量与定性因变量的相关性的,互信息计算公式如下:

$$I(X;Y) = \sum_{x \in X} \sum_{y \in Y} p(x,y) \log \frac{p(x,y)}{p(x)p(y)} \tag{3-7}$$

2. 包裹式特征选择

包裹式特征选择是一种基于机器学习模型和评测性能的特征选择方法。它通过选择或排除若干特征来优化机器学习模型的性能。包裹式特征选择通常比过滤式方法效果更好,但训练过程时间较长,系统开销也更大。其中,递归特征消除法是一种典型的包裹式方法,它使用一个基模型(随机森林、逻辑回归等)进行多轮训练,在每轮训练结束后,消除权值系数较低的特征,然后基于新的特征集进行下一轮训练。

包裹式特征选择的优点是所选特征子集的分类性能通常更好。然而,它的缺点是所选特征的通用性较弱,当改变学习算法时,需要重新进行特征选择。此外,由于每次对特征子集的评价都需要进行分类器的训练和测试,算法的计算复杂度很高,尤其对于大规模数据集来说,执行时间较长。

常用的包裹式特征选择方法包括完全搜索、启发式搜索和随机搜索(random search)。完全搜索通过尝试所有可能的特征子集来找到最佳组合,但计算复杂度很高。启发式搜索利用启发式算法来搜索特征子集,以减少计算开销。随机搜索则随机选择特征子集进行评估,以快速找到较好的特征组合。

1) 完全搜索

这种方法的优点是可以确保找到最优的特征子集,但缺点是计算复杂度非常高,尤其在特征数量较多的情况下,运行时间会急剧增加。完全搜索的基本步骤如下。

(1) 枚举特征子集。生成所有可能的特征子集。对于一个包含 n 个特征的数据集,有 2^n 个可能的特征子集。这些子集包括从单个特征到包含所有特征的子集。

(2) 模型评估。对于每个特征子集,训练机器学习模型并使用交叉验证或其他评估方法来评估模型的性能。通常,性能指标如准确度、F1 分数、AUC(曲线下面积)等用于衡量模型的效果。

(3) 特征选择。选择具有最佳性能的特征子集作为最终的特征集。

虽然完全搜索方法可以找到最佳的特征子集,但它的计算复杂度呈指数增长,因此在实际应用中通常只用于小型数据集或特征数量较少的情况。对于大规模特征选择问题,完全搜索方法通常不切实际。

2) 启发式搜索

启发式搜索方法是包裹式特征选择中的一种策略,它通过使用启发式算法来搜索特征子集,以降低计算复杂度并寻找较好的特征组合。启发式算法是一种基于经验或规则的搜索方法,用于引导搜索过程,以尽可能快速地找到满足特定条件的解决方案。以下是用于特征选择的一些常见的启发式搜索方法。

(1) 贪婪搜索(greedy search)。贪婪搜索从一个初始特征子集开始,然后反复迭代地向该子集添加或删除特征,以使模型性能最大化。它通常根据一定的准则来选择是否添加或删除特征,如增加一个特征是否提高模型性能。

(2) 遗传算法(genetic algorithms)。遗传算法是一种基于生物进化原理的搜索方法,它使用种群中的特征子集来生成新的特征组合。通过模拟选择、交叉、变异等操作,遗传算法逐渐改进特征子集,以寻找最佳组合。

(3) 模拟退火(simulated annealing)。模拟退火是一种优化算法,它通过模拟材料的退火过程来搜索最优解。在特征选择中,模拟退火从一个随机特征子集开始,并逐渐改进子集以最大化性能指标。

(4) 粒子群优化(particle swarm optimization)。粒子群优化是一种基于群体智能的搜索方法,它通过模拟群体中粒子的行为来搜索最佳特征子集。粒子群优化通过合作和信息共享来引导搜索过程。

这些启发式搜索方法在不同情况下表现出不同的性能,通常在大规模特征选择问题中用于快速寻找较好的特征子集。虽然它们不能保证找到全局最优解,但通常能够找到令人满意的解决方案。选择适当的启发式搜索方法取决于问题的性质、可用的计算资源和对最终模型性能的要求。

3)随机搜索

与完全搜索不同,随机搜索不会尝试所有可能的特征组合,而是通过随机选择来加速特征选择过程。尽管随机搜索不能保证找到最佳解决方案,但通常可以在合理的时间内找到令人满意的特征子集。以下是随机搜索方法的基本工作流程。

(1)随机生成特征子集。从原始特征集合中随机选择一个特征子集作为初始特征组合。

(2)模型评估。对所选的特征子集进行模型训练并使用交叉验证或其他性能指标来评估模型的性能。

(3)重复迭代。重复上述步骤多次,每次随机生成不同的特征子集并评估性能。

(4)特征选择。选择具有最佳性能的特征子集作为最终的特征组合。

随机搜索的主要优点是计算复杂度相对较低,因为它不需要遍历所有可能的特征组合。这使得它在大规模特征选择问题中非常有用。然而,由于随机性质,不能保证找到全局最优解,因此通常需要多次运行来获取稳健的结果。

随机搜索适用于那些不需要绝对最优解,而是寻求在合理时间内找到良好特征子集的任务。它是一种高效且实用的特征选择策略,特别适用于大型数据集和高维特征选择问题。

3. 嵌入式特征选择

嵌入式特征选择是一种根据机器学习算法或模型分析特征重要性的方法,以选择最重要的 N 个特征。与包裹式特征选择相比,嵌入式特征选择将特征选择过程与模型的训练过程结合在一起,从而快速找到最佳特征集合,具有更高的效率和速度。常见的嵌入式特征选择方法包括基于正则化项(如 L1 正则化)的特征选择法和基于树模型(如梯度提升决策树)的特征选择法。这些方法通过在模型训练过程中考虑特征的重要性,自动选择出对模型性能最有贡献的特征,从而提高模型的准确性和泛化能力。

嵌入式方法,即通过机器学习算法与模型的训练,获取每一个特征的权值系数,并按权值系数由高到低排序进行特征选取。嵌入式特征选择是将特征选择和机器学习相结合,并在一个优化过程中进行,也就是特征选择在机器学习过程中自动完成。

其中,决策树算法是最典型的例子,如 ID3、C4.5 和 CART 算法等。在决策树的构建过程中,每个递归步都需要选择一个特征来将样本集划分为较小的子集。通常,选择特征的依据是划分后子节点的纯度,也就是划分效果的好坏。因此,决策树的生成过程实质上也是特征选择的过程。

1)基于惩罚项的特征选择法

使用带有惩罚项的基本模型不仅可以进行特征选择,还可以进行降维操作。一种常见的方法是在基本模型中引入惩罚项,如在逻辑回归中使用 L1 正则化。通过 L1 正则化选择特征,可以获得稀疏解,从而实现特征选择的效果。然而,需要注意的是,未被选中的特征并不意味着它们不重要,因为 L1 正则化可能会选择保留具有高相关性的特征中的一个。为了确定哪些特征是重要的,可以使用 L2 正则化方法进行交叉验证。这样可以综合考虑特征的重要性,并作出更准确的特征选择决策。

2)基于树模型的特征选择法

基于树模型可以对不同特征的重要程度进行计算。其核心思想是打乱特征的次序,并衡量次序变化对模型精度的影响。对一些无关紧要的变量进行扰动,其扰动次序并不会对模型的精度有很大的影响,而对一些有关紧要的变量扰动,其扰动次序则会使模型的精度下降,因此能用来去除不重要的特征。

树模型中 GBDT(梯度提升决策树)也可作为基模型进行特征选择,随机森林和逻辑回归等都能对模型的特征打分,通过打分获得相关性后再训练最终模型。

3)深度学习

随着深度学习的普及,嵌入式特征学习成为一种流行的方法,特别是在计算机视觉领域。深度学习具有自动学习特征的能力,因此也被称为无监督特征学习。通过选择深度学习模型中的某一层的特征,可以训练最终的目标模型。

在特征学习中,K-means 算法可以对没有标签的输入数据进行聚类,然后使用每个类别的质心来生成新的特征。这种方法可以通过发现数据中的内在结构来提取有用的特征,并用于后续的任务。

3.1.3　特征重要性评估

特征重要性评估是指评估每个特征对模型预测结果的影响程度,以便确定哪些特征对模型预测结果最为关键。特征重要性评估在预测建模中的作用体现在以下几方面。

(1)提供数据洞察。通过特征重要性相对得分,可以明确哪些特征与目标最相关,以及哪些特征与目标最不相关。这可以帮助领域专家解释数据,并为收集更多或不同数据提供基础。

(2)提供模型洞察。多数重要性得分是通过在数据集上拟合预测模型计算得出的。通过检查重要性得分,可以深入了解特定模型,了解在进行预测时,哪些特征对模型最重要,哪些特征最不重要。这有助于解释和支持模型的使用。

(3)提供降维和特征选择的依据,从而提高预测模型的效率和有效性。通过重要性得分,可以选择要删除的特征(最低分)或要保留的特征(最高分),从而实现特征选择。这种选择可以简化建模问题、加快建模过程(降低维度),在某些情况下还可以提高模型性能。

特征重要性仅指特征在模型中的重要性,不同的特征重要性方法适用于不同的模型和数据类型,合适的方法需要根据实际情况进行选择。以下是几种常见的特征重要性评估方法。

1. 基于树模型的特征重要性

在决策树、随机森林、梯度提升树等基于树的模型中,可以通过分析每个特征在树节点分裂时的贡献来计算特征的重要性。通常,这些方法会考虑特征在每个分裂点上的增益,然后将这些增益汇总得出特征的重要性得分。常见的树模型特征重要性评估方法包括基于信息增益的特征重要性、基于基尼(Gini)不纯度的特征重要性和基于树节点分裂增益的特征重要性。

2．基于线性模型的特征重要性

在线性回归、逻辑回归等线性模型中，可以使用特征的系数（权重）来衡量特征的重要性。较大的系数表示特征对模型的贡献更大。

3．基于互信息的特征重要性

互信息是一种用于衡量特征与目标之间关联性的方法。较高的互信息得分表示特征与目标之间的关联性更强。

4．基于 SHAP 值的特征重要性

SHAP(SHapley Additive exPlanations)是一种用于解释模型预测结果的方法，通过计算每个特征对预测结果的影响来解释模型的预测过程。基于 SHAP 值的方法可以用来判断特征的重要性，具体步骤如下。

1）计算每个样本的 SHAP 值

使用基于 SHAP 值的方法，对于每个样本，计算每个特征对该样本预测结果的影响，得到该样本的 SHAP 值。这个过程可以使用现成的 SHAP 库实现，如 XGBoost 的 shap 库、LightGBM 的 lightgbm.plotting 库等。

2）统计特征的平均 SHAP 值

对于每个特征，将所有样本的 SHAP 值加总并除以样本数量，得到该特征的平均 SHAP 值。平均 SHAP 值越大，表示该特征对模型预测结果的影响越大，即该特征越重要。

3）可视化特征的 SHAP 值

可以使用 SHAP 的可视化工具，如 summary plot、dependence plot 等，来直观地展示每个特征的平均 SHAP 值，以及特征对预测结果的影响程度。通过这些可视化工具，可以更加深入地了解每个特征的重要性。

需要注意的是，基于 SHAP 值的方法适用于任何机器学习模型，包括线性模型、树模型、神经网络等。并且，与其他特征重要性评估方法相比，基于 SHAP 值的方法可以提供更为准确和直观的特征重要性评估结果。

5．基于 L1 正则化的特征重要性

在使用 L1 正则化的线性模型中，特征的系数会受到稀疏性约束，导致一些系数变为零。这可以用来筛选出对模型预测贡献不大的特征。

6．基于随机排列的特征重要性

这种方法通过对某个特征进行随机排列，破坏特征与目标之间的关系，然后比较模型性能的变化来评估特征的重要性。

3.2 降维方法

数据降维是指在保留数据关键信息的前提下减少数据特征的维度。它是数据预处理中的重要步骤,通常用于解决以下问题。

（1）维度灾难。在高维空间中,数据点之间的距离变得更为稀疏,计算和存储复杂度大大提高,这会影响模型的性能和效率。

（2）特征冗余。某些特征可能包含相似或冗余信息,降维可以帮助剔除这些重复信息,提升模型的泛化能力。

（3）可视化。在二维空间或三维空间中更容易可视化和理解数据,降维可以帮助将高维数据可视化,揭示数据中的结构和模式。

数据降维的常见方法有主成分分析、因子分析（factor analysis）、线性判别分析（linear discriminant analysis,LDA）、多维尺度分析（multidimensional scaling,MDS）、LASSO 降维等。

3.2.1　主成分分析

1. 基本思想

数据降维的目的是在保留重要信息的同时消除那些无关信息。无关信息的定义有多种方法,而主成分分析主要关注线性相关性。我们将数据矩阵的列空间定义为由所有特征向量生成的空间。如果列空间的维度小于特征的总数,那么多数特征就可以表示为几个关键特征的线性组合。线性相关的特征会造成空间和计算资源的浪费,因为它们所包含的信息可以从较少的几个特征中推导出来。为了避免这种情况,PCA 试图将数据压缩到一个维度较小的线性子空间中,以消除这些冗余信息。

PCA 通过线性变换将高维数据转换为低维空间中的数据,同时保留尽可能多的原始信息。这种转换基于数据的协方差矩阵,它能够计算出数据的主要方向,并将数据投影到这些方向上,其目标是通过选择最重要的主成分来解释数据的大部分方差。通过降维,可以减少数据的维度,缩小存储空间和降低计算成本,并且可以去除一些噪声和冗余信息,提高模型的性能和可解释性。

2. 主成分分析的步骤

（1）数据标准化。对原始数据进行标准化处理,使得每个特征具有相同的尺度、零均值（均值为 0）和单位方差（标准差为 1）,以避免某些特征对主成分的影响过大。

$$X_{\text{standardized}} = \frac{X - \mu}{\sigma} \tag{3-8}$$

其中,$X_{\text{standardized}}$ 为标准化后的数据;X 为原始数据;μ 为特征的均值;σ 为特征的标准差。

（2）协方差矩阵计算。计算标准化后的数据的协方差矩阵,该矩阵描述了数据之间的线性相关性。

$$\boldsymbol{C} = \frac{1}{n-1} \sum_{i=1}^{n} (\boldsymbol{X}_i - \overline{\boldsymbol{X}})(\boldsymbol{X}_i - \overline{\boldsymbol{X}})^{\mathrm{T}} \tag{3-9}$$

其中,$\boldsymbol{C}$ 为协方差矩阵;n 为样本数量;$\boldsymbol{X}_i$ 为标准化后的数据样本;$\overline{\boldsymbol{X}}$ 为数据的均值向量。

（3）特征值分解。对协方差矩阵进行特征值分解,得到特征值和对应的特征向量。特征向量表示了数据在每个主成分方向上的投影。

$$CV = \lambda V \tag{3-10}$$

其中,C 为协方差矩阵;V 为特征向量矩阵,其中每一列是一个特征向量;λ 为特征向量,包含了协方差矩阵的特征值。

(4)特征值排序。将特征值按照大小进行排序,选择前 k 个特征值对应的特征向量作为主成分,其中 k 是降维后的维度。

(5)数据变换。将原始数据投影到选取的主成分上,得到降维后的数据表示。

$$Y = X V_k \tag{3-11}$$

其中,Y 为降维后的数据;X 为标准化后的原始数据;V_k 为前 k 个特征向量组成的矩阵。

3. 主成分分析的优点

主成分分析具有以下几个优点。

(1)数据降维。主成分分析可以将高维数据转换为低维表示,从而减少数据的维度。这有助于缩小存储空间和降低计算成本,并且可以简化后续的数据分析和建模过程。

(2)信息保留。主成分分析通过选择最重要的主成分来解释数据的大部分方差。这意味着在降维的过程中,主成分分析会尽量保留原始数据中的重要信息,而忽略那些对数据变化影响较小的细节。

(3)去除冗余特征。主成分分析可以通过消除线性相关的特征来去除冗余信息。线性相关的特征包含了相似的信息,因此可以通过主成分分析将它们压缩到一个更小的线性子空间中,从而减少冗余。

(4)数据可视化。主成分分析可以将高维数据映射到二维空间或三维空间,从而实现数据可视化。这有助于我们更好地理解数据的结构和关系,发现数据中的模式和趋势。

(5)去除噪声。主成分分析可以通过提取主成分来去除数据中的噪声。主成分通常对应于数据中的主要变化模式,而噪声对应于次要的变化模式。通过保留主成分而忽略噪声,可以提高数据分析和建模的准确性。

总的来说,主成分分析是一种常用的降维技术,可以在保留重要信息的同时减少数据的维度,并且有助于去除冗余特征和噪声。这使得主成分分析在数据预处理和特征工程中非常有用,可以提高机器学习算法的效果和效率。

3.2.2　因子分析

1. 基本思想

因子分析主要基于降维的思想,通过探索变量之间的相关系数矩阵,根据变量的相关性大小对变量进行分组。这样,同组内的变量之间的相关性较高,而不同组之间的相关性较低。代表每组数据基本结构的新变量被称为公共因子。简而言之,因子分析旨在最大限度地保留原始数据信息的情况下,将众多复杂的变量汇总为少数几个独立的公共因子。这些公共因子能够反映原始众多变量的主要信息,从而在减少变量数量的同时,展示了这些变量之间的内在联系。例如,当我们评估某地区的综合发展情况时,可以通过因子分析将 6 个指标(变量)归纳为 2～3 个公共因子,以更清晰地理解其发展特征。

2. 因子分析的步骤

应用因子分析算法时,常常包括如下几个基本步骤。

(1) 确定原有若干变量是否适用于因子分析。因子分析的基本逻辑是从原始变量中构造出少数几个具有代表意义的因子变量,这就要求原有变量之间具有比较强的相关性,否则,因子分析将无法提取变量间的"共性特征"。实际应用时,可以使用相关性矩阵进行验证,如果相关系数小于 0.3,那么变量间的共性较小,不适合使用因子分析;也可以用 KMO (Kaiser-Meyer-Olkin) 和 Bartlett 的检验来判断是否适合做因子分析,一般来说,KMO 的值越接近于 1 越好,大于 0.5 适合做因子分析,Bartlett 的检验主要看 Sig 值,越小越好。

(2) 构造因子变量。因子分析中有多种确定因子变量的方法,如基于主成分模型的主成分分析法和基于因子分析模型的主轴因子法、极大似然法、最小二乘法等。

(3) 利用旋转(rotation)使得因子变量更具有可解释性。在实际分析工作中,主要是因子分析得到因子和原变量的关系,从而对新的因子进行命名和解释,否则其在不具有可解释性的前提下对比 PCA 就没有明显的可解释价值。

(4) 计算因子变量的得分。子变量确定以后,对每一样本数据,希望得到它们在不同因子上的具体数据值,这些数值就是因子得分,它们和原变量的得分相对应。

其具体步骤如下。

① 确定是否适合因子分析。使用相关性矩阵、KMO 检验、Bartlett 检验等方法来评估原始变量是否适合因子分析。如果相关系数较低或适合性指标不满足要求,可能不适合因子分析。

② 数据标准化。对原始数据进行标准化处理,确保每个变量具有零均值和单位方差,减少因子分析对变量的尺度敏感影响。

③ 计算样本的相关矩阵 R。计算标准化后的数据的相关矩阵(协方差矩阵),表示变量之间的线性关系。

$$R = \frac{1}{n-1}(X - \mu)^{\mathrm{T}}(X - \mu) \tag{3-12}$$

其中,R 为相关矩阵;n 为样本数量;X 为标准化后的数据;μ 为数据的均值向量。

④ 特征值分解。对相关矩阵 R 进行特征值分解,得到特征值和对应的特征向量,特征值分解公式为

$$RV = \lambda V \tag{3-13}$$

其中,R 为相关矩阵;V 为特征向量矩阵,其中每一列是一个特征向量;λ 为特征值向量,包含相关矩阵的特征值。

⑤ 确定公共因子数量。根据特征值,决定提取多少个公共因子。通常选择特征值大于 1 的因子,因为小于 1 的特征值表示噪声。

⑥ 计算因子载荷矩阵 A。计算因子载荷矩阵,它描述了原始变量与公共因子之间的关系。

$$A = VR^{1/2} \tag{3-14}$$

其中,A 为因子载荷矩阵;V 为特征向量矩阵;$R^{1/2}$ 为相关矩阵 R 的平方根。

⑦ 因子旋转。对因子载荷矩阵进行旋转,以使因子更容易解释。常用的旋转方法包括方差最大化(最大方差旋转)和简单结构旋转。

⑧ 确定因子模型。根据因子载荷矩阵和旋转后的结果,确定最终的因子模型,包括因子的含义和解释。

⑨ 计算因子得分。计算每个样本在不同因子上的得分,以实现数据的降维和理解。有多种方法可用于计算因子得分,如主成分得分法、斜交轮换法等。

3. 因子分析的优点

(1) 数据降维。因子分析可以将多个相关的观测变量转化为较少的几个无关的因子,从而实现数据的降维。这有助于缩小存储空间和降低计算成本,并且可以简化后续的数据分析和建模过程。

(2) 揭示潜在结构。因子分析可以揭示数据背后的潜在结构和关系。通过分析因子载荷矩阵和因子之间的相关性,我们可以理解原始变量之间的共同特征和概念,并发现数据中的模式和趋势。

(3) 可解释性。因子分析生成的因子可以解释原始数据中的变异性。我们可以根据因子载荷矩阵中的权重来理解每个因子与原始变量之间的关系,从而解释因子所代表的潜在概念或特征。

(4) 数据简化和可视化。因子分析可以将高维数据简化为几个因子,从而方便数据的可视化和解释。通过将数据投影到较低维度的因子空间中,我们可以更好地理解数据的结构和关系。

总的来说,因子分析是一种有用的降维技术,可以揭示数据的内在结构和关系,简化数据分析过程,并提供对数据的解释和可视化。它在社会科学、市场研究、心理学等领域广泛应用,有助于理解和解释复杂的多变量数据。

4. 主成分分析和因子分析的区别

(1) 因子分析把展示在我们面前的诸多变量看成由对每一个变量都有作用的一些公共因子和一些仅对某一个变量有作用的特殊因子线性组合而成。因此,我们的目的就是从数据中探查能对变量起解释作用的公共因子和特殊因子,以及公共因子和特殊因子组合系数。主成分分析则简单一些,它只是从空间生成的角度寻找能解释诸多变量变异绝大部分的几组彼此不相关的新变量(主成分)。

(2) 因子分析是把变量表示成各因子的线性组合,而主成分分析则是把主成分表示成各变量的线性组合。

(3) 主成分分析不需要假设,因子分析则需要一些假设。因子分析的假设包括:各个公共因子之间不相关,特殊因子(specific factor)之间不相关,公共因子和特殊因子之间不相关。

(4) 抽取主因子的方法不仅有主成分法,还有极大似然法等,基于这些不同算法得到的结果一般也不同;而主成分只能用主成分法抽取。

(5) 主成分分析中,当给定的协方差矩阵或者相关矩阵的特征值唯一时,主成分一般是固定的;而因子分析中因子不是固定的,可以旋转得到不同的因子。

（6）在因子分析中，因子个数需要分析者指定，指定的因子数量不同，结果不同。在主成分分析中，成分的数量是一定的，一般有几个变量就有几个主成分。

（7）和主成分分析相比，因子分析由于可以使用旋转技术帮助解释因子，在解释方面更加有优势。而如果想把现有的变量变成少数几个新的变量（新的变量几乎带有原来所有变量的信息）来进入后续的分析，则可以使用主成分分析。当然，这种情况也可以使用因子得分做到。

3.2.3　线性判别分析

1. 基本思想

线性判别分析是一种监督学习的降维方法，也就是说它的数据集的每个样本是有类别输出的。LDA 的思想可以用一句话概括，就是"投影后类内方差最小，类间方差最大"。也就是说，我们要将数据在低维度上进行投影，投影后希望每一种类别数据的投影点尽可能接近，而不同类别的数据的类别中心之间的距离尽可能大。

假设我们有两类数据分别为灰色和黑色，如图 3-1 所示，这些数据特征是二维的，我们希望将这些数据投影到一维的一条直线，让每一种类别数据的投影点尽可能接近，而灰色和黑色数据中心之间的距离尽可能大。

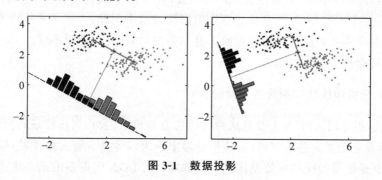

图 3-1　数据投影

图 3-1 提供了两种投影方式，从直观上可以看出，右图要比左图的投影效果好，因为右图的灰色数据和黑色数据各个较为集中，且类别之间的距离明显。左图则在边界处数据混杂。以上就是 LDA 的主要思想，当然在实际应用中，我们的数据是多个类别的，我们的原始数据一般也是超过二维的，投影后也一般不是直线，而是一个低维的超平面。

不同于 PCA 方差最大化理论，LDA 算法的思想是将数据投影到低维空间之后，使同一类数据尽可能紧凑，不同类的数据尽可能分散。因此，LDA 算法是一种有监督的机器学习算法。同时，LDA 有如下两个假设：①原始数据根据样本均值进行分类。②不同类的数据拥有相同的协方差矩阵。当然，在实际情况中，不可能满足以上两个假设。但是当数据主要是由均值来区分的时候，LDA 一般都可以取得很好的效果。

2. 线性判别分析的步骤

输入：数据集 $D = \{(x_1, y_1), (x_2, y_2), \cdots, (x_m, y_m)\}$，其中，任意样本 x_i 为 n 维变量，$y_i \in \{C_1, C_2, \cdots, C_k\}$，降维到维度为 d。

输出：降维后的数据集 D'。

(1) 计算类内散度矩阵 $\boldsymbol{S}_w$。

(2) 计算类间散度矩阵 $\boldsymbol{S}_b$。

(3) 计算矩阵 $\boldsymbol{S}_w^{-1}\boldsymbol{S}_b$。

(4) 计算矩阵 $\boldsymbol{S}_w^{-1}\boldsymbol{S}_b$ 的特征值和特征向量,按从小到大的顺序选取前 d 个特征值和对应的 d 个特征向量 $(w_1, w_2, \cdots, w_d)$,得到投影矩阵 $\boldsymbol{W}$。

(5) 将样本集中的每一个样本特征 x_i,转化为新的样本 $z_i = \boldsymbol{W}^{\mathrm{T}} x_i$

(6) 得到输出样本集 $D' = \{(z_1, y_1), (z_2, y_2), \cdots, (z_m, y_m)\}$。

3. 线性判别分析的优缺点

(1) LDA 算法的主要优点如下。

① 在降维过程中可以使用类别的先验知识经验,而像 PCA 这样的无监督学习则无法使用类别先验知识。

② LDA 在样本分类信息依赖均值而不是方差的时候,与 PCA 之类的算法相比较优。

(2) LDA 算法的主要缺点如下。

① LDA 不适合对非高斯分布样本进行降维,PCA 也有这个问题。

② LDA 降维最多降到类别数 $k-1$ 的维数,如果降维的维度大于 $k-1$,则不能使用 LDA。当然目前有一些 LDA 的进化版算法可以绕过这个问题。

③ LDA 在样本分类信息依赖方差而不是均值的时候,降维效果不好。

④ LDA 可能过度拟合数据。

4. 主成分分析和线性判别分析之间的区别

(1) 出发思想不同。PCA 主要是从特征的协方差角度,去找到比较好的投影方式,即选择样本点投影具有最大方差的方向(在信号处理中认为信号具有较大的方差,噪声有较小的方差,信噪比就是信号与噪声的方差比,越大越好);而 LDA 则更多的是考虑了分类标签信息,寻求投影后不同类别之间数据点距离最大化以及同一类别数据点距离最小化,即选择分类性能最好的方向。

(2) 学习模式不同。PCA 属于无监督式学习,因此大多场景下只作为数据处理过程的一部分,需要与其他算法结合使用,如将 PCA 与聚类、判别分析、回归分析等组合使用;LDA 是一种监督式学习方法,本身除了可以降维外,还可以进行预测应用,因此既可以与其他模型一起使用,也可以独立使用。

(3) 降维后可用维度数量不同。LDA 降维后最多可生成 C−1 维子空间(分类标签数−1),因此 LDA 与原始维度 N 数量无关,只与数据标签分类数量有关;而 PCA 最多有 n 维度可用,即最大可以选择全部可用维度。

3.2.4 多维尺度分析

1. 基本思想

多维尺度分析算法是一种数据降维和可视化方法,起源于心理学领域,它能够将高维度数据转换到低维度空间(如二维或三维),在保持数据点间距离关系的同时,让我们能够直观地观察和分析数据。MDS 算法的核心思想是使用距离矩阵来表示数据点之间的相似性或关联性。在实际问题中,我们可能需要分析不同类型的数据,通过将这些数据转换为距离矩阵,可以利用 MDS 算法来挖掘数据中的结构信息和潜在关系。

MDS 算法通过将高维数据降维到二维或三维空间,使数据的可视化分析变得更加直观。此外,在降维过程中,MDS 尽量保持数据点之间的距离关系,从而有助于挖掘数据中的真实结构。

2. 多维尺度分析的步骤

(1)构建距离矩阵。首先,我们需要计算原始空间中数据点之间的距离。常用的距离度量方法包括欧几里得距离、Minkowski 距离等。通过计算每对数据点之间的距离,我们可以构建一个距离矩阵。

(2)中心化距离矩阵。为了进一步处理距离矩阵,我们需要对其进行中心化处理,使得数据点相对于原点对称。中心化矩阵的计算方法是

$$H = I - \left(\frac{1}{n}\right) \times i \times i^{\mathrm{T}} \tag{3-15}$$

其中,I 为单位矩阵;n 为数据点的数量;i 为一个全 1 的 n 维向量;i^{T} 为对应向量转置。

(3)计算内积矩阵。通过中心化距离矩阵,我们可以计算内积矩阵 B。内积矩阵表示数据点之间的内积关系,可以用于进一步分析数据的结构。内积矩阵 B 可以通过中心化矩阵 H 和距离矩阵 D 的平方计算得到:

$$B = -\frac{1}{2} \times H \times D^2 \times H \tag{3-16}$$

(4)计算特征值和特征向量。在得到内积矩阵 B 后,需要计算其特征值和特征向量。特征值表示数据的主要变化方向,特征向量表示对应方向上的大小。我们将选取最大的 k 个特征值及其对应的特征向量,作为降维后的 k 维空间的基。

(5)计算降维后的坐标。将原始数据投影到选定的 k 维基上,我们可以得到降维后的坐标,具体计算方法为:新坐标=特征向量矩阵×特征值矩阵的平方根。这样,就得到了降维后的数据表示。

3. 多维尺度分析的优缺点

多维尺度分析的优缺点对比见表 3-2。

表 3-2　多维尺度分析的优缺点对比

优　　点	缺　　点
计算相对比较容易,而且不需要提供先验知识	当数据量较大时,运算时间可能较长
在降维过程中尽量保持数据点之间的距离关系,有助于挖掘数据中的结构信息,适用于各种类型的数据,如距离、相似性、关联性等	各个维度的地位相同,无法区分不同维度的重要性

3.2.5 LASSO 降维

1. 基本思想

LASSO 本身是一种回归方法。与常规回归方法不同的是,LASSO 可以通过参数缩减对参数进行选择,从而达到降维的目的,LASSO 核心思想是在最小化损失函数的同时,加入L1 正则化项,使部分特征的系数变为 0,从而实现特征的选择和降维,适合特别适用于参数数目缩减与参数的选择,适合用来估计稀疏参数的线性模型。

2. LASSO 最优解

LASSO 由于其约束条件(也叫损失函数)不是连续可导的,因此常规的解法如梯度下降法等就无法用了。两种常用的方法是坐标轴下降法与最小角回归(least angle regression,LARS)法。

1) 坐标轴下降法

坐标轴下降法是一种迭代算法,与梯度下降法利用目标函数的导数来确定搜索方向不同,坐标轴下降法是在当前坐标轴上搜索函数最小值,不需要求目标函数的导数。

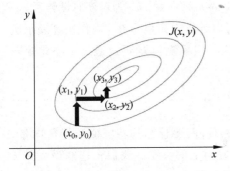

图 3-2　坐标轴下降法

以 2 维为例,设损失函数为凸函数 $J(x,y)$,在初始点固定 x_0,找使 $J(y)$ 达到最小的 y_1,然后固定 y_1,找使 $J(x)$ 达到最小的 x_2,这样一直迭代下去,因为 $J(x,y)$ 是凸的,所以一定可以找到使 $J(x,y)$ 达到最小的点 (x_k,y_k),如图 3-2 所示。

在 p 维的情况下,同理,参数 $\boldsymbol{\theta}$ 为 p 维向量,固定 $p-1$ 个参数,计算剩下的那个参数使凸函数 $J(\boldsymbol{\theta})$ 达到最小的点,p 个参数都来一次,就得到了该次迭代的最小值点。具体来说就是以 $J(\boldsymbol{\theta})$ 表示第 k 次迭代第 j 个参数的值。

(1) 初始位置点为 $\boldsymbol{\theta}^{(0)}=(\theta_1^{(0)},\theta_2^{(0)},\cdots,\theta_n^{(0)})$。

(2) 第 k 次迭代,从 $\theta_1^{(k)}$ 开始,固定后面 $p-1$ 个参数,计算使 $J(\boldsymbol{\theta})$ 达到最小的 θ_1,然后依次往后计算,到 $\theta_j^{(k)}$ 为止,一共执行 p 次运算:

$$\theta_1^{(k)} = \arg \min_{\theta_1} J(\theta_1,\theta_2^{(k-1)},\theta_3^{(k-1)},\cdots,\theta_p^{(k-1)})$$

$$\theta_2^{(k)} = \arg \min_{\theta_2} J(\theta_1^{(k)},\theta_2,\theta_3^{(k-1)},\cdots,\theta_p^{(k-1)})$$

$$\theta_3^{(k)} = \arg \min_{\theta_3} J(\theta_1^{(k)},\theta_2^{(k)},\theta_3,\cdots,\theta_p^{(k-1)}) \qquad (3\text{-}17)$$

$$\cdots\cdots$$

$$\theta_p^{(k)} = \arg \min_{\theta_p} J(\theta_1^{(k)},\theta_2^{(k)},\theta_3^{(k)},\cdots,\theta_p)$$

(3) 若各 $\theta_j^{(k)}$ 相较于 $k-1$ 次迭代都变化极小,说明结果已收敛,迭代结束,否则继续迭代。

2）最小角回归法

首先，找到与因变量 Y 最接近或者相关度最高的自变量 X_k，使用类似于前向梯度算法中的残差计算方法，得到新的目标 Y_{yes}，此时不用和前向梯度算法一样小步小步地走，而是直接向前走，直到出现一个 X_t，使得 X_t 和 Y_{yes} 的相关度和 X_k 与 Y_{yes} 的相关度是一样的，此时残差 Y_{yes} 就在 X_t 和 X_k 的角平分线方向上，我们开始沿着这个残差角平分线走，直到出现第三个特征 Xp 和 Y_{yes} 的相关度足够大，即 Xp 到当前残差 Y_{yes} 的相关度和 θ_t、θ_k 与 Y_{yes} 的一样。将其也加入 Y 的逼近特征集合中，并用 Y 的逼近特征集合的共同角分线作为新的逼近方向。以此循环，直到 Y_{yes} 足够小，或者说所有的变量都已经取完了，算法停止。此时对应的系数 θ 即为最终结果。

从图 3-3 中可以看到，一开始，y 与 x_1 夹角更小（相关性更大），于是沿着 x_1 的方向走，到 x_1、x_2 和当前残差相关性相等的地方，开始沿着 x_1、x_2 的角平分线前进（即 μ_2 的方向），此时沿着角平分线走，直到残差足够小时停止。

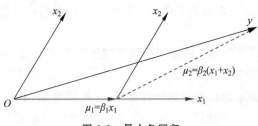

图 3-3　最小角回归

3.2.6　其他降维方法

1. 等距特征映射

1）基本思想

等距特征映射（isometric feature mapping，Isomap）是一种非线性降维方法，它可以将高维数据映射到低维空间中，并保留数据的全局结构和相似性。

Isomap 的基本思想是将数据看作一个高维的流形空间，通过测量流形空间中数据点之间的测地距离来刻画数据的全局结构。Isomap 通过计算数据点之间的最短路径来估计测地距离，从而得到数据的相似度矩阵。然后，Isomap 使用多维缩放（MDS）来将相似度矩阵映射到低维空间中，以便降维。

2）算法步骤

（1）构建邻接图 G。基于输入空间 X 中流形 G 上的邻近点对 i、j 之间的欧氏距离 $d_x(i,j)$，选取每个样本点距离最近的 K 个点（K-Isomap）或在样本点选定半径为常数 ε 的圆内所有点为该样本点的近邻点，将这些邻近点用边连接，将流形 G 构建为一个反映邻近关系的带权流通图 G。

（2）计算所有点对之间的最短路径。通过计算邻接图 G 上任意两点之间的最短路径逼近流形上的测地距离矩阵 $\boldsymbol{D}_G = \{d_G(i,j)\}$，最短路径的实现以 Floyd 或者 Dijkstra 算法为主。

（3）构建 k 维坐标向量。根据图距离矩阵 $\boldsymbol{D}_G = \{d_G(i,j)\}$ 使用经典 MDS 算法在 d 维

空间 Y 中构造数据的嵌入坐标表示,选择低维空间 Y 的任意两个嵌入坐标向量 $\boldsymbol{y}_i$ 与 $\boldsymbol{y}_j$ 使得代价函数最小。

Isomap 的主要优点是可以处理非线性数据,并保留数据的全局结构。Isomap 的缺点是对于高维数据,计算测地距离和相似度矩阵的复杂度较高。此外,Isomap 可能会受到噪声和局部结构的影响,从而导致降维结果不准确。

2. 局部线性嵌入

1) 基本思想

局部线性嵌入(locally linear embedding,LLE)是一种非线性降维方法,假设数据在较小的局部是线性的。也就是说,某一个样本可以由它最近邻的几个样本线性表示,离样本远的样本对局部的线性关系没有影响,而等距特征映射有一个问题就是要找所有样本全局的最优解,当数据量很大、样本维度很高时,计算非常耗时,鉴于这个问题,LLE 通过放弃寻找全局最优解,只是通过保证局部最优来降维。同时假设样本集在局部是满足线性关系的,进一步减少降维的计算量。

比如有一个样本 x_1,我们在它的原始高维邻域里用 K 近邻思想找到和它最近的 3 个样本 x_2,x_3,x_4,然后我们假设 x_1 可以由 x_2,x_3,x_4 线性表示,即 $x_1=w_{12}x_2+w_{13}x_3+w_{14}x_4$,其中,$w_{12},w_{13},w_{14}$ 为权重系数。在通过 LLE 降维后,我们希望 x_1 在低维空间对应的投影 y_1 和 x_2,x_3,x_4 对应的投影 y_2,y_3,y_4 也尽量保持同样的线性关系(局部数据结构不变),即 $y_1\approx w_{12}y_2+w_{13}y_3+w_{14}y_4$,也就是说,投影前后线性关系的权重系数 w_{12},w_{13},w_{14} 是尽量不变或者改变最小的。

2) 算法步骤

输入:样本集 $D=\{x_1,x_2,\cdots,x_m\}$,最近邻数 k,降维到维数 d。

输出:低维样本集矩阵 $\boldsymbol{D}'$。

(1) 从 i_1 至 m,以欧氏距离作为度量,计算和 x_i 最近的 k 个最近邻 $(x_{i1},x_{i2},\cdots,x_{ik})$。

(2) 从 i_1 至 m,求出局部协方差矩阵 $\boldsymbol{Z}_i=(\boldsymbol{x}_i-\boldsymbol{x}_j)^{\mathrm{T}}(\boldsymbol{x}_i-\boldsymbol{x}_j)$,并求出对应的权重系数向量:$\boldsymbol{W}_i=\dfrac{\boldsymbol{Z}_i^{-1}\boldsymbol{1}_k}{\boldsymbol{1}_k^{\mathrm{T}}\boldsymbol{Z}_i^{-1}\boldsymbol{1}_k}$。

(3) 由权重系数向量 $\boldsymbol{W}_i$ 组成权重系数矩阵 $\boldsymbol{W}$,计算矩阵 $\boldsymbol{M}=(\boldsymbol{I}-\boldsymbol{W})(\boldsymbol{I}-\boldsymbol{W})^{\mathrm{T}}$。

(4) 计算矩阵 $\boldsymbol{M}$ 的前 $d+1$ 个特征值,并计算这 $d+1$ 个特征值对应的特征向量 $\{y_1,y_2,\cdots,y_{d+1}\}$。

(5) 由第二个特征向量到第 $d+1$ 个特征向量所组成的矩阵即为输出低维样本集矩阵 $\boldsymbol{D}'=(y_2,y_3,\cdots,y_{d+1})$。

LLE 是广泛使用的图形图像降维方法,它实现简单,但是对数据的流形分布特征有严格的要求。比如不能是闭合流形、不能是稀疏的数据集、不能是分布不均匀的数据集等,这限制了它的应用。

3) LLE 算法的优缺点

(1) LLE 算法的主要优点如下。

① 可以学习任意维的局部线性的低维流形。

② 算法归结为稀疏矩阵特征分解,计算复杂度相对较低,实现容易。

(2) LLE 算法的主要缺点如下。

① 算法所学习的流形只能是不闭合的,且样本集是稠密均匀的。

② 算法对最近邻样本数的选择敏感,不同的最近邻数对最后的降维结果有很大影响。

3. 随机邻近嵌入

1) 基本原理

随机邻近嵌入(stochastic neighbor embedding,SNE)是通过仿射变换将数据点映射到概率分布上,主要包括两个步骤。

(1) SNE 构建一个高维对象之间的概率分布 P,使得相似的对象有更高的概率被选择,而不相似的对象有较低的概率被选择。

(2) SNE 在低维空间里构建这些点的概率分布 Q,使得这两个概率分布之间尽可能相似。

令输入空间是 $X \in R^n$,输出空间是 $Y \in R^t (t \ll n)$。不妨假设含有 m 个样本数据 $\{x^{(1)}, x^{(2)}, \cdots, x^{(m)}\}$,其中 $x^{(i)} \in X$,降维后的数据为 $\{y^{(1)}, y^{(2)}, \cdots, y^{(m)}\}$,$y^{(i)} \in Y$。SNE 是先将欧几里得距离转化为条件概率来表达点与点之间的相似度,即首先是计算条件概率 $p_{j|i}$,其正比于 $x^{(i)}$ 和 $x^{(j)}$ 之间的相似度,$p_{j|i}$ 的计算公式为

$$p_{j|i} = \frac{\exp\left(-\frac{\| x^{(i)} - x^{(j)} \|^2}{2\sigma_i^2}\right)}{\sum_{k \neq i} \exp\left(-\frac{\| x^{(i)} - x^{(k)} \|^2}{2\sigma_i^2}\right)} \tag{3-18}$$

这里引入一个参数 σ_i,对于不同的数据点 $x^{(i)}$ 取值亦不相同,因为我们关注的是不同数据点两两之间的相似度,故可设置为 $p_{i|i} = 0$。对于低维度下的数据点 $y^{(i)}$,通过条件概率 $q_{j|i}$ 来刻画 $y^{(i)}$ 与 $y^{(j)}$ 之间的相似度,$q_{j|i}$ 计算公式为

$$q_{j|i} = \frac{\exp(-\| y^{(i)} - y^{(j)} \|^2)}{\sum_{k \neq i} \exp(-\| y^{(i)} - y^{(k)} \|^2)} \tag{3-19}$$

同理,设置 $q_{i|i} = 0$。

如果降维的效果比较好,局部特征保留完整,那么有 $q_{i|j} = p_{i|j}$ 成立,因此通过优化两个分布之间的 KL 散度构造出的损失函数为

$$C(y^{(i)}) = \sum_i \mathrm{KL}(P_i \| Q_i) = \sum_i \sum_j p_{j|i} \log \frac{p_{j|i}}{q_{j|i}} \tag{3-20}$$

这里的 P_i 表示在给定高维数据点 $x^{(i)}$ 时,其他所有数据点的条件概率分布;Q_i 则表示在给定低维数据点 $y^{(i)}$ 时,其他所有数据点的条件概率分布。从损失函数可以看出,当 $p_{j|i}$ 较大、$q_{j|i}$ 较小时,惩罚较高;而 $p_{j|i}$ 较小、$q_{j|i}$ 较大时,惩罚较低。换句话说,就是高维空间中两个数据点距离较近时,若映射到低维空间后距离较远,那么将得到一个很高的惩罚;相反,高维空间中两个数据点距离较远时,若映射到低维空间距离较近,将得到一个很低的惩罚值。也就是说,SNE 的损失函数更关注局部特征,而忽视了全局结构。

2) SNE 对应目标函数的求解

首先不同的数据点对应不同的 σ_i,P_i 的熵会随着 σ_i 的增加而增加。SNE 引入困惑度

的概念,通过二分搜索的方式来寻找一个最佳 σ,$\sigma \in R^n$。其中困惑度是指:$\text{Perp}(P_i) = 2^{H(P_i)}$,这里的 $H(P_i)$ 是 P_i 的香农熵,即 $H(P_i) = -\sum_j P_{j|i} \log_2 p_{j|i}$,困惑度可以理解为某个数据点附近有效近邻点的个数,SNE 对困惑度的调整具有鲁棒性,通常选择 5~50 之间,给定之后通过二分搜索的方式即可寻找到合适的 σ。通过对 SNE 的损失函数求梯度可得

$$\frac{\partial C(y^{(i)})}{\partial y^{(i)}} = 2\sum_j (p_{j|i} - q_{j|i} + p_{i|j} - q_{i|j})(y^{(i)} - y^{(j)}) \tag{3-21}$$

在迭代初始化阶段,可以使用较小的 σ 对高斯分布进行初始化。为了加速优化过程和避免陷入局部最优解,梯度中需要使用一个相对较大的动量(momentum),即参数更新过程中除了使用当前梯度,还要引入之前梯度累加的指数衰减项,迭代更新过程如下:

$$Y^{(t)} = Y^{(t-1)} + \eta \frac{\partial C(Y)}{\partial Y} + \alpha(t)(Y^{(t-1)} - Y^{(t-2)}) \tag{3-22}$$

其中,$Y^{(t)}$ 为迭代 t 次的解;η 为学习率;$\alpha(t)$ 为迭代 t 次的动量。

3)对称 SNE

优化 $\text{KL}(P \parallel Q)$ 的一种替换思路是使用联合概率分布来替换条件概率分布,即 P 是高维空间里数据点的联合概率分布,Q 是低维空间里数据点的联合概率分布,此时的损失函数为

$$C(y^{(i)}) = \text{KL}(P \parallel Q) = \sum_i \sum_j p_{ij} \log \frac{p_{ij}}{q_{ij}} \tag{3-23}$$

同样地,$p_{ii} = q_{ii} = 0$,这种改进下的 SNE 称为对称 SNE,因为它的先验假设为对 $\forall i$ 有 $q_{ij} = q_{ji}$,$p_{ij} = p_{ji}$ 成立,故概率分布可以改写为

$$p_{ij} = \frac{\exp\left(-\frac{\parallel x^{(i)} - x^{(j)} \parallel^2}{2\sigma^2}\right)}{\sum_{k \neq l} \exp\left(-\frac{\parallel x^{(i)} - x^{(l)} \parallel^2}{2\sigma^2}\right)}, \quad q_{ij} = \frac{\exp(-\parallel y^{(i)} - y^{(j)} \parallel^2)}{\sum_{k \neq l} \exp(-\parallel y^{(k)} - y^{(l)} \parallel^2)} \tag{3-24}$$

这种改进方法使得表达式简洁很多,但是容易受到异常点数据的影响,为了解决这个问题,将联合概率分布定义修正为:$p_{ij} = \frac{p_{j|i} + p_{i|j}}{2}$,这保证了 $\sum_j p_{ij} > \frac{1}{2m}$,使每个点对于损失函数都会有贡献。对称 SNE 最大的优点是简化了梯度计算,梯度公式改写为

$$\frac{\partial C(y^{(i)})}{\partial y^{(i)}} = 4\sum_j (p_{ij} - q_{ij})(y^{(i)} - y^{(j)}) \tag{3-25}$$

研究表明,对称 SNE 和 SNE 的效果差不多,有时甚至更好一点。

4. t-分布随机邻近嵌入

1)基本思想

t-分布随机邻近嵌入(t-distributed stochastic neighbor embedding,t-SNE)是一种用于高维数据可视化和降维的强大技术。

在提出 t-SNE 之前,已经有一些降维和可视化技术,如 PCA 和 LLE。然而,这些方法在处理高维非线性数据时存在局限性。为了突破这些局限性,t-SNE 算法应运而生,旨在更好地保留高维数据的局部结构。t-SNE 对对称 SNE 的改进是,首先通过在高维空间中使用高斯分布将距离转换为概率分布,然后在低维空间中使用更加偏重长尾分布的方式来将距

离转换为概率分布,使高维度空间中的中低等距离在映射后能够有一个较大的距离。t-SNE 作为一种非线性降维算法,常用于流形学习(manifold learning)的降维过程并与 LLE 进行类比,非常适用于高维数据降到 2 维或者 3 维,便于进行可视化。

t-SNE 算法的主要贡献在于它使用了一种基于概率的方法来测量高维数据点之间的相似度,并在低维空间中尽量保持这些相似度。t-SNE 使用了一个特殊的概率分布(t 分布),能够有效地处理高维数据中的异常值,并在低维空间中生成更好的聚类效果。

2)算法步骤

(1) 找出高维空间中相邻点之间的成对相似性。

(2) 根据高维空间中点的成对相似性,将高维空间中的每个点映射到低维。

(3) 使用基于 Kullback-Leibler 散度(KL 散度)的梯度下降找到最小化条件概率分布之间的不匹配的低维数据表示。

(4) 使用 Student-t 分布计算低维空间中两点之间的相似度。

3)t-SNE 分析的优缺点

t-SNE 分析的优缺点对比见表 3-3。

表 3-3　t-SNE 分析的优缺点对比

优　　点	缺　　点
保留局部结构:t-SNE 非常擅长保留高维数据中的局部结构,在降维后的低维空间中,相似的数据点会聚集在一起,形成明显的类簇	计算复杂度高:t-SNE 的计算复杂度较高,对于大规模数据集的降维可能需要较长的计算时间
可视化效果好:t-SNE 在可视化高维数据时的效果很好,尤其是在展示复杂数据集时,它能清晰地显示不同类别和簇之间的关系	难以选择最优参数:t-SNE 有一些需要调整的参数,如学习率和感知半径,这些参数的选择可能会影响降维结果

课后习题

1. 简述特征工程在大数据挖掘中的作用。

2. 为什么需要对特征进行缩放?

3. 简述特征选择的两种主要方法,并提供每种方法的一个示例。

4. 为什么降维在处理高维数据时很重要?

5. 论述特征工程在自然语言处理(NLP)中的应用,并提供一个相关的代码示例。

6. 论述标准化和归一化的区别,以及它们在特征工程中的不同用途。

7. 简述主成分分析的步骤。

8. 利用 Python 的 Scikit-Learn 库,论述如何使用主成分分析对高维数据进行降维,并提供示例代码。

9. 为什么在某些情况下非线性降维方法比线性降维方法更适用?

10. 为什么在机器学习中需要进行归一化或标准化?说明归一化和标准化的目的和方法。

11. 什么是主成分分析?它在降维中的作用是什么?说明主成分分析的计算步骤。

应用实例

即测即练

第4章
关 联 分 析

关联就是反映某个事物与其他事物之间相互依存关系,而关联分析是指在交易数据中,找出存在于项目集合之间的关联模式,即如果两个或多个事物之间存在一定的关联性,则其中一个事物就能通过其他事物进行预测。通常的做法是挖掘隐藏在数据中的相互关系,当两个或多个数据项的取值相互间高概率重复出现时,那么就会认为它们之间存在一定的关联。

例如,一名超市促销员正在和一位购买了可乐和面包的顾客交谈,此时促销员会向顾客推荐一些什么东西呢?促销员可能会凭直觉推荐一些顾客有可能购买的东西。那么,这些东西是否真的是顾客需要的呢?频繁模式和关联规则在很大程度上解决了这类问题。超市促销员根据超市的历史销售记录,查找出频繁出现的可乐和面包的组合销售记录。这些组合就形成了频繁购物模式,利用这些频繁出现的购物模式信息,促销员就可以有效地针对顾客的需求给出一些合理的推荐。

频繁模式和关联规则反映了一个事物与其他事物同时出现的相互依存性和关联性,常用于实体商店或在线电商的推荐系统。通过对顾客的历史购买记录数据进行关联规则挖掘,发现顾客群体购买习惯的内在共性,根据挖掘结果,可以调整货架的布局陈列、设计促销组合方案,从而实现销量的提升。

本章介绍频繁模式和关联规则的基本概念,讲解关联规则挖掘的核心算法——Apriori算法和FP-Growth算法(Frequent Pattern Growth,频繁模式增长)。

4.1 关联规则的概念

设 $I=\{i_1,i_2,\cdots,i_m\}$ 是项(item)的集合,D 是事务(transaction)的集合(事务数据库),事务 T 是项的集合,并且 $T\subseteq I$。每一个事务具有唯一的标识,称为事务号,记作 TID。设 A 是 I 中的一个项集,如果 $A\subseteq T$,那么事务 T 包含 A。

例如,一个商店所售商品的集合 $I=\{$可乐,薯片,面包,牛奶,尿布,啤酒$\}$。假设商店某段时间的事务数据库 D 如表 4-1 所示,该数据库有 5 个事务,$D=\{\{$可乐,薯片$\}$,$\{$可乐,面包$\}$,$\{$可乐,面包,牛奶$\}$,$\{$尿布,啤酒$\}$,$\{$可乐,面包,啤酒$\}\}$。其中,事务$\{$可乐,面包,牛奶$\}$包含了事务$\{$可乐,面包$\}$。

表 4-1　商店某段时间的事务数据库

事务号（TID）	购买商品列表
100	可乐,薯片
200	可乐,面包
300	可乐,面包,牛奶
400	尿布,啤酒
500	可乐,面包,啤酒

定义 4.1　关联规则。

关联规则是形如 $A \rightarrow B$ 的逻辑蕴含式,其中 $A \neq \varnothing$, $B \neq \varnothing$,且 $A \subset I$, $B \subset I$,并且 $A \cap B = \varnothing$。

定义 4.2　关联规则的支持度。

规则 $A \rightarrow B$ 具有支持度 S,表示 D 中事务包含 $A \cup B$ 的百分比,它等于概率 $P(A \cup B)$,也叫相对支持度。

$$S(A \rightarrow B) = (A \cup B) = \frac{|A \cup B|}{|D|}$$

另外,还有绝对支持度,又叫支持度计数、频度或计数,是事务在事务数据库中出现的次数,表示为 $|A \cup B|$。

例如,对于表 4-1 所示的商店事务数据库,顾客购买可乐和薯片有 1 笔,购买可乐和面包有 3 笔,那么可乐和薯片的关联规则的支持度 $S(可乐 \rightarrow 薯片) = \frac{1}{5} = 20\%$,可乐和面包的关联规则的支持度 $S(可乐 \rightarrow 面包) = \frac{3}{5} = 60\%$。

定义 4.3　关联规则的置信度。

规则 $A \rightarrow B$ 在事务数据库中具有置信度 C,它表示包含项集 A 的同时也包含项集 B 的概率,即条件概率 $P(B|A)$。因为事务数据库 D 的规模是一定的,所以

$$C(A \rightarrow B) = \frac{S(A \cup B)}{S(A)} = \frac{|A \cup B|}{|A|}$$

其中,$|A|$ 为事务数据库中包含项集 A 的事务个数。

例如,对于表 4-1 所示的商店事务数据库,顾客购买可乐有 4 笔,购买可乐和薯片有 1 笔,购买可乐和面包有 3 笔,那么顾客购买可乐和薯片的置信度 $C(可乐 \rightarrow 薯片) = \frac{1}{4} = 25\%$,购买可乐和面包的置信度 $C(可乐 \rightarrow 面包) = \frac{3}{4} = 75\%$。这说明买可乐和买面包的关联性比买可乐和买薯片的关联性强,在营销上可以采用组合策略销售。

定义 4.4　阈值。

为了在事务数据库中找出有用的关联规则,需要由用户确定两个阈值:最小支持度阈值（min_sup）和最小置信度阈值（min_conf）。

定义 4.5　强关联规则。

同时满足最小支持度阈值（min_sup）和最小置信度阈值（min_conf）的规则称为强关联规则,即当 $S(A \rightarrow B) > $ min_sup 且 $C(A \rightarrow B) > $ min_conf 成立时,规则 $A \rightarrow B$ 称为强关联规则。

规则的支持度和置信度是规则价值的两种度量。它们分别反映了规则的有用性和确定性。支持度通常用于排除那些无意义的规则。置信度体现了规则推理的可靠性,对于给定的规则,置信度越高,其发生的概率越大。在典型情况下,如果关联规则满足最小支持度阈值和最小置信度阈值,则通常认为它是有价值的。

例如,假设表 4-1 的事务最小支持度阈值 min_sup 为 50%,最小置信度阈值 min_conf 也为 50%,容易看出:关联规则(可乐→面包)的支持度 S(可乐→面包)=60%,大于最小支持度阈值;置信度 C(可乐→面包)=75%,大于最小置信度阈值。(可乐→面包)是强关联规则,而(可乐→薯片)不是强关联规则。所以关联规则(可乐→面包)是有价值的规则。

定义 4.6 频繁模式。

频繁模式是频繁地出现在数据集中的模式(如项集、子序列或子结构)。

项的集合称为项集(itemset),包含 k 个项的集合称为 k 项集。项集的出现频度是包含项集的事务数,简称项集的频度、支持度计数或计数。如果项集频繁地出现在交易数据集中,同时其支持度大于或等于最小支持度阈值,则称为频繁项集。

例如,在表 4-1 的事务数据库中,项集{可乐,面包}的支持度为 60%,大于规定的最小支持度阈值,所以{可乐,面包}是频繁 2 项集。项集{可乐,薯片}的支持度为 20%,小于规定的最小支持度阈值,所以{可乐,薯片}不是频繁 2 项集。

一个子序列,如首先购买 PC(个人计算机),然后购买数码相机,最后购买内存卡,如果它频繁地出现在事务数据库中,则称它为频繁子序列。

一个子结构可能涉及不同的结构形式,如子图、子树或子格,它可能与项集或子序列结合在一起。如果一个子结构频繁地出现在事务数据库中,则称它为频繁子结构。

频繁项集模式挖掘的一个典型例子是购物篮分析。购物篮分析通过发现顾客放入"购物篮"中的商品之间的关联,分析顾客的购物习惯。这种关联的发现可以帮助零售商了解哪些商品频繁地被顾客同时购买,从而帮助零售商制定更好的营销策略。例如,可以将顾客经常同时购买的商品摆放在一起,以便促进这些商品的销售。换一个角度,也可以把顾客经常同时购买的商品摆放在商店的两端,以诱导同时购买这些商品的顾客一路挑选其他商品。当然,购物篮分析也可以帮助零售商决定将哪些商品降价出售。例如,表 4-1 的事务数据库显示,顾客经常同时购买可乐和面包,{可乐,面包}是频繁项集,则可乐的降价可能既促进可乐销售,又促进面包销售。

如果项集的全域是商店中的商品的集合,每种商品有一个对应的布尔变量,表示该商品是否被顾客购买,则每个购物篮都可以用一个布尔向量表示。可以通过分析布尔向量得到反映商品频繁关联或同时购买的模式,这些模式可以用关联规则的形式表示。例如,购买可乐也趋向于同时购买面包的顾客信息可以用以下的关联规则表示:

$$可乐 \rightarrow 面包[support=60\%, confidence=75\%]$$

4.2 Apriori 算法

Apriori 算法是拉凯什·阿加瓦尔(Rakesh Agarwal)和罗摩克里希南·斯里坎特(Ramakrishnan Srikant)于 1994 年提出的,是布尔关联规则挖掘频繁项集的原创性算法。

Apriori 算法利用先验原理,基于支持度阈值对项集格进行剪枝,通过逐层搜索的迭代方法,将频繁 k 项集用于探索频繁 $k+1$ 项集,最终找出数据集中的所有频繁项集。

4.2.1　Apriori 算法原理

1. 第一阶段: 产生频繁项集

从大型数据集中挖掘频繁项集的主要挑战是: 挖掘过程中常常产生大量满足最小支持度阈值的项集,特别是当最小支持度阈值 min_sup 设置得很低时尤其如此。这是因为,如果一个项集是频繁的,则它的每个子集也是频繁的。

格结构(lattice structure)常常被用来表示所有可能的项集。从中可以看出频繁项集的搜索空间是指数搜索空间,随着事务数据库中项的增加,候选项集和比较次数都呈指数级增长,计算复杂度很高。图 4-1 为项集 $I=\{a,b,c,d,e\}$ 的格。

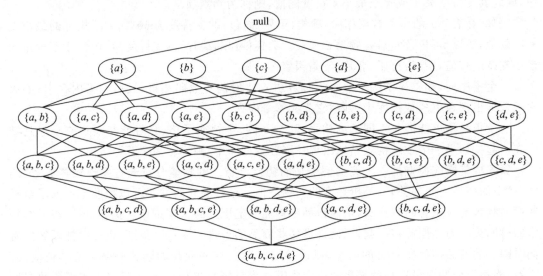

图 4-1　项集 $I=\{a,b,c,d,e\}$ 的格

发现频繁项集的一个朴素的方法是确定格结构中每个候选项集的支持度,但是工作量比较大。降低产生频繁项集的计算复杂度的方法有以下两个。

(1) 减少候选项集的数目。例如,根据先验性质原理,可以不用计算支持度,因而可以删除某些候选项集。

(2) 减少比较次数。利用更高级的数据结构,或者存储候选项集,或者压缩数据集,以减少比较次数。

定理 4.1　先验性质。

频繁项集的所有非空子集也一定是频繁的。

这个性质很容易理解。例如,一个项集$\{I_1,I_2,I_3\}$是频繁的,那么这个项集的支持度大于最小支持度阈值 min_sup。显而易见,它的任何非空子集(如$\{I_1\}$、$\{I_2,I_3\}$等)的支持度也一定比最小支持度阈值 min_sup 大,因此一定都是频繁的。

如图 4-2 所示,如果$\{c,d,e\}$是频繁的,则它的所有子集也是频繁的。反过来,如果项集

I 是频繁的,那么给这个项集再添加新项 A,则这个新的项集 $\{I \cup A\}$ 至少不会比 I 更加频繁,因为增加了新项,所以新项集中所有项同时出现的次数一定不会增加。如果项集 I 是非频繁的,给项集 I 增加新项 A 后,这个新的项集 $\{I \cup A\}$ 一定还是非频繁的。这种性质叫反单调性。

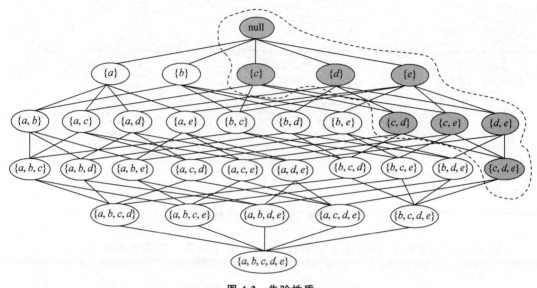

图 4-2　先验性质

定理 4.2　反单调性。

在一个项集中,如果有至少一个非空子集是非频繁的,那么这个项集一定是非频繁的,即如果一个项集是非频繁的,则它所有的超集都是非频繁的。

这种基于支持度度量修剪指数搜索空间的策略称为基于支持度的剪枝。如图 4-3 所示,如果 $\{a,b\}$ 是非频繁项集,则它的所有超集也是非频繁的,其超集在搜索过程中都可以剪掉。

Apriori 算法利用定理 4.1 和定理 4.2,通过逐层搜索的模式,由频繁 $k-1$ 项集生成频繁 k 项集,最终得到全部的频繁项集。

通过定理 4.1 和定理 4.2 可知:如果一个项集是频繁项集,那么它的任意非空子集一定是频繁的,所以频繁 k 项集一定是由频繁 $k-1$ 项集组合生成的。

Apriori 算法的核心是通过频繁 $k-1$ 项集生成频繁项集。

定理 4.3　任何频繁 k 项集都是由频繁 $k-1$ 项集组合生成的。

定理 4.4　频繁 k 项集的所有 $k-1$ 项子集一定都是频繁 $k-1$ 项集。

Apriori 算法使用一种称为逐层搜索的迭代算法,其中 k 项集用于探索 $k+1$ 项集。首先,通过扫描数据库,累计每个项的个数,并收集满足最小支持度的项,找出频繁 1 项集的集合,该集合记为 L_1。然后,使用 L_1 找出频繁 2 项集的集合 L_2,使用 L_2 找出 L_3,如此迭代进行下去,直到不能再找到频繁 $k-1$ 项集。找出每个 L_k,需要对数据库进行一次完整扫描。

Apriori 算法的步骤如下。

(1) 扫描全部数据,产生候选 1 项集的集合 C_1。

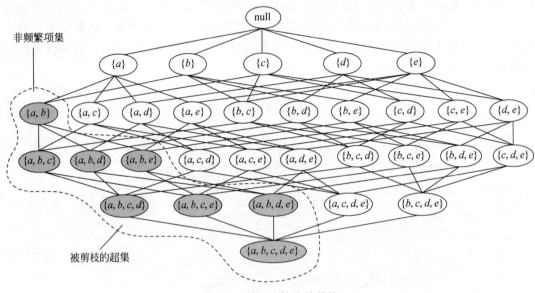

图 4-3　基于支持度的剪枝

（2）根据最小支持度，由候选 1 项集的集合 C_1 产生频繁 1 项集的集合 L_{k+1}。

（3）若 $k>1$，进行步骤（4）、步骤（5）和步骤（6）。

（4）由 L_k 执行连接和剪枝操作，产生候选 $k+1$ 项集的集合 C_{k+1}。

（5）根据最小支持度，由候选 $k+1$ 项集的集合 C_{k+1}，筛选产生频繁 $k+1$ 项集的集合 L_{k+1}。

（6）若 $L\neq\varnothing$，则 $k=k+1$，跳往步骤（4）；否则，跳往步骤（7）。

（7）根据最小置信度，由频繁项集产生强关联规则，结束。

此过程中最重要的环节是如何从频繁 $k-1$ 项集产生频繁项集，即如何从 L_{k-1} 找出 L_k。该环节可由连接、剪枝和扫描筛选三步组成，首先通过连接和剪枝产生候选项集，然后通过扫描筛选来实现进一步删除小于最小支持度阈值的项集。

（1）连接。为找出 L_k，将 L_{k-1} 与自身连接产生候选项集的集合。连接的作用就是用两个频繁 $k-1$ 项集组成一个 k 项集。该候选 k 项集的集合记为 C_k。具体来说，分为两步。

① 判断两个频繁 $k-1$ 项集是否是可连接的：对于两个频繁 $k-1$ 项集 I_1 和 I_2，先将项集中的项排序（例如按照字典排序或者人为规定的其他序列），如果 I_1、I_2 的前 $k-2$ 项都相等，则 I_1 和 I_2 可连接。

② 如果两个频繁 $k-1$ 项集 I_1 和 I_2 可连接，则用它们生成一个新的 k 项集：$\{I_1[1]$，$I_1[2]$，$\cdots$，$I_1[k-2]$，$I_1[k-1]$，$I_2[k-1]\}$，也就是用相同的前 $k-2$ 项加上 I_1 和 I_2 不同的末尾项，这个过程可以用 $I_1\times I_2$ 表示。只需找到所有的 C_n^2 个两两组合，n 为 L_{k-1} 找的长度，挑出其中可连接的，就能生成所有可能是频繁项集的 k 项集，也就是候选频繁项集，将这些候选频繁项集构成的集合记为 C_k。

说明：经过上述方法连接起来的 k 项集，至少有两个 $k-1$ 子集是频繁的，由定理 4.4 可知，这样的 k 项集才有可能是频繁的。这种连接方法一开始直接排除了大量不可能的组合，所以不需要通过找出所有项的组合来生成候选频繁项集 C。

（2）剪枝。Apriori 算法使用逐层搜索技术。为了压缩 C_k，利用定理 4.1 给出的先验性质（任何非频繁的 $k-1$ 项集都不是频繁项集的子集）来剪掉非频繁的候选 k 项集。对给定候选项集 C_k，只需检查它们的 $k-1$ 项的所有子集是否频繁即可。

说明：因为在连接之后，所有的候选频繁项集都在 C_k 中，所以现在的任务是对 C_k 进行筛选，剪枝是初步的筛选。具体过程是：对于每个候选 k 项集，找出它的所有 $k-1$ 项子集，检测其是否频繁，也就是看其是否都在 L_{k-1} 中，只要有一个子集不在其中，那么这个项集一定不是频繁的。剪枝的原理就是定理 4.4。经过剪枝，C_k 进一步缩减。这个过程也叫子集测试。

（3）扫描筛选。因为当前候选频繁项集 C_k 中仍然可能存在支持度小于最小支持度阈值 min_sup 的项集，所以需要做进一步筛选。扫描事务数据库 D，得出在当前 C_k 中 k 项集的计数，这样能统计出目前 C_k 中所有项集的频数，从中删去小于 min_sup 的项集，就得到了频繁 k 项集组成的集合 L_k。

说明：在候选频繁项集的产生过程中要注意以下三点。

（1）应当避免产生太多不必要的候选项集。如果一个候选项集的子集是非频繁的，则该候选项集肯定是非频繁的。

（2）确保候选项集集合的完整性，即在产生候选项集的过程中没有遗漏任何频繁项集。

（3）不应当产生重复的候选项集。

2. 第二阶段：由频繁项集产生关联规则

首先，对于每一个频繁项集产生关联规则。计算频繁项集的所有非空真子集，计算所有可能的关联规则的置信度，如果其置信度大于最小置信度阈值，则该规则为强关联规则，输出该规则，即对于选定的频繁项集 I 的每个非空子集 S，如果 $\dfrac{\text{Support}(I)}{\text{Support}(S)} = \dfrac{I}{S} \geqslant \text{min\_conf}$，则输出规则 $S \Rightarrow (I-S)$。其中，min_conf 是最小置信度阈值。

说明：由于规则由频繁项集产生，每个规则都自动满足最小支持度阈值，这里不需要再计算支持度的满足情况。

例如，频繁项集为 $\{1,2,3\}$，则其非空真子集为 $\{1,2\}$、$\{1,3\}$、$\{2,3\}$、$\{1\}$、$\{2\}$、$\{3\}$，可能的关联规则为 $\{1,2\} \rightarrow 3$、$\{1,3\} \rightarrow 2$、$\{2,3\} \rightarrow 1$、$1 \rightarrow \{2,3\}$、$2 \rightarrow \{1,3\}$、$3 \rightarrow \{1,2\}$。

最后，计算所有可能的关联规则的置信度，找到满足最小置信度阈值的规则，它们是强关联规则。

图 4-4 给出了从项集 $\{0,1,2,3\}$ 产生的所有关联规则，其中阴影区域给出的是低可信度的规则。可以发现，如果 $\{0,1,2\} \rightarrow \{3\}$ 是一条低可信度规则，那么所有其他以 3 作为后件（箭头右部包含 3）的规则均为低可信度的规则。

可以观察到，如果某条规则并不满足最小置信度阈值要求，那么该规则的所有子集不会满足最小置信度阈值要求。以图 4-4 为例，假设规则 $\{0,1,2\} \rightarrow \{3\}$ 并不满足最小置信度阈值要求，那么任何左部为 $\{0,1,2\}$ 子集的规则也不会满足最小置信度阈值要求。可以利用关联规则的上述性质来减少需要测试的规则数目，类似于 Apriori 算法求解频繁项集采用的方法。

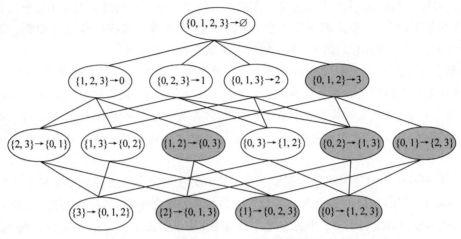

图 4-4　频繁项集 {0,1,2,3} 的关联规则

4.2.2　Apriori 算法举例

本例依据的交易数据如表 4-2 所示(假设给定的最小支持度阈值为 2,最小置信度阈值为 0.6)。

表 4-2　某店交易数据

TID	商　品
100	Cola,Egg,Ham
200	Cola,Diaper,Beer
300	Cola,Diaper,Beer,Ham
400	Diaper,Beer

针对本例,最简单的办法就是穷举法,即把每个项集都作为候选项集,统计它在数据集中出现的次数,如果其出现次数大于最小支持度计数,则为频繁项集,如图 4-5 所示,但该方法开销很大。

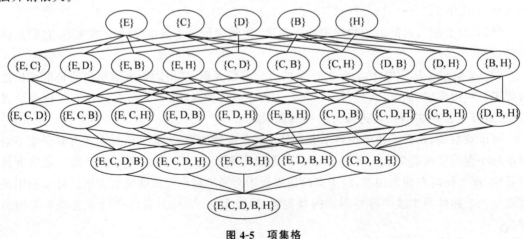

图 4-5　项集格

采用 Apriori 算法挖掘规则的过程如下。

第 1 步：生成 1 项集的集合 C_1。将所有事务中出现的组成一个集合，记作 C_1，C_1 可以看作所有的 1 项集组合。在本例中，所有可能的 1 项集 C_1 为{E}、{C}、{D}、{B}、{H}，分别代表 Egg、Cola、Diaper、Beer、Ham。

第 2 步：寻找频繁 1 项集。统计 C_1 中所有元素出现的次数，再与最小支持度阈值 min_sup 比较，筛除小于 min_sup 的项集，剩下的都是频繁 1 项集。将这些频繁 1 项集组成的集合记为 L_1。在本例中，设置 min_sup=2。经过这一步的筛选，项集{E}被淘汰。{E}的超集都不可能是频繁项集，这样，在项集空间中就剪掉了一个分枝。经过剪枝后的项集如图 4-6 所示。

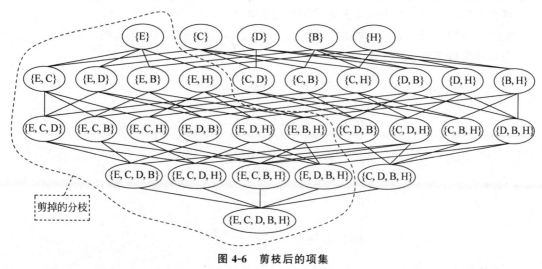

图 4-6　剪枝后的项集

从图 4-7 所示的产生频繁项集过程可以看到，频繁 2 项集有{C,D}、{C,B}、{C,H}、{D,B}，最后得到的最大频繁项集为频繁 3 项集：{C,D,B}。

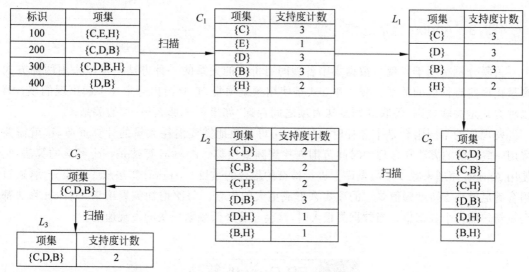

图 4-7　产生频繁项集过程

在产生所有的频繁项集后，就可以进一步生成关联规则。

频繁 2 项集{C,D}生成强关联规则的过程如下。

{C,D}的非空真子集为{C}、{D}。$P(C \rightarrow D) = 2/3$，$P(D \rightarrow C) = 2/3$，都大于最小置信度阈值，所以规则 C→D 和 D→C 都是强关联规则。同理，可以计算频繁 2 项集{C,B}生成的强关联规则：$P(C \rightarrow B) = 2/3$，$P(B \rightarrow C) = 1$，都大于最小置信度阈值，所以规则 C→B 和 B→C 都是强关联规则。计算频繁 2 项集{C,H}生成的强关联规则：$P(C \rightarrow H) = 2/3$，$P(H \rightarrow C) = 1$，都大于最小置信度阈值，所以规则 C→H 和 H→C 都是强关联规则。计算频繁 2 项集{D,B}生成的强关联规则：$P(D \rightarrow B) = 1$，$P(B \rightarrow D) = 1$，都大于最小置信度阈值，所以规则 D→B 和 B→D 都是强关联规则。

频繁 3 项集{C,D,B}生成强关联规则的过程如下。

最终生成的{C,D,B}可能的非空真子集为{C}、{D}、{B}、{C,D}、{D,B}、{B,C}。

分别计算以下概率：

$$P(C,D \mid B) = \frac{P(C,D,B)}{P(B)} = \frac{2}{3}$$

$$P(B,D \mid C) = \frac{P(B,D,C)}{P(C)} = \frac{2}{3}$$

$$P(B,C \mid D) = \frac{P(B,D,C)}{P(D)} = \frac{2}{3}$$

$$P(C,D \rightarrow B) = \frac{2}{2} = 1$$

$$P(B,D \rightarrow C) = \frac{2}{3}$$

$$P(B,C \rightarrow D) = \frac{2}{2} = 1$$

因此，这些规则都是强关联规则。

4.2.3 Apriori 算法总结

关联分析是用于发现大数据集中各项间有价值的关系的一种方法。可以采用两种方式来量化这些有价值的关系：第一种方式是使用频繁项集，它会给出经常在一起出现的项；第二种方式是关联规则，关联规则意味着项之间存在"如果……那么……"的关系。

发现项的不同组合是十分耗时的任务，不可避免地需要消耗大量的计算资源，这就需要采用一些智能的方法在合理的时间范围内找到频繁项集。Apriori 算法是一个经典的算法，它使用 Apriori 原理来减少在数据库上进行检查的集合的数目。Apriori 算法从 1 项集开始，通过组合满足最小支持度阈值要求的项集来形成更大的集合。每次增加频繁项集，Apriori 算法都会重新扫描整个数据集。当数据集很大时，这会显著降低频繁项集的发现速度。

4.3 FP-Growth 算法

在关联分析中，Apriori 算法是挖掘频繁项集常用的算法。Apriori 算法是一种先产生候选项集再检验是否频繁的"产生并测试"方法。它使用先验性质来压缩搜索空间,以提高逐层产生频繁项集的效率。尽管 Apriori 算法非常直观,但其需要进行大量计算,包括产生大量候选项集和进行支持度计算,需要频繁地扫描数据库,运行效率很低。特别是对于海量数据,Apriori 算法的时间和空间复杂度都不容忽视,每计算一次 C_k,就需要扫描一遍数据库。

Jiawei Han 等在 2000 年提出了 FP-Growth 算法,它可以挖掘出全部频繁项集,而无须经历 Apriori 算法代价高昂的候选项集产生过程。FP-Growth 算法是基于 Apriori 原理提出的关联分析算法,FP-Growth 算法巧妙地将树状结构引入算法,采取分治策略:将提供频繁项集的数据库压缩为一棵频繁模式树,并保留项集的关联信息。该算法和 Apriori 算法最大的不同有两点:第一,该算法不产生候选集;第二,该算法只需要扫描两次数据库,大大提高了效率。在 FP-Growth 算法中经常用到以下几个概念。

(1) 频繁模式树。将事务数据表中的各个事务数据项按照支持度排序后,把每个事务数据项按降序依次插入一棵以 NULL 为根节点的树中,同时在每个节点处记录该节点的支持度。

(2) 条件模式基(Conditional Pattern Base,CPB)。包含在 FP 树中与后缀模式一起出现的前缀路径的集合。

(3) 条件树。条件模式基按照 FP 树的构造原则形成的一棵新的 FP 子树。

FP-Growth 算法发现频繁项集的过程如下。

(1) 构建 FP 树。将提供频繁项集的数据库压缩为一棵 FP 树,并保留项集的关联。

(2) 从 FP 树中挖掘频繁项集。把压缩后的数据库划分成一组条件数据库,每个条件数据库关联一个频繁项或模式段,并分别挖掘每个条件数据库。其具体步骤如下。

① 扫描原始事务数据集,根据最小支持度阈值条件得到频繁 1 项集,对频繁 1 项集中的项按照频度降序排列。然后,删除原始事务数据集中非频繁的项,并将事务按项集中降序排列。

② 第二次扫描,根据频繁 1 项集创建频繁项头表(从上往下降序)。

③ 构建 FP 树。读入排序后的数据集,插入 FP 树。插入时按照排序后的顺序,排序靠前的是祖先节点,而靠后的是子孙节点。如果有共同的祖先节点,则对应的共同祖先节点计数加 1。插入节点后,如果有新节点出现,则频繁项头表对应的节点会通过节点链表连接新节点。直到所有的数据都插入 FP 树后,FP 树的构建完成。

④ 从 FP 树中挖掘频繁项集。从频繁项头表的底部依次从下向上找到所有包含该项的前缀路径,即其条件模式基,从条件模式基递归挖掘得到频繁项头表项的频繁项集。递归调用树结构构建 FP 子树时,删除小于最小支持度阈值的项。如果条件模式基(FP 子树)最终呈现单一路径的树结构,则直接列举所有组合;否则继续调用树结构,直到形成单一路径时为止。

说明:FP-Growth 算法通过两次扫描数据库,将原始数据集压缩为一个树状结构,然后找到每个项的条件模式基,递归挖掘频繁项集。

4.3.1　FP-Growth 算法原理

1. FP 树数据结构

为了减少 I/O 次数,FP-Growth 算法使用一种称为 FP 树的数据结构来存储数据。

FP 树是一种特殊的前缀树,由频繁项头表和项前缀树构成。

FP-Growth 算法基于以上的树状结构来加快整个挖掘过程。这个数据结构包括三部分,如图 4-8 所示。

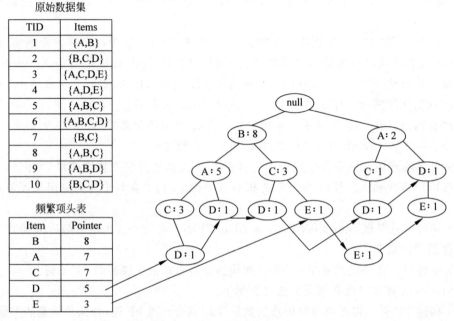

图 4-8　FP 树的数据结构

第一部分是频繁项头表。它记录了所有的频繁 1 项集出现的次数,按照次数降序排列。例如,在图 4-8 中,B 在 10 组数据中出现了 8 次,出现次数最多,因此排在第一位;E 出现次数最少,排在最后一位。

第二部分是 FP 树。原始数据集被映射到内存中的一棵 FP 树,它保留了项集的关联信息。

第三部分是节点链表。频繁项头表里的每个频繁 1 项集都是一个节点链表的头,它指向 FP 树中该频繁 1 项集出现的位置,构成该项集在树中出现的节点的节点链表。这样做主要是为了方便频繁项头表和 FP 树之间联系的查找和更新。

下面分别讨论频繁项头表和 FP 树的建立过程。

2. 频繁项头表的建立

FP 树的建立依赖频繁项头表的建立。首先要建立频繁项头表。

第一次扫描原始数据集,得到所有频繁 1 项集的计数。然后删除小于最小支持度阈值的项,将频繁 1 项集放入频繁项头表,并按照支持度降序排列。第二次扫描原始数据集,剔除原始数据中的非频繁 1 项集,并按照支持度降序排列。

例如,如图 4-9 所示,假设最小支持度阈值是 20%,事务数据集中有 10 条数据。第一次扫描数据并对 1 项集进行计数,发现 O、I、L、J、P、M、N 都只出现一次,支持度低于 20% 的阈值,因此不会出现在频繁项头表中;剩下的 A、C、E、G、B、D、F 按照支持度的大小降序排列,组成了频繁项头表。

原始数据集	频繁项头表		数据集
A B C E F O	A：8		A C E B F
A C G	C：8		A C G
E	E：8		E
A C E G D	G：5		A C E G D
A C E G	B：2		A C E G
E	D：2		E
A C E B F	F：2		A C E B F
A C D			A C D
A C E G			A C E G
A C E G			A C E G

图 4-9　建立项头表

接着第二次扫描数据,剔除非频繁 1 项集,并按照支持度降序排列。例如,在数据项 ABCEFO 中,O 是非频繁 1 项集,因此被剔除,只剩下 ABCEF;然后按照支持度降序排列,变成了 ACEBF。其他数据项以此类推。对原始数据集里的数据项进行排序是为了在后面构建 FP 树时可以尽可能地共用祖先节点。

通过两次扫描,频繁项头表已经建立,也得到了排序后的数据集,如图 4-9 所示。接下来就可以建立 FP 树了。

3. FP 树的建立

有了项头表和排序后的数据集,就可以开始建立 FP 树了。开始时,FP 树没有数据。在建立 FP 树时,一条一条地读入排序后的数据集,并按照排序后的顺序插入 FP 树中。

下面用图 4-10 的例子说明 FP 树的建立过程。

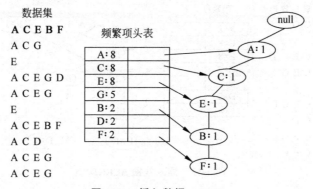

图 4-10　插入数据 ACEBF

首先,插入第一条数据 ACEBF,如图 4-10 所示。此时 FP 树没有节点,因此 ACEBF 是一个独立的路径,所有节点计数为 1。频繁项头表通过节点链表连接对应的新增节点。

接着插入数据 ACG,如图 4-11 所示。由于 ACG 和现有的 FP 树可以有共同的祖先节点序列 AC,因此只需要增加一个新节点 G,其计数为 1。同时 A 和 C 的计数加 1,成为 2,当然,G 的节点链表要更新。

用同样的方法插入数据 E,如图 4-12 所示。需要注意的是,由于插入 E 后多了一个节点,因此需要通过节点链表连接新增的节点 E。

采用同样的方法更新其余 7 条数据,如图 4-13～图 4-19 所示。

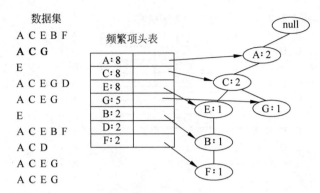

图 4-11　插入数据 ACG

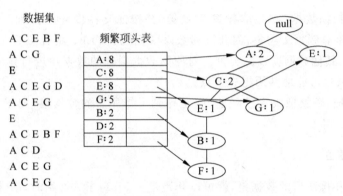

图 4-12　插入数据 E

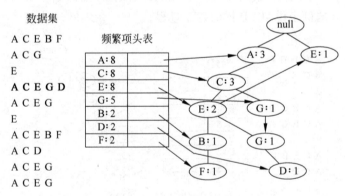

图 4-13　插入数据 ACEGD

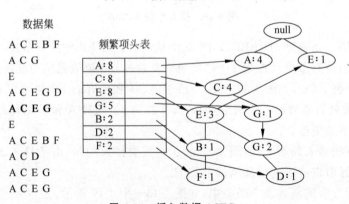

图 4-14　插入数据 ACEG

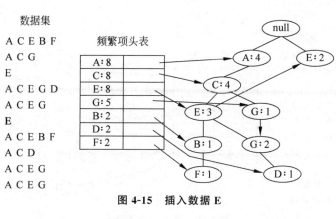

图 4-15　插入数据 E

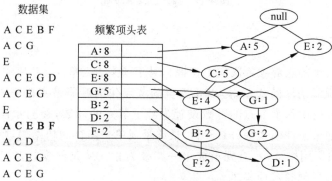

图 4-16　插入数据 ACEBF

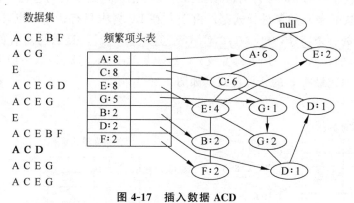

图 4-17　插入数据 ACD

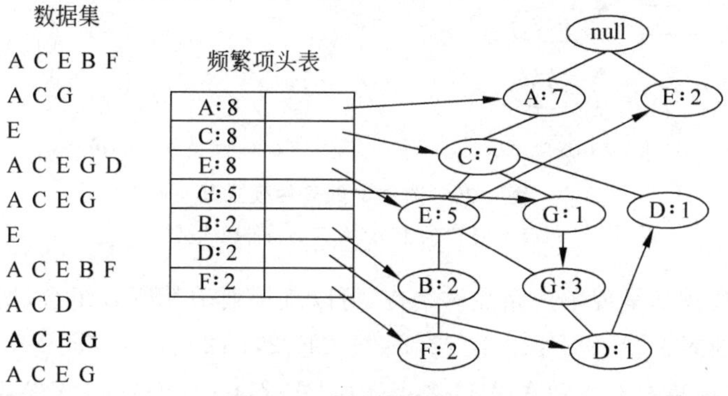

数据集

A C E B F

A C G

E

A C E G D

A C E G

E

A C E B F

A C D

A C E G

A C E G

图 4-18　插入数据 ACEG

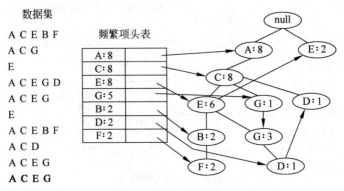

图 4-19 插入数据 ACEG

4. FP 树的挖掘

首先要从项头表的底部项依次向上挖掘。对于项头表对应于 FP 树的每一项,要找到它的条件模式基。所谓条件模式基,是以要挖掘的节点作为叶子节点的 FP 子树。得到这棵 FP 子树后,将该子树中每个节点的计数设置为叶子节点的计数,并删除计数低于支持度计数阈值的节点。如果条件模式基(FP 子树)最终呈现单一路径的树结构,则直接列举所有组合;否则继续递归调用树结构,直到形成单一路径为止。从条件模式基(FP 子树)出发,就可以通过递归挖掘得到频繁项集了。

下面以图 4-19 中的 FP 树为例,介绍从 FP 树中挖掘频繁项集的过程。首先从最底下的 F 节点开始,寻找 F 节点的条件模式基。由于 F 在 FP 树中只有一个节点,因此候选就只有图 4-20(a)所示的一条路径,对应{A:8,C:8,E:6,B:2,F:2}。接着将所有的祖先节点计数设置为叶子节点的计数,即 FP 子树变成{A:2,C:2,E:2,B:2,F:2}。一般条件模式基可以不写叶子节点,因此最终 F 的条件模式基如图 4-20(b)所示。

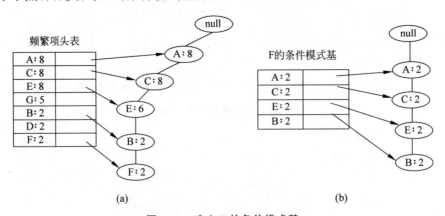

图 4-20 建立 F 的条件模式基

(a) F 的 FP 子树;(b) F 的条件模式基

因为该条件模式基呈现单一路径树结构,可以直接列举其所有组合,所以很容易得到以下的 4 个频繁 2 项集:{A:2,F:2}、{C:2,F:2}、{E:2,F:2}、{B:2,F:2}。递归合并频繁项集,得到的频繁 3 项集有 6 个:{A:2,C:2,F:2}、{A:2,E:2,F:2}、{A:2,B:2,F:2}、{C:2,

E:2,F:2}、{C:2,B:2,F:2}、{E:2,B:2,F:2};频繁 4 项集有 4 个:{A:2,C:2,E:2,F:2}、{A:2,C:2,B:2,F:2}、{A:2,E:2,B:2,F:2}、{C:2,E:2,B:2,F:2};最大的频繁项集为频繁 5 项集,有 1 个:{A:2,C:2,E:2,B:2,F:2}。

　　F 节点频繁集挖掘完后,开始挖掘 D 节点的频繁项集。D 节点比 F 节点复杂—些,因为它有两个叶子节点。首先得到的 FP 子树如图 4-21(a)所示。接着将所有的祖先节点计数设置为叶子节点的计数,即变成{A:2,C:2,E:1,G:1,D:1},此时 E 节点和 G 节点由于在条件模式基中的支持度低于阈值,被删除。最终,D 的条件模式基为{A:2,C:2}。很容易得到 D 的频繁 2 项集为{A:2,D:2}、{C:2,D:2}。合并频繁 2 项集,得到的频繁 3 项集为{A:2,C:2,D:2},是 D 对应的最大的频繁项集。

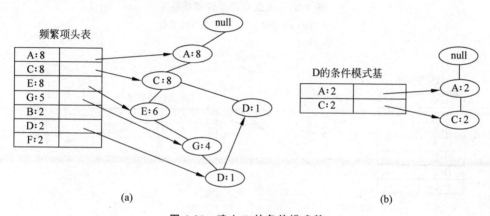

图 4-21　建立 D 的条件模式基

(a) D 的 FP 子树;(b) D 的条件模式基

　　用同样的方法可以得到 B 的 FP 子树和条件模式基,如图 4-22 所示。递归挖掘得到的 B 的最大频繁项集为频繁 4 项集:{A:2,C:2,E:2,B:2}。

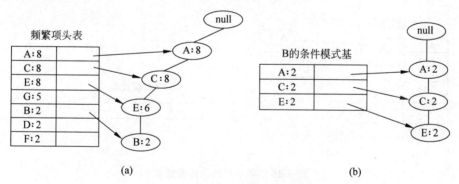

图 4-22　建立 B 的条件模式基

(a) B 的 FP 子树;(b) B 的条件模式基

　　继续挖掘 G 的频繁项集。G 的 FP 子树和条件模式基如图 4-23 所示。递归挖掘得到的 G 的最大频繁项集为频繁 4 项集:{A:5,C:5,E:5,G:5}。

　　E 的 FP 子树和条件模式基如图 4-24 所示。递归挖掘得到的 E 的最大频繁项集为频繁 3 项集:{A:6,C:6,E:6}。

　　C 的 FP 子树和条件模式基如图 4-25 所示。递归挖掘得到的 C 的最大频繁项集为频繁

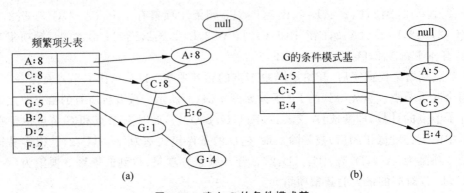

图 4-23　建立 G 的条件模式基

(a) G 的 FP 子树；(b) G 的条件模式基

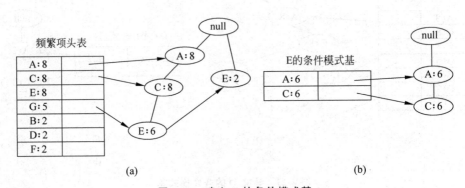

图 4-24　建立 E 的条件模式基

(a) E 的 FP 子树；(b) E 的条件模式基

2 项集:{A:8,C:8}。

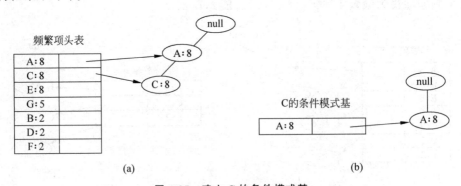

图 4-25　建立 C 的条件模式基

(a) C 的 FP 子树；(b) C 的条件模式基

至于 A,由于它的条件模式基为空,因此可以不用挖掘了。

至此就得到了所有的频繁项集。如果只是要最大的频繁 k 项集,从上面的分析可以看到,最大的频繁项集为频繁 5 项集:{A:2,C:2,E:2,B:2,F:2}。

下面对 FP-Growth 算法加以总结。

FP-Growth 算法的工作流程是:首先构建 FP 树,然后利用它来挖掘频繁项集。为构建 FP 树,需要对原始数据集扫描两次。第一次对所有元素项的出现次数进行计数,而第二次扫描中只考虑那些频繁元素。

FP-Growth 算法将数据存储在一种称为 FP 树的紧凑数据结构中。FP 树通过链来连接相似项,相似项之间的链称为节点链,用于快速发现相似项的位置。被连起来的项可以看成一个节点链表。

与一般搜索树不同的是,一个项可以在一棵 FP 树中出现多次。FP 树中存储项集的出现频率,而每个项集会共享树的一部分。只有当项集完全不同时,在树节点上给出项集中的每个项及其在序列中出现次数。

4.3.2　FP-Growth 算法举例

某商店交易数据表如表 4-3 所示,其最小支持度阈值为 50%。利用 FP-Growth 算法挖掘频繁项集。

表 4-3　某商店交易数据表

TID	商　　品
100	Cola,Egg,Ham
200	Cola,Diaper,Beer
300	Cola,Diaper,Beer,Ham
400	Diaper,Beer

1. 项头表的建立

如表 4-3 所示,现在有 4 条数据。

第一次扫描数据集并对 1 项集计数,发现 Egg 只出现一次,Ham 出现两次,支持度均低于 50% 的阈值,因此它们不会出现在项头表中。剩下的 Cola、Diaper、Beer 按照支持度的大小降序排列,组成了频繁项头表。

第二次扫描数据集,对于每条数据删除非频繁 1 项集,并按照支持度降序排列。通过两次扫描,频繁项头表已经建立,也得到了排序后的数据集,如图 4-26 所示。接下来就可以建立 FP 树了。

数据集

Cola, Egg, Ham
Cola, Diaper, Beer
Cola, Diaper, Beer, Ham
Diaper, Beer

频繁项头表

Cola
Diaper
Beer

排序后的数据集

Cola
Cola, Diaper, Beer
Cola, Diaper, Beer
Diaper, Beer

图 4-26　项头表的建立

2. 构建 FP 树

FP 树的挖掘过程如下。

首先扫描一次数据集,找出频繁项的列表 L,按照它们的支持度计数递减排序,即 $L=$

〈(Cola：3)，(Diaper：3)，(Beer：3)〉。

再次扫描数据集，利用每个事务中的频繁项构造 FP 树，其根节点为 null。处理每个事务时，按照 L 中的顺序将事务中出现的频繁项添加到 FP 树中的一个分枝上。例如，第一个事务创建一个分枝〈(Cola：1)〉；第二个事务中包含频繁项，排序后为〈(Cola，Diaper，Beer)〉，与 FP 树中的分枝共享前缀 Cola。因此，将 FP 树中的节点 Cola 的计数分别加 1，在 Cola 节点创建分枝〈(Diaper：1)，(Beer：1)〉。以此类推，将数据集中的事务都添加到 FP 树中。为便于遍历 FP 树，创建一个项头表，使得每个项通过一个节点链指向它在 FP 树中的位置，相同的链在一个链表中。最小支持度阈值为 50％的 FP 树如图 4-27 所示。

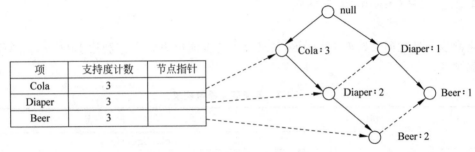

图 4-27　最小支持度阈值为 50％的 FP 树

3. 在 FP 树上挖掘频繁模式

从最底下的 Beer 节点开始，寻找 Beer 节点的条件模式基。由于 Beer 在 FP 树中有两个节点，因此候选路径为{Cola：3，Diaper：2，Beer：2}和{Diaper：1，Beer：1}。Beer 的条件模式基为{Cola：2，Diaper：3}。由于 Diaper 的支持度计数大于或等于支持度计数阈值 3，所以 Beer 的最大频繁项集为频繁 2 项集{Diaper：3，Beer：3}。

接下来挖掘 Diaper，寻找 Diaper 节点的条件模式基。由于 Diaper 在 FP 树中有两个节点，因此候选路径为{Cola：2，Diaper：2}和{Diaper：1}。Diaper 的条件模式基为{Cola：2}，由于 Cola 的支持度计数小于支持度计数阈值 3，所以 Cola 被删除。Diaper 的最大频繁项集为{Diaper：3}。

最后挖掘 Cola，由于没有路径到达 Cola，所以 Cola 的最大频繁项集为{Cola：3}。

综上所述，最大频繁项集为{Diaper：3，Beer：3}。由于

$$P\{Diaper \rightarrow Beer\} = P\{Beer \mid Diaper\} = \frac{P\{Beer, Diaper\}}{P\{Diaper\}} = \frac{3}{3} = 1$$

$$P\{Diaper \rightarrow Beer\} = P\{Diaper \mid Beer\} = \frac{P\{Beer, Diaper\}}{P\{Beer\}} = \frac{3}{3} = 1$$

均大于最小置信度阈值，因此，{Diaper，Beer}为强关联规则。

4.4　关联规则评价

关联规则的挖掘基于事务数据集中的支持度和置信度概念来评价物品间的关系。但

是,仅仅看这些指标,对一些问题还是无能为力。

表 4-4 给出的交易数据集有 10 000 条数据,其中有 6 000 条数据包括购买游戏,有 7 500 条数据包括购买影片,有 4 000 条数据既包括购买游戏又包括购买影片。

表 4-4　某商店交易数据表

购 买 关 系	购 买 游 戏	不购买游戏	合　　计
购买影片	4 000	3 500	7 500
不购买影片	2 000	500	2 500
合计	6 000	4 000	10 000

设置最小支持度阈值为 30%,最小置信度阈值为 60%。从表 4-4 可以得到:

$$\text{Support}(游戏 \rightarrow 影片) = \frac{4\ 000}{10\ 000} = 40\%$$

$$\text{Confidence}(游戏 \rightarrow 影片) = \frac{4\ 000}{6\ 000} \approx 67\%$$

可以看出,规则“游戏→影片”的支持度和置信度都满足阈值要求,是一个强关联规则。于是,似乎可以建议超市把影片光碟和游戏光碟放在一起以提高销量。

可是,一个爱玩游戏的人会有时间看影片吗? 这个规则是不是有问题? 事实上这个规则有误导性。在整个数据集中,购买影片的概率是 $P(影片) = 7\ 500/10\ 000 = 75\%$,而既购买游戏又购买影片的概率是 67%。67% < 75%,所以购买游戏对购买影片的提升度为 67%/75% = 0.89,规则的提升度小于 1,说明这个规则对于影片的销量没有提升,游戏限制了影片的销量,也就是说购买了游戏的人更倾向于不购买影片,这是符合现实的。从上面的例子可以看出,支持度和置信度并不能成功过滤没有价值的规则,因此需要一些新的评价标准。下面介绍六种评价标准:提升度、卡方系数、全置信度、最大置信度、kulc 系数和 cosine 距离。

1. 提升度

提升度表示 A 项集对 B 项集的概率的提升作用,用来判断规则是否有实际价值,即在使用规则后,项集出现的次数是否高于项单独发生的频率。其计算公式如下:

$$\text{Lift}(A \rightarrow B) = \frac{P(B \mid A)}{P(B)}$$

如果提升度大于 1,说明规则有效,A 和 B 呈正相关;如果提升度小于 1,说明规则无效,A 和 B 呈负相关;如果提升度等于 1,说明 A 和 B 相互独立,自然就互不相关。

例如,可乐和面包的关联规则的支持度是 60%,购买可乐的支持度是 80%,购买面包的支持度是 60%,则购买可乐对购买面包的提升度为

$$\text{Lift}(可乐 \rightarrow 面包) = \frac{P(面包 \mid 可乐)}{P(面包)} = \frac{\dfrac{0.6}{0.8}}{0.6} = 1.25$$

因此购买可乐对购买面包的提升度是 1.25 > 1,说明关联规则“可乐→面包”对于面包的销售有效果。

再如,在表 4-4 的交易数据集中,购买影片的概率是 $P(影片) = 7\ 500/10\ 000 = 3/4$,可以

计算为 Lift(游戏→影片)＝P(影片｜游戏)关联规则"游戏→影片"对于影片的销量没有提升。

2. 卡方系数

卡方分布是数理统计中的一个重要分布,利用卡方系数可以确定两个变量是否相关。
卡方系数的定义如下:

$$X^2 = \sum_{i=1}^{n} \frac{O_i - E_i}{E_i}$$

其中,O 为数据的实际值;E 为期望值。

表 4-5 是对表 4-4 计算期望值之后的结果,括号中的数字是期望值。以第一行第一列的 4 500 为例,其计算方法是 6 000×(7 500/10 000)。总体记录中有 75％的交易中包括了购买影片。而购买游戏的只有 6 000 人。于是我们希望这 6 000 人中有 75％的人(即 4 500 人)买影片。其他 3 个值可以类似地得到。下面计算买游戏和买影片的卡方系数。

表 4-5　购买游戏和影片带期望值的关联表

购 买 关 系	购 买 游 戏	不购买游戏	合　　　计
购买影片	4 000(4 500)	3 500(3 000)	7 500
不购买影片	2 000(1 500)	500(1 000)	2 500
合计	6 000	4 000	10 000

$$X^2 = \frac{(4\,000 - 4\,500)^2}{4\,500} + \frac{(3\,500 - 3\,000)^2}{3\,000} + \frac{(2\,000 - 1\,500)^2}{1\,500} + \frac{(500 - 1\,000)^2}{1\,000} = 555.6$$

卡方系数需要查表才能确定其意义。通过查表,拒绝 A、B 独立的假设,即认为 A、B 是相关的。而"影片→游戏"的期望是 4 500,大于实际值 4 000,因此认为 A、B 呈负相关。也就是说购买影片和购买游戏是负相关的,它们不能相互提升。

3. 全置信度

全置信度的定义如下:

$$\text{all\_confidence}(A, B) = P(A \bigcap B)/\max\{P(A), P(B)\} = \min\{P(B \mid A),$$
$$P(A \mid B)\} = \min\{\text{confidence}(A \rightarrow B), \text{confidence}(B \rightarrow A)\}$$

对于表 4-5 数据的例子,"游戏→影片"的全置信度为 min{confidence(游戏→影片), confidence(影片→游戏)}＝min{0.66,0.533}＝0.533,0.533 小于最小置信度阈值 0.6,因此"游戏→影片"不是好的关联规则,购买影片和购买游戏不能相互提升。

4. 最大置信度

最大置信度的定义如下:

$$\text{max\_confidence}(A, B) = \max\{\text{confidence}(A \rightarrow B), \text{confidence}(B \rightarrow A)\}$$

5. kulc 系数

kulc 系数是两个置信度的平均值。kulc 系数的定义如下:

$$kulc(A,B) = \frac{(confidence(A \rightarrow B) + confidence(B \rightarrow A))}{2}$$

6．cosine 距离

cosine 距离的定义如下：

$$cosine(A,B) = \frac{P(A \bigcap B)}{sqrt(P(A)P(B))} = sqrt(P(A)P(B)) = sqrt(P(A \mid B)P(B \mid A))$$
$$= sqrt(confidence(A \rightarrow B)confidence(B \rightarrow A))$$

　　本节给出了关联规则的评价标准。其中，提升度和卡方系数容易受到数据记录大小的影响；而全置信度、最大置信度、kulc 系数、cosine 距离不受数据记录大小影响，在处理大数据集时优势更加明显。由于评价标准都是基于挖掘对象的事务数据样本的，在实际应用中，应该结合样本数据的特点选择多个评价挖掘到关联规则。

课后习题

　　1．关联规则挖掘的应用领域有哪些？

　　2．常用的关联规则分析算法有哪些？

　　3．简述关联规则挖掘算法采用的策略。

　　4．简述 Apriori 算法的优点和缺点。

　　5．简述 FP-Growth 算法的原理。

　　6．强关联规则是否一定是有趣模式？举例说明。

　　7．如表 4-6 所示，事务数据库中有 5 个事务，设 min_sup＝60％，min_conf＝80％，分别用 Apriori 算法和 FP-Growth 算法找出频繁项集。

表 4-6　某商店交易数据

TID	商　品
100	{M,O,N,K,E,Y}
200	{D,O,N,K,E,Y}
300	{M,A,K,E}
400	{M,U,C,K,Y}
500	{C,O,K,Y}

　　8．已知有 1 000 名顾客买年货，分为甲、乙两组，每组各 500 人，其中甲组 500 人买了茶叶，同时又有 450 人买了咖啡；乙组有 450 人买了咖啡，如表 4-7 所示。

表 4-7　顾客买年货数据

组　次	买茶叶的人数	买咖啡的人数
甲组（500 人）	500	450
乙组（500 人）	0	450

试求解：

　　（1）"茶叶→咖啡"的支持度。

　　（2）"茶叶→咖啡"的置信度。

（3）"茶叶→咖啡"的提升度。

（4）"茶叶→咖啡"是一条有效的关联规则吗？

应用实例

即测即练

第5章

回 归 分 析

5.1 回归分析概述

5.1.1 回归分析的概念

回归分析是一种用于确定变量之间线性关系的统计方法。它主要通过建立模型来研究因变量和自变量之间的关系,在回归分析中,通常有一个因变量(目标)和一个或多个自变量(预测器)。回归分析在大数据分析领域是一种重要的预测性建模技术,通过收集和分析数据,可以确定自变量与因变量之间的关系,包括相关方向(正相关或负相关)和相关程度。所建立的回归模型可用于因变量预测,以支持相关部门和机构作出以事实依据为支撑的决策。回归分析通过构建数学模型阐明因变量与自变量之间的关系,对于理解现象、进行预测和优化决策非常有意义。考虑到不同回归模型的特性和适用范围存在差异,实际应用中应根据具体需求选择合适的模型。

实践生活中,回归分析已在各领域得到广泛应用,如经济学、医学、社会科学和工程学。该方法在不同领域的具体应用案例很多,如在市场营销领域,回归分析可用于预测销量与广告费之间的关系,以制定优化的广告策略。在医学研究中,回归分析可用于建模分析患者生存期与影响因素(如年龄、性别、病情等)之间的关系,以支持临床决策。

5.1.2 回归分析分类

1. 根据自变量的个数分类

根据自变量的个数,回归分析可分为一元线性回归分析和多元线性回归分析。

(1)一元线性回归分析,是一种简单的回归分析方法,适用于只有一个自变量的情况,自变量与因变量之间的关系近似用一条直线表示。通过建立一个线性回归方程,将自变量的值代入线性回归方程可以预测因变量,这种分析方法在实际应用中非常有用。例如,在经济学中,可以通过某种变量(如收入)来预测另一种变量(如消费水平)。

(2)多元线性回归分析,是一种复杂的回归分析方法,适用于有两个或两个以上自变量的情况,并且自变量与因变量之间具有一定的线性关系。通过建立一个多元线性回归方程,将多个自变量的值代入多元线性回归方程可以预测因变量。鉴于能够考虑到多个因素的影响,因此在实际生活中,这种分析方法更加灵活适用。

2. 根据自变量与因变量之间的关系分类

根据自变量与因变量之间的关系,回归分析可分为线性回归分析和非线性回归分析。

(1) 线性回归分析,是根据一个或多个自变量的变动情况来预测与其相关的因变量值的方法。也就是说,如果回归函数是一次线性函数,则称变量间为线性相关。

(2) 非线性回归分析,是用于建立非线性关系的数学模型,以预测和解释变量之间的关系。在非线性回归分析中,通常假设因变量和自变量之间的关系可以通过一个非线性函数来描述。这个非线性函数可以是多项式函数、指数函数、对数函数、幂函数等。

3. 根据是否有正则项分类

根据是否有正则项,回归分析通常可分为岭回归(ridge regression)、LASSO 回归、逻辑回归。

(1) 岭回归,是一种用于处理多重共线性问题的回归方法,它通过对系数进行正则化,可以解决自变量之间高度相关的问题。

(2) LASSO 回归,是一种变量选择方法,可用该方法将系数稀疏化处理,能够从多个自变量中选择出最具有预测能力的变量。

(3) 逻辑回归,是一种用于处理二分类问题的回归方法,它将线性回归结果通过映射,最后获得一个概率值,从而进行分类预测。

5.1.3 回归分析过程

回归分析过程主要包括以下几个步骤。

(1) 数据收集。收集与研究问题相关的数据。

(2) 数据预处理。对数据进行清洗操作,如缺失值处理和异常值处理等,以确保数据的质量。

(3) 特征工程。根据研究问题的特点,对原始特征变量进行选择、提取和转换,以此获取相关性较强的变量。

(4) 数据划分。将数据集划分为训练集和测试集,用于模型的训练和评估。

(5) 模型选择。选择合适的回归模型,如线性回归模型、决策树模型、支持向量机等。

(6) 模型训练。使用训练集对选定的模型进行训练,通过调整模型的参数以最小化损失函数。

(7) 模型评估。使用测试集对训练好的模型进行评估,计算回归模型评估指标,如均方误差(mean squared error,MSE)、均方根误差(root mean squared error,RMSE)、平均绝对误差(mean absolute error,MAE)等。

(8) 模型优化。根据评估结果,对模型进行优化和调参,以提高模型的性能和泛化能力。

(9) 模型应用。将新数据代入优化后的模型进行预测或推断,进而解决一些实际问题。

(10) 模型解释。对模型进行解释和分析,理解模型的预测结果及其对应的特征权重,从而得到更多的洞察和启示。

总的来说,回归分析法首先通过收集和预处理数据,进而进行特征工程和模型选择,然后训练和评估模型,最终得到一个能够解决问题的回归模型,并利用该模型对新数据进行预测和解释。

5.2 线性回归

5.2.1 线性回归概述

线性回归(linear regression)是一种以线性模型来对数据自变量与因变量关系进行建模的统计方法,用于研究两个或多个变量之间的关系。通常来说,自变量只有一个的情况被称为一元线性回归,自变量大于一个的情况被称为多元线性回归。在线性回归模型中,模型的未知参数是根据代入训练集数据估计得到的。最常用的拟合方法是最小二乘法,此外还有许多其他拟合方法。因此在选用方法时,需要稍有甄别。在数据挖掘中,线性回归是最基本的算法之一,它的核心思想是通过求解一组自变量和因变量之间的方程,从而获得回归方程系数,并采用最小二乘法来计算误差项大小。线性回归的应用范围有两方面。

(1)预测:线性回归可以在拟合到已知数据集后,用于预测新数据下因变量的变动情况。

(2)解释:线性回归可以通过一定的指标来量化因变量与自变量之间关系的强度。

1. 线性回归的假设

通过对图 5-1 四组数据集的统计分析,可以观察到并非所有数据集都适合采用一元线性回归进行建模。在实际工作中,我们遇到的问题往往更加复杂,变量几乎不可能非常理想地符合线性模型的要求。因此,使用线性回归时,需要遵循以下几个假设。

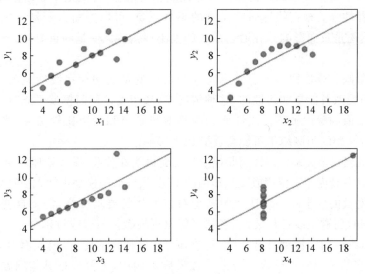

图 5-1 线性回归的假设

(1)线性回归解决的是回归问题。与之相对的是分类(classification)问题,分类问题的预测变量 y 的值空间有限,仅在有限集合中取值。而回归问题中的预测变量 y 的值空间无限大且连续。

(2)要预测的变量 y 与自变量 x 的关系是线性的(图 5-1 中第二组数据是非线性的)。线性一般表示变量间保持着等比例的关系,在图形中可以观察出各变量间的图形都是直线且斜率都是常数。这是个很强的假设,如果数据点分布呈复杂曲线,那么就无法用线性回归法进行建模。

(3) 各项误差服从正态分布,即服从于均值为 0、与 x 同方差的正态分布(图 5-1 中第四组数据不服从正态分布)。误差可以表示为:误差＝真实值－预测值。可以这样理解这个假设:线性回归允许预测值与真实值之间存在误差,随着数据量的增大,这些数据的误差平均值为 0;从图形上来看,各个真实值可能在直线上方,也可能在直线下方,当数据足够多时,各个数据上上下下相互抵消。如果误差不服从均值为零的正态分布,那么很有可能是出现了一些异常值。这也是一个非常强的假设,如果要使用线性回归模型,那么必须假设数据的误差均值是服从于零的正态分布。

(4) 在进行多元线性回归时,不同的自变量应互相独立而且避免线性相关。如果不同自变量不是相互独立,那么可能导致自变量间产生共线性,进而导致模型不准确。例如,预测房价时使用多个自变量:房间数量,房间数量×2,－房间数量等,特征之间是线性相关的,如果模型只有这些自变量,缺少其他有效特征,虽然可以训练出一个模型,但是结果就会导致模型不准确、预测性差。

2. 线性回归的优缺点

1) 优点

(1) 简单直观。线性回归模型易于理解和解释,模型的系数可以表示自变量特征对因变量的影响程度。

(2) 计算效率高。线性回归模型的计算速度相对较快,特别是在数据量较大的情况下。

(3) 可解释性强。根据线性回归模型的系数正负,可以判断自变量对因变量的影响方向(是正向影响还是负向影响),并通过系数的大小评估特征变量的重要性。

2) 缺点

(1) 假设限制。线性回归模型假设特征与目标变量之间存在线性关系,但在实际情况中,很多问题的关系可能是非线性的,这种情况下,选用线性回归模型可能效果不佳。

(2) 对异常值和噪声敏感。线性回归模型对异常值和噪声比较敏感,当数据中存在异常值或噪声时,模型的预测结果可能会受到较大影响。

(3) 无法处理复杂关系。线性回归模型只能建模线性关系,无法处理复杂的非线性关系,对于特征之间存在高度相互依赖或交互作用的情况,线性回归模型可能无法很好地解决。

(4) 对自变量的要求高。线性回归模型对自变量的要求较高,需要自变量之间具有一定的独立性,同时要避免线性相关性,否则可能出现模型欠拟合或过拟合。

总的来说,线性回归模型具有简单、高效和可解释性强的优点,但在面对非线性关系、异常值和噪声较多等情况时可能表现较差。在实际应用中,需要根据具体问题和实际数据的特点选择合适的回归模型。

5.2.2 一元线性回归

1. 概念

在线性回归分析中,倘若只有一个自变量与一个因变量,且自变量与因变量的关系大致可以用一条直线表示,此时的线性回归称为一元线性回归分析。

如果发现因变量 Y 和自变量 X 之间存在高度的正相关,则可以确定一个直线方程,使得所有的数据点尽可能接近这条拟合的直线。

$$Y = uX + b \tag{5-1}$$

其中,Y 为因变量;b 为截距;a 为相关系数;X 为自变量。

2. 参数估计

参数估计是用来估计方程 $Y = aX + b$ 中的 a 和 b 的。

在实际应用中,数据点往往都是多个,且多个点往往不在一条直线上,但是,我们希望这些点尽可能都在一条直线上,所以需要找到这么一条直线,这条直线到每个数据点的距离都很近(近似于 0),这样就可以用这条距离每个点都很近的直线来近似表示一个趋势。这条线对应的 a 和 b 就是估计出来的参数。找这条直线有一个原则,就是每个点到这条线的距离尽可能小,最后让所有点到直线的距离最小,这种方法称为最小二乘法。

最小二乘法是参数估计的一种方法。在回归方程中,寻找与自变量相对应的回归系数通常可以用最小化误差平方和的方法,具体为:预测 y 值与真实 y 值之差等于误差,将所有的差平方后求和,即得到最小二乘法下的平方误差。其就是利用误差进行简单累加会使正负之差互相抵消的思想进行求解,得到的平方误差(最小二乘法)如下:

$$J(\theta) = \frac{1}{2} \sum_{i=1}^{m} (h_\theta(x^{(i)}) - y^{(i)})^2 \tag{5-2}$$

求解过程就转化成求一组值使式(5-2)取到最小值,最为常用的求解方法是梯度下降法(Gradient Descent)。

3. 损失函数

损失函数是机器学习中重要的概念之一,主要用于衡量模型的预测误差,通过最小化损失函数可以求解和评估模型。对于线性回归模型,常用的评价模型效果的指标是预测值与真实值之间的距离差,即误差。通过最小化误差,可以进一步优化模型,使预测结果与真实值最接近。在机器学习中,我们通常需要通过训练数据拟合模型,并用此模型对未知数据进行预测。为实现这一目标,我们需要定义损失函数,用于度量模型预测值与真实值之间的差异。损失函数计算预测值与真实值之间的差异,即损失值。获得损失值后,模型通过反向传播更新各参数,以降低真实值与预测值之间的损失,使预测值逼近真实值,达到学习的目的。损失函数的选择非常关键,这直接影响后续的优化过程和最终的性能。通过使用合适的损失函数,我们可以评估模型的性能。误差公式(5-3)显示,损失函数的评价指标为预测值 $f(x)$ 与真实值 y 之差的平方和,目标是使其最小化。

$$J(a, b) = \sum_{i=1}^{m} (f(x^{(i)}) - y^{(i)})^2 = \sum_{i=1}^{m} (ax^{(i)} + b - y^{(i)})^2 \tag{5-3}$$

接下来需要解决最关键的问题:估计参数 a 和 b 的值。

下面介绍三种方法来估计 a 和 b 的值。

1) 最小二乘法

既然损失函数 $J(a, b)$ 是凸函数,那么分别关于 a 和 b 对 $J(a, b)$ 求偏导,并令导数为零

求解出 a 和 b。

令

$$\frac{\partial J(a,b)}{\partial a} = 2\sum_{i=1}^{m}(ax^{(i)}+b-y^{(i)})^2 = 0 \qquad (5\text{-}4)$$

$$\frac{\partial J(a,b)}{\partial b} = 2\sum_{i=1}^{m}(ax^{(i)}+b-y^{(i)}) = 0 \qquad (5\text{-}5)$$

解得:

$$a = \frac{\displaystyle\sum_{i=1}^{m} y^{(i)}(X^{(i)}-\overline{X})}{\displaystyle\sum_{i=1}^{m}(X^{(i)})^2 - \frac{1}{n}\Big(\sum_{i=1}^{m} X^{(i)}\Big)^2} \qquad (5\text{-}6)$$

$$b = \frac{1}{m}\sum_{i=1}^{m}(y^{(i)}-aX^{(i)}) \qquad (5\text{-}7)$$

损失函数分布图如图 5-2 所示。

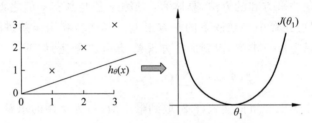

图 5-2　损失函数分布图

损失函数是一个凸函数,目标是求得的参数使函数相切到最低点,使得此时的损失函数值最小。

2) 梯度下降法

梯度在本义上是一个向量,表示函数在某点处沿某方向的导数取得最大值。当函数为一元函数时,梯度等同于导数。在机器学习中,梯度下降法是一种广泛应用的优化算法,其主要原理是通过迭代法寻找目标函数的最小值或逼近最小值。该方法在线性回归和逻辑回归等算法中应用广泛。

梯度下降法的基本思想是通过不断调整模型参数,使损失函数(目标函数)的值逐渐减小,从而找到最优解。其核心概念是利用梯度(导数的多维扩展)来指导参数更新的方向和步长(stride)。在每一次迭代中,梯度下降法会计算当前参数下目标函数的梯度,然后沿着梯度的反方向移动一小步,不断逼近最小值。

梯度下降法的应用在机器学习中是至关重要的,因为许多机器学习模型都需要通过最小化损失函数,从而使模型能够得到拟合或分类的最佳效果。这个过程通常需要大量的迭代,但是梯度下降法具有有效性,可以很好地解决大量迭代的问题。

在梯度下降中,有两个关键参数需要设置:学习率(learning rate)和迭代次数。学习率决定了每次迭代中参数更新的步长,过小的学习率可能导致收敛速度过慢,而过大的学习率可能导致不稳定的收敛,甚至造成发散。因此,选择合适的学习率非常重要。而迭代次数决定了算法运行的时间,通常需要根据实际问题来确定。

梯度下降包括随机梯度下降(stochastic gradient descent,SGD)和小批量梯度下降(mini-batch gradient descent)。随机梯度下降每次随机选择一个样本来更新参数,适用于大型数据集。小批量梯度下降则在每次迭代中使用一小部分样本来更新参数,该方法能有效地平衡计算效率和收敛速度之间的关系。

总之,梯度下降法是机器学习中的核心优化技术,它通过不断调整模型参数来最小化损失函数,为许多机器学习任务提供了有效的解决方案。在实际应用中,需要仔细选择学习率和迭代次数来满足不同问题的需求。

梯度下降法主要包括以下两步。

(1) 随机初始化 θ。

(2) 沿着负梯度方向迭代,求得令损失函数更小的参数值 θ。

不断迭代这两步,直至取到损失函数的极小值。此时的梯度方向为

$$(h_{\theta}(x) - y)x_j \tag{5-8}$$

3) 正规方程法

正规方程一般用在多元线性回归中,假设有 n 组数据,其中目标值(因变量)与特征值(自变量)之间的关系为

$$f(x^{(i)}) = \theta_0 + \theta_1 x_1^{(i)} + \cdots + \theta_n x_n^{(i)} \tag{5-9}$$

其中,i 表示第 i 组数据,这里先直接给出正规方程求出的参数 θ 的公式:

$$\boldsymbol{\theta} = (\boldsymbol{X}^{\mathrm{T}} \boldsymbol{X})^{-1} \boldsymbol{X}^{\mathrm{T}} \boldsymbol{y} \tag{5-10}$$

推导过程如下:

记矩阵

$$\boldsymbol{X} = \begin{bmatrix} 1 & x_1^{(1)} & \cdots & x_n^{(1)} \\ \vdots & \vdots & & \vdots \\ 1 & x_1^{(n)} & \cdots & x_n^{(n)} \end{bmatrix} \tag{5-11}$$

向量

$$\boldsymbol{\theta} = \begin{bmatrix} \theta_0 \\ \theta_1 \\ \vdots \\ \theta_n \end{bmatrix} \tag{5-12}$$

$$\boldsymbol{y} = \begin{bmatrix} y^{(1)} \\ y^{(2)} \\ \vdots \\ y^{(n)} \end{bmatrix} \tag{5-13}$$

则

$$f(x^{(i)}) = \boldsymbol{X}\boldsymbol{\theta} \tag{5-14}$$

对损失函数求偏导,并令其为 0,有

$$\frac{\partial J(\boldsymbol{\theta})}{\partial(\boldsymbol{\theta})} = 2\boldsymbol{X}^{\mathrm{T}} \boldsymbol{X}\boldsymbol{\theta} - 2\boldsymbol{X}^{\mathrm{T}} \boldsymbol{y} = 0 \tag{5-15}$$

解得:

$$\boldsymbol{\theta} = (\boldsymbol{X}^{\mathrm{T}}\boldsymbol{X})^{-1}\boldsymbol{X}^{\mathrm{T}}\boldsymbol{y}$$

至此,就求出了系数向量$\boldsymbol{\theta}$。不过使用正规方程需要注意的是,在实际问题中可能会出现奇异矩阵,这种情况往往是特征自变量之间不独立导致的。这时候需要对特征自变量进行筛选,剔除那些存在共线性关系的变量。

线性模型的求解方法比较表如表 5-1 所示。

表 5-1 线性模型的求解方法比较表

模型参数	梯度下降法	正规方程法
学习率	需要选择学习率 α	不需要
迭代次数	需要多次迭代	一次运算得出
特征数量	当特征数量 n 大时,也能较好适用	需要计算 $(\boldsymbol{X}^{\mathrm{T}}\boldsymbol{X})^{-1}$ 如果特征数量 n 较大,则运算代价大,因为矩阵的计算时间复杂度为 $O(n^3)$,通常来说,当 n 小于 10 000 时,还是可以接受的
适用类型	适用于各种类型的数据	只适用于线性模型,不适用于逻辑回归等其他模型

下面再补充一下对三种确定系数 θ 方法的评估。

(1) 梯度下降法具有通用性,即使在更为复杂的逻辑回归算法中,也可采用。但是在数据量较小时,梯度下降法的运行速度并无明显优势。

(2) 正规方程法的速度通常更快,但当数据量级达到一定程度时,梯度下降法会更快。这是因为正规方程需要矩阵求逆,求逆的时间复杂度为 $O(n^3)$。

(3) 最小二乘法较少被采用。虽然其思路简单、直观,但计算过程中需对损失函数求导并令其等于 0 来解出回归系数 θ,这在计算机实现上较困难。因此,一般不会选择最小二乘法。

4. 优化方法

机器学习算法的核心任务是建立模型,并通过不同的优化方法调整模型参数以找到最佳预测模型。常见的优化方法包括梯度下降法、牛顿法和拟牛顿法等。梯度下降法沿负梯度方向迭代以寻找最小值,简单实用,但收敛速度可能较慢。牛顿法基于二阶导数信息,通过迭代寻找函数的极值点,针对某些问题收敛更快。拟牛顿法则通过近似 Hessian 矩阵的逆来简化计算,在解决复杂问题时更为有效。

机器学习的核心挑战之一是调整模型参数以使其在给定任务上表现出色。这个任务本质上就是一个优化问题,即需要找到最小化目标函数(或损失函数)的参数值。以下是对这些优化方法的更详细探讨。

(1) 梯度下降法。梯度下降法是最常见的优化算法之一。它的基本思想是从当前参数值开始,沿着目标函数梯度的负方向迭代更新参数,以减小目标函数值。梯度代表了目标函数在当前位置的上升方向,所以朝着负梯度方向可以使目标函数值逐渐减小。梯度下降法的步长可以通过学习率来调整,学习率较小可以提高稳定性,但可能导致收敛速度较慢。

（2）牛顿法。牛顿法是一种高效的优化方法。它基于目标函数的一阶导数和二阶导数信息来迭代寻找最小值。牛顿法的核心思想是通过构建目标函数的二次近似模型来快速逼近极值点。这种方法在光滑凸函数的情况下通常具有快速收敛性。然而，计算目标函数的二阶导数（Hessian 矩阵）和其逆所需的成本可能非常高昂，尤其是处理高维问题时。

（3）拟牛顿法。拟牛顿法是对牛顿法的改进。它通过使用正定矩阵来近似 Hessian 矩阵的逆，从而规避了 Hessian 矩阵的复杂性。这种方法可以在成本较低的情况下对模型进行预算，并且实现快速收敛。拟牛顿法通过测量梯度的变化来构建目标函数的模型，这种模型足以产生超线性和收敛性，因此通常比梯度下降法更有效。

综上所述，选择适当的优化方法取决于研究问题的性质和计算资源的可用性。梯度下降法是一种通用且易于实现的方法，而牛顿法和拟牛顿法则在某些特定的情况下更为有效。在实际应用中，研究者需要仔细考虑问题的特点，并选择适合的优化方法来训练机器学习模型。

5.2.3　多元线性回归

1. 概念

多元线性回归是一种用于分析两个或两个以上变量之间相互依赖的定量关系的统计方法。当线性回归分析中涉及两个或更多自变量，并且因变量与这些自变量之间存在线性关系时，我们称之为多元线性回归分析。多元线性回归的数学公式如下：

$$\hat{y} = w_1 x_1 + w_2 x_2 + \cdots + w_n x_n + b \tag{5-16}$$

其中，b 为截距，也可以使用 w_0 来表示。

2. 多元线性回归的基本假定

（1）独立性。多元线性回归模型中的每个观察值都应该是独立的，即任何一个观察值的存在与否不会影响其他观察值的结果。

（2）正态性。因变量和自变量都应该服从正态分布。

（3）线性关系。因变量和自变量之间应该存在线性关系，即因变量随着自变量的变化而变化。

（4）非自相关性。多元线性回归模型中的自变量之间应该相互独立，即自变量之间不存在高度相关性。

（5）观测值的数量足够大。多元线性回归模型需要足够的样本量，以检验模型的显著性并确保模型的统计意义。

3. 多元线性回归的应用

（1）预测。多元线性回归可以用来预测因变量的值，根据多个自变量的值预测出因变量的值，如预测房价、销售量等。

（2）因果关系分析。多元线性回归可以用来分析因变量与多个自变量之间的因果关系，如研究广告投入与销售量之间的关系。

（3）变量选择。多元线性回归可以用来确定对因变量影响程度最大的自变量，如确定哪些因素最影响人们的消费决策。

（4）模型优化。多元线性回归可以用来确定模型的最佳形式，从而使模型更加准确和可靠。例如确定模型中应该包含哪些显著的自变量，以及如何对自变量进行转换等。

4. 多重共线性

多元线性回归模型用于研究解释变量与响应变量之间的关系，其中一个重要的假设是解释变量之间应该是相互独立的，不存在线性关系。如果自变量之间存在较强的相关性，会导致模型出现多重共线性问题。多重共线性指的是在回归模型中，某个解释变量可以通过其他解释变量的线性组合来进行预测。在这种情况下，我们无法准确估计各个解释变量的独立贡献。

1）多重共线性带来的问题

（1）系数不显著性。即使解释变量和响应变量之间存在显著关系，但由于解释变量间存在共线性，某些系数可能看起来不显著，导致回归方程难以解释。

（2）系数差异。高度相关的解释变量可能在不同样本之间产生巨大的系数差异，这使得模型的稳定性受到威胁。

（3）误导性系数。如果从模型中去除高度相关的解释变量之一，会对其他相关项的估计系数产生巨大影响，有时甚至导致系数符号发生错误。

为解决多重共线性问题，可以采取一些策略，如通过变量选择方法来减少高度相关的变量、使用岭回归或主成分分析等方法，以降低共线性对模型的影响。维护模型的稳定性对于获得准确的回归分析结果至关重要，因此在实际分析中需要特别关注模型共线性的问题。

2）多重共线性出现的原因

多重共线性指的是一个解释变量的变化会引起另一个解释变量的变化。原本自变量应该是相互独立的，通过回归分析结果，可以确定哪些因素对因变量 y 有显著影响、哪些因素没有影响。如果各个自变量 x 之间存在很强的线性关系，就无法确定其他变量的影响，也就难以找到 x 和 y 之间的真实关系。此外，引起多重共线性的原因还可能包括以下两点。

（1）样本数据不足。在某些情况下，增加数据样本有助于解决多重共线性问题。

（2）错误地使用虚拟变量。例如，同时将男性和女性两个虚拟变量放入模型中，这会导致完全共线性的问题。

3）多重共线性的判别指标

多重共线性是回归分析中常见的问题，它会导致模型系数不稳定，进而降低模型的解释能力。可以通过 VIF（方差膨胀因子）值检测、相关分析等方式进行多重共线性检测。

（1）VIF 值检测。使用 VIF 来检测多重共线性，一般认为 VIF 大于 10（或者更严格的 5）时，说明模型存在严重共线性问题。容差值是 VIF 的倒数，容差值大于 0.1（或更严格的 0.2）时，则说明模型不存在共线性问题。

（2）相关分析。直接对自变量进行相关分析，查看相关系数和显著性。如果发现一个自变量与其他自变量之间的相关系数显著，则可能存在多重共线性问题。

4）多重共线性的处理

当存在严重的多重共线性问题时，可以采取手动移除共线性变量、逐步回归法、增加样本容量和岭回归等方法来处理。

（1）手动移除共线性变量。如果发现两个自变量具有高度相关性(相关系数大于 0.7)，可以手动剔除其中一个自变量,然后重新进行回归分析。但这种方法可能会导致信息丢失。

（2）逐步回归法。逐步回归法可以自动选择并剔除存在多重共线性的自变量,但可能会误剔除对模型重要的变量。为避免这种情况的发生,可以考虑使用岭回归方法。

（3）增加样本容量。增加样本容量可以缓解模型的多重共线性,但在实际操作中不太可能现实,因为收集额外的样本需要更多的成本和时间。

（4）岭回归。岭回归是一种处理多重共线性问题的有效方法,它通过引入正则项来稳定模型系数,防止过度拟合。这种方法可以保留所有自变量,并减小多重共线性的影响。

综合来看,处理多重共线性问题需要根据具体情况分析,并选择合适的方法。岭回归通常是最有效的方法之一,因为它不仅可以保留所有自变量,而且能提高模型的稳定性。

5. 多元线性回归总结

多元线性回归实际上是对简单线性回归的扩展,它将输入变量 x 从单一特征扩展为一个包含 n 个特征的向量。通常情况下,在多元线性回归中,我们假设各个特征变量与预测值之间存在线性加权求和的关系。然而,在实际应用中,这种假设有时显得牵强,从而导致预测的精确度往往不尽如人意。尽管如此,多元线性回归仍在某些应用领域表现出较好的性能。

5.2.4 回归评估指标

1. 均方误差

均方误差是一种常用的衡量模型预测值与实际观测值之间差异的指标,用于评估模型在给定数据上的拟合程度。MSE 通过计算预测值与实际观测值之间差异的平方的平均值得到。

MSE 的计算步骤如下。

（1）对于每个观测值,计算模型对应的预测值。

（2）对于每个观测值,计算预测值与实际观测值之差,并将其平方。

（3）对所有差的平方进行求和,并除以观测值的总数,得到平均差异值,即 MSE。

MSE 的数值单位等于原始观测值的单位的平方。它表示模型的预测值与实际观测值之间的差异的平均大小,较小的 MSE 表示模型的预测值与实际观测值之间的差异较小,说明模型的拟合程度较好。

MSE 的优点是对差异值进行平方操作,因此较大误差值对拟合度的影响会更大,这有助于更加敏感地捕捉模型的预测误差。需要注意的是,MSE 受异常值的影响较大,因为异常值的平方差异会被放大。在使用 MSE 进行模型评估时,需要注意异常值的处理和模型的鲁棒性。总之,MSE 是一种常用的拟合度指标,用于评估模型预测值与实际观测值之间的差异大小。

$$\text{MSE} = \frac{1}{n} \sum_{i=1}^{n} (y^{(i)} - \hat{y}^{(i)})^2 \tag{5-17}$$

2. 均方根误差

均方根误差即在 MSE 的基础上,取平方根,是一种常用的衡量模型预测值与实际观测值之间差异的指标,它用于评估模型在给定数据上的拟合程度。RMSE 通过计算预测值与实际观测值之间差异的平方的均值,并取其平方根得到。

RMSE 的计算步骤如下。

(1) 对于每个观测值,计算模型对应的预测值。

(2) 对于每个观测值,计算预测值与实际观测值之间的差异,并将其平方。

(3) 对所有差的平方进行求和,并除以观测值的总数,得到平均差异值。

(4) 取平均差异值的平方根,即 RMSE。

RMSE 的数值单位与原始观测值的单位相同。它可以衡量模型的预测误差的平均大小,较小的 RMSE 表示模型的预测值与实际观测值之间的差异较小,即模型的拟合程度较好。

RMSE 的优点是对较大误差值有比较大的惩罚,因为它对差异值进行了平方操作,这可以避免较大误差对模型拟合度的影响。需要注意的是,RMSE 受异常值的影响较大,因为异常值的平方差异会被放大。此外,RMSE 和观测值具有相同的单位,即它们的量纲是相同的,这使不同数据下的模型拟合效果具有可比性。在使用 RMSE 进行模型评估时,需要注意异常值的处理和模型的鲁棒性。总而言之,RMSE 是一种常用的拟合度指标,用于评估模型预测值与实际观测值之间的差异。RMSE 值越小,就表示模型的拟合程度越好。

$$\mathrm{RMSE} = \sqrt{\mathrm{MSE}} = \sqrt{\frac{1}{n}\sum_{i=1}^{n}(y^{(i)} - \hat{y}^{(i)})^2} \tag{5-18}$$

3. 平均绝对误差

平均绝对误差是一种常用的衡量模型预测值与实际观测值之间差异的指标,用于评估模型在给定数据上的拟合程度。MAE 通过计算预测值与实际观测值之间差异的绝对值的平均值得到。MAE 可以避免误差相互抵消的问题,因而可以准确反映实际预测误差的大小,范围为$[0, +\infty)$,和 MSE、RMSE 类似,当预测值和真实值的差距越小,则模型越好;反之,则越差。

MAE 的计算步骤如下。

(1) 对于每个观测值,计算模型对应的预测值。

(2) 对于每个观测值,计算预测值与实际观测值之间的差异的绝对值。

(3) 对所有的差的绝对值进行求和,并除以观测值的总数,得到平均差异值,即 MAE。

MAE 的数值单位与原始观测值的单位相同。它表示模型预测值与实际观测值之间差异的平均大小,较小的 MAE 表示模型的预测值与实际观测值之间的差异较小,即模型的拟合程度较好。MAE 的优点是它受异常值的影响较小,因为它使用了差异的绝对值,即误差不受正负方向的影响。

需要注意的是,MAE 并未考虑差异的平方,因此它没有对差异值的平方差异进行放大,相对于均方误差来说,MAE 反映了预测误差的绝对大小,而不是误差的平方大小。总而言之,MAE 是一种常用的拟合度指标,用于评估模型预测值与实际观测值之间的差异。

$$\mathrm{MAE} = \frac{1}{n}\sum_{i=1}^{n}|y^{(i)} - \hat{y}^{(i)}| \tag{5-19}$$

4. 平均绝对百分比误差

平均绝对百分比误差(mean absolute percentage error,MAPE)用于描述准确度是因为其本身就常用于衡量预测的准确性,如时间序列的预测准确度。和 MAE 相比,MAPE 用差值除以真实值,范围为 $[0,+\infty)$,MAPE 为 0 表示完美模型,MAPE 大于 100% 则表示劣质模型。当真实值有数据等于 0 而预测值也等于 0 时,存在分母 0 除问题,该公式不可用。

$$\text{MAPE} = \frac{1}{n} \sum_{i=1}^{n} \left| \frac{\hat{y}_i - y_i}{y_i} \right| \tag{5-20}$$

5. R^2 决定系数

决定系数(coefficient of determination)用来表示模型拟合性的分值,分值越高,表示模型拟合性越好。决定系数通常表示为 R^2 ,是一种用于评估回归模型拟合优度的统计指标。它表示因变量的变异性能够由模型解释的比例,即模型对数据的拟合程度。

R^2 的取值范围在 0 到 1 之间。一个较高的 R^2 值表示模型能够较好地解释因变量的变异性,即模型的拟合程度较好。 R^2 的解释如下。

(1) $R^2 = 0$:模型无法解释因变量的变异性,即模型的预测值与实际观测值没有关联。

(2) $R^2 = 1$:模型完全能够解释因变量的变异性,即模型的预测值与实际观测值完全一致。

R^2 的计算公式基于总平方和(total sum of squares,TSS)、回归平方和(regression sum of squares,RSS)和残差平方和(residual sum of squares,ESS)。

(1) 总平方和。TSS 衡量因变量的总变异性。它是实际观测值与因变量均值之间差异的平方的总和。TSS 表示了在没有考虑任何自变量的情况下,因变量的总变异性。

(2) 回归平方和。RSS 衡量模型可以解释的变异性。它是模型的预测值与因变量均值之间差异的平方的总和。RSS 表示了模型能够解释的因变量的变异性大小,即模型对数据的拟合程度。

(3) 残差平方和。ESS 衡量模型无法解释的剩余变异性。它是模型的预测值与实际观测值之间的残差(观测值减去预测值)的平方的总和。ESS 表示了模型无法解释的因变量的剩余变异性,即模型无法完全拟合的部分。

$$R^2 = 1 - \frac{\text{RSS}}{\text{TSS}} = 1 - \frac{\sum\limits_{i=1}^{n} (y^{(i)} - \hat{y}^{(i)})^2}{\sum\limits_{i=1}^{n} (y^{(i)} - \bar{y}^{(i)})^2} \tag{5-21}$$

R^2 具体计算步骤如下。

(1) 计算总平方和,表示因变量的总变异性。

(2) 计算回归平方和,表示模型可以解释的变异性。

(3) 计算残差平方和,表示模型无法解释的剩余变异性。

(4) 计算 R^2 。

R^2 表示模型能够解释的因变量的变异性占总变异性的比例。

需要注意的是, R^2 的解释存在一些限制。 R^2 只能衡量模型对因变量的拟合优度,但不能判断模型是否具有因果关系、是否过拟合或是否适合应用于其他数据集。在解释和使用 R^2 时,还需要结合其他指标和背景来进行综合评估。

6. 总结

(1) MAE、MSE、RMSE 等均可以准确地计算出预测结果和真实的结果间的误差大小,都是越小越好,但却无法衡量模型的好坏程度。这些指标可以指导我们进行模型的改进工作,如调参、特征选择等。

(2) R^2 的结果可以很清楚地说明模型的好坏,即 R^2 越大,模型拟合越好。

(3) MAE 和 RMSE 一起使用,可以看出样本误差的离散程度。比如 RMSE 远大于 MAE 时,可以得知不同样例的误差差别很大。

(4) MAE 和 MAPE 一起使用,再结合 y 的平均值,可以估算模型对不同数量级样例的拟合程度。

5.2.5 线性回归总结

线性回归是一种经典的回归分析方法,其核心假设是特征自变量与目标因变量之间存在线性关系。这意味着线性回归模型试图找到一条直线,以最佳方式来拟合特征与目标之间的关系。虽然这个假设在某些情况下很合理,如身高和体重之间的关系,但在许多实际问题中,特征与目标之间的关系往往更加复杂。

现实生活中的数据往往具有多样性和复杂性,特征之间的关系可能是非线性的、交互作用的或者存在异常值的。这些情况下,简单的线性回归模型可能无法很好地捕捉数据的本质特征,导致模型拟合不佳。因此,在使用线性回归模型之前,需要仔细考虑数据的特点和实际研究问题的复杂度。尽管如此,线性回归模型仍然具有重要的作用。首先,它提供了一种基本的建模方法,可以作为其他更复杂模型的基线进行比较。其次,线性回归模型的简单性使其易于解释和理解,这在许多应用中是一个优势。此外,通过一些技巧和变换,线性回归模型也可以经过扩展来处理一些非线性关系的问题。

总之,线性回归虽然有其局限性,但在数据分析中仍然具有重要地位。在使用时,需要谨慎考虑数据的特点,并考虑是否需要构建更复杂的模型来更好地分析实际问题。

5.3 线性回归正则化

5.3.1 过拟合

过拟合是指机器学习模型在训练数据上表现出色,但在新的、未曾接触过的数据上却表现糟糕的现象。这表明模型过于复杂,试图匹配训练数据中的噪声和异常值,却未能捕捉数据中的真实模式或规律。这种情况会导致模型在实际应用中的性能下降。

1. 过拟合的原因

(1) 数据量不足。如果训练数据量较小,模型容易过拟合。由于训练数据不足,模型很难捕捉到数据中的真实模式,而是过度拟合了训练数据中的噪声。

(2)特征过多。如果特征数量远远超过样本数量,模型很容易过拟合。过多的特征会导致模型构成过于复杂,该模型能够很好地拟合训练数据,但在未知数据集上表现较差。

(3)特征选择不当。选择不相关或冗余的特征导致模型过拟合。不相关的特征无法提供有助于模型预测的信息,而冗余的特征会提高模型的复杂性。

(4)模型复杂度过高。如果模型的复杂度过高,比如多项式回归的高次项,模型容易过拟合。复杂的模型可以更好地拟合训练数据,但在未知数据集上可能会出现较大的误差。

(5)缺乏正则化。正则化是一种用于控制模型复杂度的技术。如果没有适当地正则化,模型很容易过拟合。正则化可以通过在损失函数中引入惩罚项来限制模型参数大小,进一步修正模型拟合情况。

(6)训练时间过长。如果训练时间过长,模型可能会过拟合。长时间的训练会导致模型过度关注训练数据中的细节,而忽略了整体的模式。

2. 过拟合的解决办法

(1)重新清洗数据。由于样本数据不纯,所以才会导致模型出现过拟合,如果模型出现了过拟合,那么就需要重新清洗数据。

(2)增大数据的训练量。导致过拟合的原因就是我们用于训练的数据量太小,训练数据占总数据的比例过小。

(3)正则化。正则化在机器学习中扮演着至关重要的角色,它有助于防止模型过度拟合,提高了模型的泛化能力。以下是对常见正则化方法的详细说明。

① L0 正则化。L0 正则化的目标是最小化模型参数中非零参数的个数。这意味着它通过限制模型中使用的特征数量来实现模型的稀疏性。虽然 L0 正则化在特征选择方面非常强大,但其数学优化问题通常更加复杂。

② L1 正则化。L1 正则化通过将参数的绝对值之和添加到目标函数中来惩罚模型的复杂性。这导致了参数的稀疏性,即它促使模型更多地使用少数重要特征,而其他特征的权重趋向于零。L1 正则化在特征选择和噪声排除方面非常有效,通常用于线性回归和逻辑回归等算法。

③ L2 正则化。L2 正则化是通过将参数平方和的开方值(也称 L2 范数)添加到目标函数中来控制模型的复杂性。它使参数权重趋向于平均分布,而不像 L1 正则化那样稀疏。L2 正则化有助于提高模型的稳定性和抗噪声能力,常用于神经网络等深度学习模型中。

一般来说,L1 正则化适用于特征选择和噪声排除,而 L2 正则化有助于防止过拟合和提高模型的泛化性能。在实际应用中,通常会将它们与损失函数结合在一起,以达到平衡复杂性和拟合数据的目标。选择哪种正则化方法,通常取决于具体的问题和数据特征。

(4)减少特征维度,防止维度灾难。

5.3.2　欠拟合

机器学习模型在训练数据上不能获得更好的拟合,并且在测试数据集上也不能很好地拟合数据,此时认为这个模型出现了欠拟合的现象。造成欠拟合的原因可能是数据的特征过少或者模型过于简单。欠拟合的解决办法有以下两个。

(1) 数据层面,可以通过特征组合、改善特征工程等方式增加特征维度。

(2) 模型层面,可以提高模型复杂度,如在深度网络中加入更多的层和每层加入更多的神经元,在树类模型中增加树的深度和分裂节点数等,增加模型的参数等;可以增加训练迭代次数;可以减小模型的正则化项;可以采用 Boosting 策略等。

5.3.3　正则化

当拥有相当多的特征时,机器学习模型可能在训练集上拟合良好,但是却未能在测试集上取得好的效果,这就是通常意义上所说的过拟合现象。正则化通过向目标函数添加一个额外的项,惩罚模型参数的大小,从而迫使模型注重对特征变量的捕捉,放弃模型中不重要的特征变量。在正则化过程中,模型会尽量降低参数的量级,使其变化速度趋于平缓,从而减少对训练数据中噪声的拟合。模型就会在拟合数据(最小化损失函数)与保持简洁(最小化正则化项)之间找到一种平衡。正则化还可以帮助简化模型。它使模型倾向于选择对预测更重要的特征,并削弱对不重要特征的依赖。这有助于提高模型的泛化能力,即在新数据上表现良好。

正则化是一种用于控制机器学习模型复杂性的技术,通常通过在损失函数后添加范数项来实现,主要的正则化方法包括 L0 正则化、L1 正则化和 L2 正则化,它们在模型参数的惩罚方式和复杂性约束方面略有不同。损失函数加上所有参数(不包括 θ_0)的绝对值之和,即 L1 范数(L1 正则化),此时模型构成为 LASSO 回归。损失函数加上所有参数(不包括 θ_0)的平方和,即 L2 范数(L2 正则化),此时模型构成为岭回归。

总之,正则化是一种用于应对过拟合问题的技术,它通过控制模型参数的大小来限制模型的复杂度,保留了数据集中特征信息,并有助于提高模型的性能和泛化能力。

5.3.4　岭回归

1. 基本原理

岭回归是回归分析中常用的线性模型,其参数选取采用了一种改良的最小二乘法,用于解决模型中存在的多重共线性和过拟合问题。其主要思想是引入 L2 正则化项,即岭项,来对模型参数进行约束。这使模型在保留所有特征变量的同时,降低特征变量系数的大小,从而减小特征变量对预测结果的影响。这一方法有助于提高模型的泛化能力,特别是在特征数量远远大于样本数量的情况下,岭回归表现出色。在岭回归中,一个关键的参数是 λ,它控制了岭项的强度。通过调整 λ 的取值,可以实现对特征变量系数在不同程度上的降低,从而更好地平衡模型拟合与泛化能力。在实际应用中,可以使用交叉验证等方法来选择最优的 λ 值。岭回归具有如下特点。

(1) 放弃最小二乘法参数的无偏性,而是通过有偏估计将回归系数无限收缩于 0(但不等于 0),进而极大缓解多重共线性问题以及过拟合问题。

(2) 对离群点数据(病态数据)的拟合效果强于一般线性回归。

（3）是解决多重共线性问题的有效办法之一，但由于回归系数并没有收缩到 0，多重共线性问题没有从根本上解决。

总之，岭回归通过 L2 正则化有效地处理了回归分析中的过拟合和多重共线性问题，使模型更稳健，适用于复杂数据集的建模与预测。

2. 算法步骤

（1）初始化参数。需要初始化回归系数和正则化项的权重。通常情况下，可以将回归系数初始化为 0，将正则化项的权重初始化为一个较小的值，如 0.01。

（2）计算损失函数。使用当前的回归系数和正则化项的权重计算损失函数，即误差平方和。

（3）更新系数。使用梯度下降等方法更新回归系数，使损失函数最小化。

（4）更新正则化项的权重。根据更新后的回归系数，更新正则化项的权重。通常情况下，可以将正则化项的权重增加一个很小的值，如 0.001，以避免过拟合。

（5）重复步骤（2）～（4），直到损失函数收敛或达到预定的迭代次数。

3. 代价函数

岭回归是一种线性回归模型的改良，通过在代价函数中引入正则项来平滑拟合函数，以防止过拟合。它通过引入正则化系数 λ 来调节模型复杂度。λ 值的大小是关键，它可以控制模型对参数权重 θ 的惩罚程度。

$$J(\theta) = \frac{1}{2m} \sum_{i=1}^{m} (h_\theta(x^{(i)}) - y^{(i)})^2 + \lambda \sum_{j=1}^{n} \theta_j^2, \lambda > 0 \tag{5-22}$$

其中，m 是样本量，n 是特征数，λ 是惩罚项参数（其取值大于 0），加惩罚项主要是为了让模型参数的取值不能过大，当 λ 趋于无穷大时，对应模型参数趋向于 0，其中模型参数表示的是因变量随着某一自变量改变一个单位而变化的数值（假设其他自变量参数均保持不变），这时，自变量之间的共线性对因变量的影响几乎不存在，故其能有效解决自变量之间的多重共线性问题，同时也能防止对特征变量过度引用造成的过拟合。

用矩阵形式表示为

$$J(\theta) = \frac{1}{2}(X\theta - Y)^{\mathrm{T}}(X\theta - Y) + \lambda\theta^{\mathrm{T}}\theta = \frac{1}{2}(\theta^{\mathrm{T}}X^{\mathrm{T}}X\theta - \theta^{\mathrm{T}}X^{\mathrm{T}}Y - Y^{\mathrm{T}}X\theta + Y^{\mathrm{T}}Y) + \lambda\theta^{\mathrm{T}}\theta \tag{5-23}$$

$$\frac{\partial J(\theta)}{\partial \theta} = X^{\mathrm{T}}X\theta - X^{\mathrm{T}}Y + \lambda\theta \tag{5-24}$$

$$\theta = (X^{\mathrm{T}}X + \lambda I)^{-1}X^{\mathrm{T}}Y \tag{5-25}$$

其中，I 为单位矩阵（对角线上全为 1，其他元素全为 0）。

图 5-3 展示了惩罚系数 λ 对各个自变量的权重系数的影响，横轴为惩罚系数 λ，纵轴为权重系数，每一条线表示一个自变量的权重系数。可以看到，λ 越大（λ 向左移动），惩罚项占据主导地位，会使得每个自变量的权重系数趋近于零，而 λ 越小（λ 向右移动），惩罚项的影响越来越小，会导致每个自变量的权重系数震荡的幅度变大。在实际应用中需要多次调整不同的 λ 值来找到一个合适的回归模型。

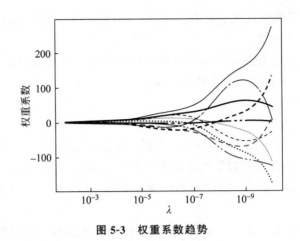

图 5-3　权重系数趋势

在参数平方和前乘以一个参数 λ，把它叫正则化系数或者惩罚系数。这个惩罚系数是调节模型好坏的关键参数，可以通过两个极端的情况说明它是如何调节模型复杂度的（较大的 λ 值指定较强的正则化）。

（1）λ 值为 0。当 λ 等于 0 时，代价函数与原始的线性回归代价函数相同，没有对参数权重 θ 进行任何惩罚，模型复杂度最高。

（2）λ 为无穷大。当 λ 非常大时，为了最小化结构风险函数，模型只能通过最小化所有权重系数 θ 来达到目标，这导致参数权重值变得非常小，从而达到了降低模型复杂度的效果。

图 5-4 中，4 条曲线代表 4 个参数值 θ_1、θ_2、θ_3、θ_4 的变化规律，X 轴的值代表 λ 的变化，可以用于控制模型特征权重 θ 的大小，可以看出，λ 越大，θ 越小，这是因为代价函数中正则项所占的比例变大，为了减小代价函数，所以控制缩小 θ 产生的结果。残差平方和指的是代价函数中的第一项，表示预测值与真实值的接近程度。

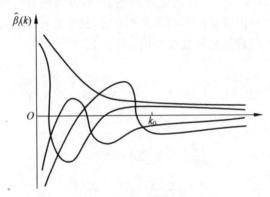

图 5-4　岭回归的岭迹图

岭回归的主要作用是在保持所有特征变量的情况下，通过减小参数的权重值来降低模型的复杂度，从而防止过拟合。λ 的选择在岭回归中至关重要，过大的 λ 值会导致过强的正则化，进而影响模型的性能。根据具体的应用场景和数据特点，需要仔细调整 λ 的取值，以获得最佳的模型性能。

需要注意的是，岭回归的正则化项权重需要选择合适的大小。正则化项的权重太小，会导致多重共线性的影响过大,参数估计的显著性无法通过;正则化项的权重太大,会导致过拟合,无法得到准确的预测结果。

5.3.5　LASSO 回归

1. 基本原理

LASSO 的完整名称是最小绝对值收敛和选择算子算法。LASSO 回归也会将系数限制在非常接近 0 的范围内,但是它限制的方式有所不同,称为 L1 正则化。与 L2 正则化不同的是,L1 正则化会导致在使用套索回归的时候,有一部分特征的系数正好等于 0。也就是说,有一部分特征会彻底被模型忽略掉,这也可以看成模型对特征进行自动选择的一种方式。把一部分系数变成 0 让模型更容易理解,而且可以突出体现模型中最重要的那些特征。

2. 代价函数

与岭回归可以直接通过矩阵运算得到回归系数相比,LASSO 的计算变得相对复杂。由于正则项中含有绝对值,此函数的导数是连续不光滑的,所以无法求导并使用梯度下降优化。

$$J(\theta) = \frac{1}{2m} \sum_{i=1}^{m} (h_\theta(x^{(i)}) - y^{(i)})^2 + \lambda \sum_{j=1}^{n} |\theta|, \quad \lambda > 0 \tag{5-26}$$

其中,λ 称为正则化参数,λ 选取过大,会把所有参数 θ 均最小化,造成欠拟合;选取过小,会导致对过拟合问题解决不当。LASSO 的缺点也很明显,其没有显示解,只能使用近似估算法(坐标轴下降法和最小角回归法)。

3. 算法步骤

1)坐标下降法

坐标下降法的核心与它的名称一样,就是沿着某一个坐标轴方向,通过一次一次的迭代更新权重系数的值来渐渐逼近最优解。

其具体步骤如下。

(1)初始化 $\boldsymbol{\theta}$ 向量,随机取值即可,即为 $\boldsymbol{\theta}_0$。下标数字表示当前迭代的轮数,当前初始轮数为 0。

(2)遍历所有权重系数,依次将其中一个权重系数当作变量,其他权重系数固定为上一次计算的结果当作常量,求出当前条件下只有一个权重系数变量的情况下的最优解。

在第 k 次迭代时,更新权重系数的方法如下:

$$\boldsymbol{\theta}_1^{(k)} \in \underset{\theta_1}{\arg\min} J(\boldsymbol{\theta}_1, \boldsymbol{\theta}_2^{(k-1)}, \cdots, \boldsymbol{\theta}_n^{(k-1)})$$

$$\boldsymbol{\theta}_2^{(k)} \in \underset{\theta_2}{\arg\min} J(\boldsymbol{\theta}_1^{(k)}, \boldsymbol{\theta}_2, \boldsymbol{\theta}_3^{(k-1)}, \cdots, \boldsymbol{\theta}_n^{(k-1)})$$

$$\cdots\cdots$$

$$\boldsymbol{\theta}_n^{(k)} \in \underset{\theta_n}{\arg\min} J(\boldsymbol{\theta}_1^{(k)}, \boldsymbol{\theta}_2^{(k)}, \cdots, \boldsymbol{\theta}_{n-1}^{(k)}, \boldsymbol{\theta}_n)$$

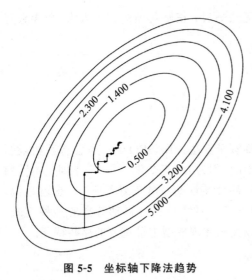

图 5-5 坐标轴下降法趋势

（3）检查 $\boldsymbol{\theta}^{(k)}$ 向量和 $\boldsymbol{\theta}^{(k-1)}$ 向量在各个维度上的变化情况，如果在所有维度上变化都足够小，那么 $\boldsymbol{\theta}^{(k)}$ 即为最终结果，否则转入（2），继续第 $k+1$ 轮的迭代。

如图 5-5 所示，每次迭代固定其他权重系数，只朝着其中一个坐标轴的方向更新，最后到达最优解。

坐标轴下降法的求极值过程与梯度下降法的对比如下。

（1）坐标轴下降法在每次迭代中在当前点处沿一个坐标方向进行一维搜索，固定其他坐标方向，找到一个函数的局部最小值（local minima）。而梯度下降法总是沿着梯度的负方向求函数的局部最小值。

（2）坐标轴下降法是一种非梯度优化算法，在整个过程中依次循环使用不同的坐标方向进行迭代，一个周期的一维搜索迭代过程相当于一个梯度下降的迭代。

（3）梯度下降法是利用目标函数的导数来确定搜索方向的，该梯度方向可能不与任何坐标轴平行。而坐标轴下降法是利用当前坐标方向进行搜索，不需要求目标函数的导数，只按照某一坐标方向搜索最小值。

（4）两者都是迭代方法，且每一轮迭代，都需要 $O(mn)$ 的计算量（m 为样本数，n 为系数向量的维度）。

在介绍最小角回归法之前，需要先看看两个预备算法：前向选择算法，前向梯度算法。

2）前向选择算法

前向选择算法是一种典型的贪心算法。其要解决的问题是：对于 $\boldsymbol{Y}=\boldsymbol{X}\boldsymbol{\theta}$ 这样的线性关系，如何求解系数 $\boldsymbol{\theta}$。其中，$\boldsymbol{Y}$ 是 $m\times 1$ 的向量，$\boldsymbol{X}$ 是 $m\times n$ 的矩阵，$\boldsymbol{\theta}$ 为 $n\times 1$ 的向量。m 为样本数量，n 为特征维度。

把矩阵 $\boldsymbol{X}$ 看成 n 个 $m\times 1$ 的向量 $\boldsymbol{X}_i(i=1,2,\cdots,n)$。在这 n 个向量中选择一个与目标 $\boldsymbol{Y}$ 的余弦距离最大的变量 $\boldsymbol{X}_k$，用 $\boldsymbol{X}_k$ 来逼近 $\boldsymbol{Y}$，得到式（5-27）：

$$\overline{Y}=\boldsymbol{X}_k\boldsymbol{\theta}_k \tag{5-27}$$

其中，$\boldsymbol{\theta}_k=\dfrac{\langle \boldsymbol{X}_k,\boldsymbol{Y}\rangle}{\|\boldsymbol{X}_k\|^2}$

即 $\overline{Y}$ 是 $\boldsymbol{Y}$ 在 $\boldsymbol{X}_k$ 上的投影。那么，可以定义残差：$\boldsymbol{Y}_{\text{yes}}=\boldsymbol{Y}-\overline{Y}$。由于是投影，可知 $\boldsymbol{Y}_{\text{yes}}$ 和 $\boldsymbol{X}_k$ 是正交的。再以 $\boldsymbol{Y}_{\text{yes}}$ 作为新的因变量，去掉 $\boldsymbol{X}_k$ 后剩下自变量的集合 $\boldsymbol{X}_i(i=1,2,\cdots,k-1,k+1,\cdots,n)$ 作为新的自变量集合，重复刚才投影和残差的操作，直至残差为 0，或者所有的自变量都用完了，才停止算法。

当 $\boldsymbol{X}$ 只有 2 维时，如图 5-6 所示，和 $\boldsymbol{Y}$ 最接近的是 $\boldsymbol{X}_1$，首先在 $\boldsymbol{X}_1$ 上投影，残差如图 5-6 中长虚线。此时 $\boldsymbol{X}_1\boldsymbol{\theta}_1$ 模拟了 $\boldsymbol{Y}$，$\boldsymbol{\theta}_1$ 模拟了 $\boldsymbol{\theta}$，但仅仅模拟了一个维度。接着发现最接近的是 $\boldsymbol{X}_2$，此时用残差接着在 $\boldsymbol{X}_2$ 上投影，残差为图 5-6 中的短虚线。由于没有其他自变量了，

此时 $X_1\theta_1+X_2\theta_2$ 模拟了 Y,对应地模拟了两个维度的 $\boldsymbol{\theta}$ 即为最终结果。此算法对每个变量只需执行一次操作,效率高,运算快。但当自变量不是正交关系时,每次只通过投影模拟 Y,所以算法只能给出一个局部近似解。这个简单算法太粗糙,不能直接用于 LASSO 回归。

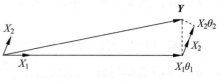

图 5-6　前向选择算法

3）前向梯度算法

前向梯度算法和前向选择算法有类似的地方,也是在 n 个 X_i 中选择和目标 Y 最为接近(余弦距离最大)的一个变量 X_k,用 X_k 来逼近 Y。但前向梯度算法不是只使用投影,而是每次在最为接近的自变量 X_t 的方向移动一小步,然后再观察残差 Y_{yes} 和哪个 X_i 最为接近。此时我们并不会把 X_t 去除,因为我们只前进了一小步,有可能最接近的自变量仍是 X_t。如此进行下去,直到残差 Y_{yes} 足够小,算法停止。

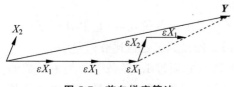

图 5-7　前向梯度算法

当 $\boldsymbol{X}$ 只有 2 维时,如图 5-7 所示,和 Y 最接近的是 X_1,首先在 X_1 上面走一小段距离,此处 ε 为一个较小的常量,发现此时的残差还是和 X_1 最接近。那么接着沿 X_1 走,一直走到发现残差不是和 X_1 最接近,而是和 X_2 最接近,此时残差如图 5-7 中长虚线。接着沿 X_2 走一小步,发现残差此时又和 X_1 最接近,那么开始沿着 X_1 走,走完一步后发现残差为 0,那么算法停止。此时 Y 由刚才所有步相加做模拟,对应算出的系数 $\boldsymbol{\theta}$ 即为最终结果。

4）最小角回归法

最小角回归法对前向梯度算法和前向选择算法做了折中,保留了前向梯度算法一定程度上的精确性,同时简化了前向梯度算法一步步迭代的过程。

首先,找到与因变量 Y 最接近或相关度最高的自变量 X_k,使用类似于前向梯度算法中的残差计算方法,得到新的目标 Y_{yes},此时不用和前向梯度算法一样小步地走,而是直接向前走,直到出现一个 X_t,使得 X_t 和 Y_{yes} 的相关度和 X_k 与 Y_{yes} 的相关度是一样的,此时残差 Y_{yes} 就在 X_t 和 X_k 的角平分线上。我们开始沿着这个残差角平分线走,直到出现第三个特征 X_p 和 Y_{yes} 的相关度足够大,即 X_p 和 Y_{yes} 的相关度和 θ_t、θ_k 对 Y_{yes} 作用程度一样。将其也加入 Y 的逼近特征集合中,并用 Y 的逼近特征集合的共同角分线作为新的逼近方向,循环直到 Y_{yes} 足够小或者所有变量都取完位置,算法停止。

最小角回归法如图 5-8 所示。

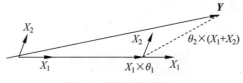

图 5-8　最小角回归法

最小角回归法是一个适用于高维数据的回归算法,其主要的优点有以下几个。

（1）适合于特征维度 n 远高于样本数 m 的情况。

（2）算法的最高计算复杂度和最小二乘法类似，但是其计算速度几乎和前向选择算法一样。

（3）可以产生分段线性结果的完整路径，这在模型的交叉验证中极为有用。

其主要的缺点是由于 LARS 法的迭代方向是根据目标的残差而定，所以该算法对样本的噪声极为敏感。

4．岭回归与 LASSO 回归的区别

岭回归与 LASSO 回归是两种常用的线性回归方法，它们的主要区别在于正则化惩罚项的不同。岭回归使用 L2 范数惩罚项，而 LASSO 回归使用 L1 范数惩罚项。这两种方法的差异体现在如下几个方面。

（1）特征选择。LASSO 回归具有特征选择的能力，它可以将损失函数中的许多系数（β）变为 0，从而实现特征选择，只保留对目标变量有重要影响的特征。而岭回归虽然可以减小系数，但不会将其完全变为 0，因此无法进行特征选择。

（2）计算效率。由于 LASSO 回归在系数估计中引入 L1 范数惩罚项，它更有利于产生稀疏模型，减少了不相关特征的影响。因此，LASSO 回归的计算量通常比岭回归小。

（3）模型形状。岭回归模型倾向于呈现弯曲形状，因为它通过 L2 范数惩罚约束系数的大小。相比之下，LASSO 回归更趋向于生成直线状的模型，因为它的 L1 范数惩罚可以将某些系数变为 0，从而实现特征的稀疏性。

LASSO 回归具有特征选择、计算效率高和生成直线状模型等优势，而岭回归通常生成弯曲形状的模型且不具备特征选择能力。选择使用哪种方法，取决于具体问题和数据的特点。

5．总结

在实践工作学习中，在两个模型中一般首选岭回归。但如果特征很多，认为只有其中几个是重要的，那么选择 LASSO 回归可能更好。同样，如果想要一个容易解释的模型，LASSO 回归可以给出更容易理解的模型，因为它只选择了一部分输入特征。

L1 正则化和 L2 正则化在实际应用中的比较如下。

L1 正则化在稀疏化模型的场景下才能发挥很好的作用，并且效果远胜于 L2 正则化。在模型特征个数远大于训练样本数的情况下，如果我们事先知道模型的特征中只有少量相关特征（即参数值不为 0），并且相关特征的个数少于训练样本数，那么 L1 正则化的效果远好于 L2 正则化。然而，需要注意的是，当相关特征数远大于训练样本数时，无论是 L1 正则化还是 L2 正则化，都无法取得很好的效果。

5.4 逻辑回归

5.4.1 逻辑回归概述

逻辑回归是一种广义的线性回归分析方法，实际上它是一种分类方法，属于机器学习中

的监督学习。逻辑回归在线性回归算法的基础上,通过使用 Sigmoid 函数对事件发生的概率进行预测。具体来说,线性回归可以生成一个预测值,然后通过逻辑函数的转换,将这个值转化为概率值,进而实现分类。逻辑回归模型主要用于解决二分类问题。总之,线性回归或多项式回归模型通常用于处理因变量是连续变量的问题。但当因变量是定性变量时,线性回归模型不再适用,此时需要使用逻辑回归模型来解决分类问题。

1. 逻辑回归的优缺点

1)优点

(1)实现简单,广泛地应用于工业问题。

(2)分类时计算量非常小,速度很快,存储资源低。

(3)便利地观测样本概率分数。

(4)多重共线性并不是问题,它可以结合 L2 正则化来解决。

(5)计算代价不高,易于理解和实现。

2)缺点

(1)当特征空间很大时,性能不是很好。

(2)容易欠拟合,一般准确度不太高。

(3)不能很好地处理大量多类特征或变量。

(4)只能处理两分类问题,且必须线性可分。

(5)对于非线性特征,需要进行转换。

2. 逻辑回归的应用场景

逻辑回归是一种广泛应用于机器学习的分类算法,其应用场景包括但不限于以下几个方面。

(1)二分类问题。逻辑回归最常见的应用场景是解决二分类问题,即根据给定的特征,将样本分为两个类别。例如,垃圾邮件过滤、信用评分、疾病预测等。

(2)网页搜索排序。逻辑回归通过训练一个分类模型,根据用户的搜索关键词和其他特征,预测用户对某个搜索结果的点击率,从而对搜索结果进行排序。

(3)自然语言处理。逻辑回归在 NLP 领域中有广泛的应用。例如,情感分析、文本分类、垃圾短信过滤等任务都可以使用逻辑回归进行处理。

(4)客户流失预测。逻辑回归可以用于客户流失预测,通过分析客户的历史数据和行为特征,预测客户是否会流失,从而采取相应的措施来挽留客户。

(5)医学诊断。逻辑回归可以用于医学诊断,如根据患者的病历、检查结果等特征,预测患者是否患有某种疾病。

总之,逻辑回归在机器学习中有广泛的应用场景,特别适用于二分类问题和需要解释性强的场景。需要注意的是,逻辑回归适用于输入特征和输出之间呈现一种非线性关系的分类问题。对于多类别分类问题,可以使用多项式逻辑回归(multinomial logistic regression)或其他分类算法来处理。

5.4.2 逻辑回归模型

二分类问题的概率与自变量之间的关系图形往往是一个 S 形曲线,采用 Sigmoid 函数实现。将该函数定义如下:

$$f(x) = \frac{1}{1 + e^{-x}} \tag{5-28}$$

Sigmoid 图像如图 5-9 所示。

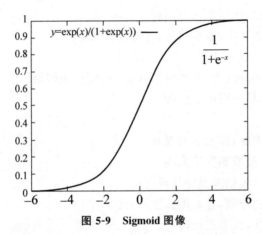

图 5-9　Sigmoid 图像

逻辑回归使用 Sigmoid 函数而不是线性函数,是因为要预测事物发生的可能性,这个概率值的范围是 $(0,1)$,符合 Sigmoid 函数结果范围,而线性回归得到的结果范围是 $(-\infty, +\infty)$,虽然也可以通过设定阈值来进行二分类,但是无法给出一个表示可能性大小的数值结果。如果样本中有偏离中心较远的离散值,那么使用线性回归拟合数据就会有很大的偏差。在这种情况下,使用 Sigmoid 函数就可以很好地解决该问题。

使用 Sigmoid 函数的优点有以下几个。

(1) 可以将 $(-\infty, +\infty)$ 结果,映射到 $(0,1)$ 范围,作为概率。

(2) $x<0$,Sigmoid$(x)<1/2$;$x>0$,Sigmoid$(x)>1/2$,可以将 $1/2$ 作为决策边界。

(3) 数学特性好,求导容易: $g'(z) = g(z) \cdot (1-g(z))$。

逻辑回归可对因变量种类做区分。例如,我们给出一个人的身高、体重这两个指标,然后判断这个人是属于胖还是属于瘦这一类。对于这个问题,我们可以先测量 n 个人的身高、体重以及对应的指标,把胖和瘦分别用 0 和 1 来表示,把这 n 组数据输入模型进行训练。训练之后再把待分类的一个人的身高、体重输入模型中,看这个人是属于“胖”还是属于“瘦”。

如果数据有两个指标,可以用平面的点来表示数据,其中,一个指标为 x 轴,另一个指标为 y 轴;如果数据有 3 个指标,可以用空间中的点表示数据;如果是 p 维的话($p>3$),就是 p 维空间中的点。

从本质上来说,逻辑回归训练后的模型是平面的一条直线($p=2$),或是空间($p=3$)、超平面($p>3$)。并且这条线或平面把空间中的散点分成两半,属于同一类的数据大多数分布在直线或平面的同一侧。

如图 5-10 所示,其中点的个数是样本个数,两种颜色代表两种指标。这条直线可以看成经这些样本训练后得出的划分样本的直线。那么对于之后的样本的 p_1 与 p_2 的值,就可以根据这条直线来判断它属于哪一类了。

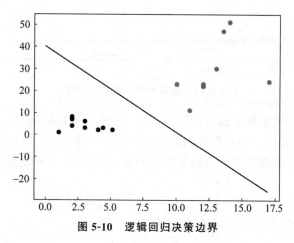

图 5-10　逻辑回归决策边界

5.4.3　逻辑回归损失函数

逻辑回归使用的损失函数是对数损失函数(log loss),它衡量模型预测的概率与实际概率的差异。

$$J(\theta) = -\frac{1}{m}\left[\sum_{i=1}^{m}(y^{(i)})\log h_\theta(x^{(i)}) + (1-y^{(i)})\log(1-h_\theta(x^{(i)}))\right] \tag{5-29}$$

根据以上损失函数表达式,对于单个样本点:

$$\text{cost}(h_\theta(x), y) = \begin{cases} -\log(h_\theta(x)), & y=1 \\ -\log(1-h_\theta(x)), & y=0 \end{cases} \tag{5-30}$$

解释上述损失函数,即解释对数似然损失函数:

当 $y=1$ 时,假定这个样本为正类。如果此时 $h_\theta(x)=1$,则单对这个样本而言的 cost$=0$,表示这个样本的预测完全准确。如果所有样本都预测准确,总的 cost$=0$。

但是如果此时预测的概率 $h_\theta(x)=0$,那么 cost$\to\infty$。直观解释的话,由于此时样本为一个正样本,但是预测的结果 $P(y=1|x;\theta)=0$,也就是说预测 $y=1$ 的概率为 0,那么此时就要对损失函数加一个很大的惩罚项。

当 $y=0$ 时,推理过程跟上述完全一致,不再赘述。

逻辑回归对数损失函数如图 5-11 所示。

在二分类问题中,当一个样本是正样本时,我们希望将其预测为正样本的概率 p 越大越好,也就是希望决策函数的值越大越好。因此,逻辑回归的决策函数值代表了样本为正样本的概率。

另外,当一个样本是负样本时,我们希望将其预测为负样本的概率$(1-p)$越大越好。这意味着 $\log(1-p)$ 越大越好。

样本集中有很多样本时,要求它们的概率连乘,这些概率值位于区间$(0,1)$内,连乘会使结果越来越小。为了避免数值计算中的溢出和保持计算精度,使用 log 变换将连乘变为连加。

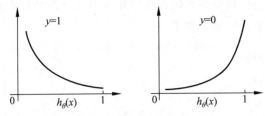

图 5-11　逻辑回归对数损失函数

需要强调的是,决策边界是假设函数的属性,由模型参数决定,而不是由数据集的特征直接决定。决策边界是一个带有参数的函数,可以是线性的或非线性的,这个函数是自定义的模型,但参数是通过拟合数据集来确定的。因此,决策边界的构建是由数据集的特征和模型参数共同决定的。

5.4.4　逻辑回归与线性回归的比较

(1) 逻辑回归和线性回归都是常用的机器学习算法,它们都属于广义的线性回归模型。在线性回归中,我们通过拟合一条直线(或超平面)来建立特征与目标变量之间的线性关系。这种模型主要使用最小二乘法来优化目标函数,通过最小化预测值与真实值之间的平方差来寻找最佳拟合参数。线性回归的预测范围是整个实数域,其敏感度是一致的,也就是说对于输入特征的微小变化,预测结果会有相应的线性变化。

(2) 逻辑回归是一种特殊的线性回归模型,主要用于解决二分类问题。在逻辑回归中,通过最大化样本属于某个类别的概率来拟合参数,从而进行分类预测。为了将预测值的范围限制在[0,1]范围,逻辑回归将线性组合的结果映射到概率值上。这一映射过程借助Sigmoid 函数,使逻辑回归能够轻松处理二分类问题,将样本划分为两个类别,并提供了每个类别的概率。

(3) 需要注意的是,尽管逻辑回归的形式类似于非线性回归,但其本质上仍然是一个线性模型。逻辑回归利用线性回归的理论基础,通过引入非线性的 Sigmoid 函数,使模型能够灵活地拟合非线性分类边界。因此,逻辑回归在处理分类问题时具有一定的优势,能够更好地适应实际场景中非线性关系的存在。

总结而言,逻辑回归和线性回归都是广义的线性回归模型,但在优化目标函数和因变量范围上存在差异。逻辑回归通过似然函数和 Sigmoid 函数实现对概率的建模,适用于二分类问题,能够处理非线性分类边界。而线性回归主要用于拟合特征与目标变量之间的线性关系,预测范围在整个实数域,适用于截面数据回归问题。

课后习题

1. 简述线性回归和逻辑回归之间的联系与差别。
2. 线性回归怎么去进行求解?有哪两种办法?分别简述过程及原理。
3. 什么是欠拟合和过拟合?其产生的原因是什么?如何解决?
4. 回归分析模型中常用的评价指标有哪些?
5. 什么是正则化?L1 正则化与 L2 正则化的区别是什么?

6. 线性回归怎么解决多重共线性问题？

7. 逻辑回归为何要对特征进行离散化？

8. 应用一元线性回归模型有哪些假定？

9. 在多元线性回归分析中,如何识别数据存在多重共线性？

10. 假设你使用线性回归模型来预测房屋的售价。模型假设房屋的售价与面积呈线性关系。你已经收集到了 10 个样本数据,如表 5-2 所示。

表 5-2 房屋样本数据

面积/平方米	售价/万元	面积/平方米	售价/万元
70	300	180	550
85	350	200	600
100	400	220	650
120	450	250	700
150	500	280	750

使用线性回归模型来拟合这些数据,并预测一个面积为 90 平方米的房屋的售价。

11. 假设你现在想通过逻辑回归模型来预测一个学生是否能够被大学录取。你收集到了一些学生的数据,包括他们的考试成绩和录取结果(0 表示未被录取,1 表示被录取)。你已经收集到了 100 个样本数据,如表 5-3 所示。

表 5-3 考试成绩和录取结果样本数据

成 绩	录取情况	成 绩	录取情况
100	1	70	1
95	1	65	0
90	1	60	0
85	1	55	0
80	1	...	...

使用逻辑回归模型来拟合这些数据,并预测一个考试成绩为 75 的学生能否被大学录取。

应用实例

即测即练

第 6 章

分　类

6.1　分类方法概述

分类是一种重要的数据分析方法,也称监督学习,许多教科书都强调分类方法,如 Tom[1] 和 Bishop 等[2]的著作。监督学习包括两个阶段:学习阶段和分类阶段。在学习阶段,模型从训练集中学习出分类算法;在分类阶段,将输入数据样本正确地分配到预定义的类别中。分类问题属于监督学习问题,其中输入数据被划分为某个类别,每个类别都有自己的标签。分类模型的目标是根据输入数据的特征将其准确地分配到预定义的类别中,以提高分类的准确率。

机器学习分类模型在许多领域都有广泛的应用,如垃圾邮件过滤、客户流失预测和医学诊断等。通过学习输入数据的特征,分类模型可以建立分类预测模型,并根据输入数据进行分类预测,从而帮助人们作出决策或提高业务效率。总的来说,机器学习分类模型是一种强大的工具,可以帮助人们更好地理解和分析数据,提高业务效率,同时也有助于创新和发明。目前,常用的机器学习分类模型包括决策树分类(decision tree classifier)、朴素贝叶斯、k-最近邻(KNN)和支持向量机(support vector machine,SVM)等,表 6-1 列出了其优缺点。

表 6-1　常用的分类模型比较

算　法	优　点	缺　点
决策树分类	不需要任何领域知识或参数假设 适合高维度的数据 简单易于理解 短时间内能够处理大量数据,得到可行且效果较好的结果 能够同时处理数据性和常规性属性	对于各类样本数量不一致的数据,信息增益偏向于那些具有更多数值的特征 易于过拟合 忽略了属性之间的相关性 不支持在线学习
朴素贝叶斯	所需估计的参数较少,对于缺失数据不敏感 有着坚实的数学基础,以及稳定的分类效率	需要假设属性之间相互独立,现实中往往很难满足 需要知道先验概率分类决策存在一定的错误率

---

① TOM M M. Machine learning[M]. New York:McGraw-Hill,1997.

② BISHOP C M,NASRABADI N M. Pattern recognition and machine learning[M]. Berlin:Springer,2006.

续表

算　　法	优　　点	缺　　点
k-最近邻	思想简单,理论成熟,既可以用于分类任务,也可以用于解决回归问题 可用于非线性分类 训练时间复杂度为 $O(n)$ 准确度高,对数据没有假设,对离群值不敏感 可以解决小样本下机器学习的问题	计算量较大 对于样本分类不均衡的问题,会产生误判 需要大量的内存 输出结果的可解释性不强
支持向量机	有较高的泛化性能 可以解决高维、非线性问题。超高维文本分类仍受欢迎 避免了神经网络结构选择和局部极小值问题	对缺失数据较为敏感 内存消耗大,结果解释性弱 参数较多

6.2　决策树分类

决策树分类是从有类标号的训练元组中学习决策树的一种方法。决策树是一种类似于流程图的树结构,其中每个内部节点表示在某个属性上的测试,每个分枝代表该测试的一个输出,而每个叶节点(或终端节点)存放一个类标号。树的最顶层节点是根节点。有些决策树算法只产生二叉树(其中每个内部节点正好分叉出两个其他节点),而另一些决策树算法可能产生非二叉的树。

考虑这样一个例子,我们要对“这是好空调吗?”这个问题进行决策时,通常会进行一系列的判断或“子决策”:先看“它运行时的噪声大小如何?”,如果运行时噪声“较小”,再看“它的制冷制热效果如何?”;如果制冷制热效果“较好”,再进一步判断“它的能效比如何?”。最后,我们得出决策:这是一款好空调。上述决策过程如图 6-1 所示。

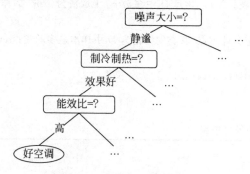

图 6-1　空调问题的决策树

决策过程的最终结论对应了我们所希望的判定结果,如判断一个空调是否好。在决策过程中,每个判定问题都是对某个属性的测试,每个测试的结果会决定最终结论或者引出进一步的判定问题。考虑范围是在上次决策结果的限定范围内。例如,如果在噪声大小为小之后再判断制冷制热效果是否好,那么将进一步考虑能效比的高低。决策树学习的目的是产生具有强泛化能力的决策树,即能够处理新的样例。其基本流程遵循简单且直观的“分而治之"策略。

6.2.1 决策树的构建

20世纪70年代后期和80年代初期,机器学习研究人员J.罗斯·昆兰(J. Ross Quinlan)开发了决策树算法,称为迭代的二分器(Iterative Dichotomiser 3,ID3),使决策树在机器学习领域得到极大的发展。昆兰后来又提出ID3的后继C4.5算法,成为新的监督学习算法的性能比较基准,ID3的增量版本包括ID4[1]和ID5[2],后者在Utgoff等[3]的文献中被扩展。1984年,几位统计学家又提出了CART分类算法,CART算法的一个增量版本在Crawford[4]的文献中给出了介绍。ID3、C4.5和CART都采用贪心(即非回溯的)方法,其中决策树以自顶向下递归的分治方式构造,大多数决策树归纳算法都沿用这种自顶向下的方法,从训练样本和它们相关联的类标号开始构造决策树。随着树的构建,训练集递归地划分成较小的子集,表6-2给出了决策树学习的基本流程。

表6-2 决策树学习的基本流程

训练集 $D = \{(x_1, y_1), (x_2, y_2), \cdots, (x_m, y_m)\}$；
属性集 $A = \{a_1, a_2, \cdots, a_d\}$

1：生成节点 node；
2：if D 中样本全属于同一类别 C then
3：将 node 标记为叶节点,其类别标记为 D 中样本数最多的类；return
4：end if
5：if $A = \emptyset \parallel D$ 中样本在 A 上取值相同,then
6：　　将 node 标记为叶节点,其类别标记为 D 中样本数最多的类；return
7：end if
8：从 A 中选择最优划分属性 $attr_*$；
9：for $attr_*$ 的每一个值 $attr_*^v$ do
10：　　为 node 生成一个分枝；令 D_v 表示 D 中在 $attr_*$ 上取值为 $attr_*^v$ 的样本子集；
11：　　if D_v 为空,then
12：　　　　将分枝节点标记为叶节点,其类别标记为 D 中样本最多的类；return
13：　　else
14：　　　　以 Tree_Generate(D_v, $A \backslash \{attr_*\}$)为分枝节点
15：　　end if
16：end for
输出：以 node 为根节点的一棵决策树

---

　　[1] SCHLIMMER J C, FISHER D. A case study of incremental concept induction[C]//Proceedings of the AAAI Conference on Artificial Intelligence, 5 Volume. AAAI, 1986.

　　[2] UTGOFF P E. ID5: An incremental ID3[C]//Machine learning proceedings 1988, 1988: 107-120.

　　[3] UTGOFF P E, BERKMAN N C, CLOUSE J A. Decision tree induction based on efficient tree restructuring[J]. Machine learning, 1997, 29: 5-44.

　　[4] CRAWFORD S L. Extensions to the CART algorithm[J]. International journal of man-machines studies, 1989, 31 (2): 197-217.

决策树生成是一个递归的过程,在决策树基本算法中,有三种情形会导致递归返回:
①当前节点包含的样本全属于同一类别,无须划分;②当前属性集为空,或是所有样本在所
有属性上取值相同,无法划分;③当前节点包含的样本集合为空,不能划分。在第②种情形
下,我们把当前节点标记为叶节点,并将其类别设定为该节点所含样本最多的类别;在第
③种情形下,同样把当前节点标记为叶节点,但将其类别设定为其父节点所含样本最多的类
别。注意这两种情形的处理实质不同:情形②是在利用当前节点的后验分布,而情形③则
是把父节点的样本分布作为当前节点的先验分布。

6.2.2 属性选择度量

由表 6-2 决策树生成算法可以看出,决策树学习的关键是如何选择最优划分属性。一
般随着划分过程不断进行,我们希望决策树的分枝节点所包含的样本尽可能属于同一类别,
即节点的"纯度"(purity)越来越高。

属性选择度量是一种启发式方法,用于选择最佳分裂准则来将给定类标记的训练数据
分区 D "最好地"划分为单独的类。如果我们根据分裂准则的输出将 D 划分为较小的分区,
理想情况下,落在一个给定分区的所有样本都属于相同的类别。从概念上讲,"最佳"分裂准
则是导致最接近这种情况的划分。属性选择度量也称分裂规则,因为它们决定给定节点上
的样本如何分裂。属性选择度量提供了一种秩评定来描述给定训练元组的每个属性。具有
最高度量得分的属性被选为给定元组的分裂属性。如果分裂属性是连续值,或者如果我们
限于构造二叉树,则必须返回一个分裂点或一个分裂子集作为分裂准则的一部分。对分区
D 创建的树节点使用分裂准则标记,并从准则的每个输出生长出分枝,进而相应地划分元
组。本节介绍了三种常用的属性选择度量——信息增益[①]、增益率[②]和基尼指数(Gini
Index)[③]。ID3 算法是决策树系列中的经典算法之一,包含决策树作为机器学习算法的主要
思想。然而,在实际应用中,ID3 算法存在许多不足之处,因此后来提出了很多改进算法,如
C4.5 算法和 CART 算法。构造决策树的核心问题是在每一步如何选择适当的属性对样本
进行拆分。ID3 算法使用信息增益作为属性选择度量,该度量基于克劳德·香农(Claude
Shannon)在研究消息的价值或"信息内容"的信息论方面的先驱工作。设节点 N 代表或存
放分区 D 的元组。选择具有最高信息增益的属性作为节点 N 的分裂属性。该属性使结果
分区中对样本分类所需的信息量最小,并反映这些分区中的最低随机性或"不纯性"。这种
方法使得对一个对象分类所需的期望测试次数最少,并确保找到一棵简单的(但不必是最简
单的)树来对 D 中的样本进行分类,所需的期望信息由式(6-1)给出:

$$\text{Info}(D) = -\sum_{i=1}^{m} p_i \log_2(p_i) \tag{6-1}$$

其中,p_i 为 D 中任意样本属于类 C_i 的非零概率,并用 $|C_{i,D}|/|D|$ 估计。使用以 2 为底的对
数函数是因为信息用二进制编码。$\text{Info}(D)$ 是识别 D 中样本的类标号所需要的平均信息量。

① QUINLAN J R. Induction of decision trees[J]. Machines learning,1986,1:81-106.

② QUINLAN J R. C4.5:programs for machines learning[M]. San Francisco,CA:Morgan Kaufmann,1993.

③ BREIMAN L. Classification and regression trees (CART)[J]. Biometrics,1984,40(3):358.

注意,此时我们所有的信息只是每个类的样本所占百分比。Info(D)又称 D 的熵(entropy)。

假设我们要按某个属性 A 划分 D 中的样本,其中属性 A 根据训练数据的观测具有 v 个不同值 $\{a_1, a_2, \cdots, a_v\}$。如果 A 是离散值,则这些值直接对应于 A 上测试的 v 个输出。可以用属性 A 将 D 划分为 v 个分区或者子集 $\{D_1, D_2, \cdots, D_v\}$,其中,$D_j$ 包含 D 中的样本,它们的 A 值为 a_j。这些分区对应于从节点 N 生长出来的分枝。理想情况下,我们希望该划分产生元组的准确分类,即我们希望每个分区都是纯的,然而,这些分区多半是不纯的。为了得到准确的分类,我们还需要多少信息?这个量由式(6-2)度量:

$$\text{Info}_A(D) = \sum_{j=1}^{v} \frac{|D_j|}{|D|} \times \text{Info}(D_j) \tag{6-2}$$

其中,$\dfrac{|D_j|}{|D|}$ 为第 j 个分区的权重;$\text{Info}_A(D)$ 为基于按 A 划分对 D 的样本分类所需要的期望信息。需要的期望信息越少,分区的纯度越高。

1. 信息增益

期望的信息熵越小,分区的纯度越高。信息增益定义为原来的信息需求(仅基于类的比例)与新的信息需求(对 A 划分之后)的差值,见式(6-3)。

$$\text{Gain}(A) = \text{Info}(D) - \text{Info}_A(D) \tag{6-3}$$

$\text{Gain}(A)$ 表示通过在属性 A 上进行划分所获得的信息增益。选择具有最高信息增益的属性 A 作为节点 N 的分裂属性,等价于在“最佳分类”的属性 A 上划分,以最小化所需完成样本分类的信息量[即最小化 $\text{Info}_A(D)$]。

例 6-1 使用信息增益进行决策树归纳。表 6-3 给出了已标记类的训练集 D,每个属性都已经被处理为离散型数据。类标号为“是否购买”,具有两个不同的值,因此有两个不同的类(即 $m=2$)。为了找到这些元组的分裂准则,必须计算每个属性的信息增益。首先计算对 D 中元组分类所需要的期望信息,类别中值为“是”的有 9 个,值为“否”的有 5 个,为了方便,记为 $I(9,5)$。

表 6-3 购买信息

序 号	年 龄	收 入	学 生	信 用	是否购买
1	青年	高	否	良好	否
2	青年	高	否	优秀	否
3	中年	高	否	良好	是
4	老年	中	否	良好	是
5	老年	低	是	良好	是
6	老年	低	是	优秀	否
7	中年	低	是	优秀	是
8	青年	中	否	良好	否
9	青年	低	是	良好	是
10	老年	中	是	良好	是
11	青年	中	是	优秀	是
12	中年	中	否	优秀	是
13	中年	高	是	良好	是
14	老年	中	否	优秀	否

$$\text{Info}(D) = I(9,5) = -\frac{9}{14}\log_2\left(\frac{9}{14}\right) - \frac{5}{14}\log_2\left(\frac{5}{14}\right) = 0.94(位) \tag{6-4}$$

　　紧接着,计算每个属性的期望信息需求。从属性年龄开始,需要对每个类考察"是"和"否"元组的分布。对于年龄的类"青年",有 5 个取值,分别对应 2 个"是"和 3 个"否",即为 $I(2,3)$,同理,类"中年"对应的是 $I(4,0)$,类"老年"对应的是 $I(3,2)$,因此,如果元组根据年龄划分,则对 D 中的元组进行分类所需要的期望信息为

$$\text{Info}_{年龄}(D) = I(2,3) + I(4,0) + I(3,2) \tag{6-5}$$

$$\text{Info}_{年龄}(D) = \frac{5}{14}\left(-\frac{2}{5}\log_2\frac{2}{5} - \frac{3}{5}\log_2\frac{3}{5}\right) + \frac{4}{14}\left(-\frac{4}{4}\log_2\frac{4}{4} - \frac{0}{4}\log_2\frac{0}{4}\right)$$

$$+ \frac{5}{14}\left(-\frac{3}{5}\log_2\frac{3}{5} - \frac{2}{5}\log_2\frac{2}{5}\right) = 0.694 \tag{6-6}$$

　　因此,选用年龄进行划分的信息增益为

$$\text{Gain}(年龄) = \text{Info}(D) - \text{Info}_{年龄}(D) = 0.940 - 0.694 = 0.246(位) \tag{6-7}$$

　　类似地,可以计算获得选用其他属性划分 D 的信息增益：$\text{Gain}(收入) = \text{Info}(D) - \text{Info}_{收入}(D) = 0.029(位)$,$\text{Gain}(学生) = \text{Info}(D) - \text{Info}_{学生}(D) = 0.151(位)$,$\text{Gain}(信用) = \text{Info}(D) - \text{Info}_{信用}(D) = 0.029(位)$。由于年龄在属性中具有最高的信息增益,所以它被选作分裂属性。节点 N 用 age 标记,并且每个属性值生长出一个分枝,然后元组据此划分,如图 6-2 所示。注意,落在分区年龄="青年"的样本都属于相同的类。由于它们都属于类"yes"所以要在该分枝的端点创建一个树叶,并用"yes"标记。算法返回的决策树如图 6-2 所示。

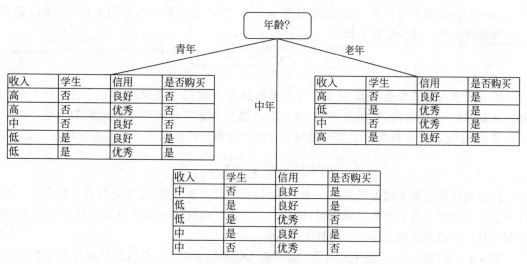

图 6-2　年龄最优决策树根节点

　　属性年龄具有最高的信息增益,因此成为决策树根节点的分裂属性。

　　但是,如何计算连续值属性的信息增益?假设属性 A 是连续值的,而不是离散值的(例如,假定有属性年龄的原始值,而不是该属性的离散化版本)。对于这种情况,必须确定 A 的"最佳"分裂点,其中分裂点是 A 上的阈值。首先,将 A 的值按递增排序。每对相邻值的中点被看作可能的分裂点。这样,给定 A 的 v 个值,则需要计算 $v-1$ 个可能的划分。例

如，A 的值 a_j 和 a_{j+1} 之间的中点是

$$\frac{a_j + a_{j+1}}{2} \tag{6-8}$$

如果 A 的值已经预先排序，则确定 A 的最佳划分只需要扫描一遍这些值。对于 A 的每个可能分裂点，计算 $\text{Info}_A(D)$，其中分区的个数为 2，即式(6-8)中 $v = 2$(或 $j = 1, 2$)。A 具有最小期望信息需求的点选作 A 的分裂点。D_1 是满足 $A \leqslant \text{split\_point}$ 的样本集合，而 D_2 是满足 $A > \text{split\_point}$ 的样本集合。

基于上述思想的 ID3 算法理论清晰、方法简单、学习能力较强，但也存在以下缺点。

(1) 信息增益的计算依赖于数目较多的特征，而属性取值最多的属性并不一定最优。比如一个变量有 2 个值，各为 1/2，另一个变量为 3 个值，各为 1/3，其实它们都是完全不确定的变量，但是取 3 个值比取 2 个值的信息增益大。

(2) ID3 没有考虑连续特征，比如长度、密度都是连续值，无法在 ID3 中运用。

(3) ID3 算法是一种单变量决策树算法，即在分枝节点上仅考虑单个属性。然而，由于这种单变量方法，它在表达许多复杂概念时存在困难。此外，它未充分考虑属性之间的相互关系，容易导致决策树中子树的重复或有些属性在决策树的某一路径上被检验多次。

(4) 算法的抗噪性差，训练例子中正例和反例的比例较难控制，而且没有考虑缺失值和过拟合问题。

2. 增益率

信息增益度量倾向于选择具有大量值的属性。ID3 的后继 C4.5 使用一种称为增益率(gain ratio)的信息增益扩充，试图克服这种偏倚。它用"分裂信息"(split information)值将信息增益规范化。分裂信息类似于 $\text{Info}(D)$，定义如下：

$$\text{SplitInfo}_A(D) = -\sum_{j=1}^{v} \frac{|D_j|}{|D|} \times \log_2\left(\frac{|D_j|}{|D|}\right) \tag{6-9}$$

该值代表由训练数据集 D 划分成对应于属性 A 测试的 v 个输出的 v 个分区产生的信息。注意，对于每个输出，它相对于 D 中元组的总数考虑具有该输出的元组数。它不同于信息增益，信息增益度量衡量了基于相同划分进行分类所获得的信息。增益率的定义为

$$\text{GrianRate}(A) = \frac{\text{Grain}(A)}{\text{SplitInfo}_A(D)} \tag{6-10}$$

算法选择具有最大增益率属性作为分裂属性，然而需要注意，随着划分信息趋向于 0，该比率变得不稳定。为了避免这种情况，增加一个约束：选取的测试的信息增益必须较大，至少与考察的所有测试的平均增益一样大。

例 6-2 属性收入的增益率的计算。属性收入的测试将表 6-3 中的数据划分为 3 个分区，即低、中和高，分别包含 4 个、6 个和 4 个元组。为了计算收入的增益率，首先使用式(6-9)得到

$$\text{SplitInfo}_A(D) = -\frac{4}{14} \times \log_2 \frac{4}{14} - \frac{6}{14} \times \log_2 \frac{6}{14} - \frac{4}{14} \times \log_2 \frac{4}{14} = 1.557 \tag{6-11}$$

由例 6-1，Gain(收入) = 0.029，因此，GainRatio(收入) = 0.029/1.557 = 0.019。

3. 基尼指数

基尼指数在 CART 中使用。基尼指数度量数据分区或训练样本集 D 的纯度，定义为

$$\text{Gini}(D) = 1 - \sum_{i=1}^{m} p_i^2 \tag{6-12}$$

其中，p_i 为 D 样本属于 C_i 类的概率，并用 $|C_{i,D}|/|D|$ 估计，对 m 个类计算和。

加入数据集 D 在属性 A 上被划分的两个子集 D_1 和 D_2，Gini 指数 $\text{Gini}_A(D)$ 被定义为

$$\text{Gini}_A(D) = \frac{|D_1|}{|D|}\text{Gini}(D_1) + \frac{|D_2|}{|D|}\text{Gini}(D_2) \tag{6-13}$$

对离散或连续属性 A 的二元划分导致的不纯度降低为

$$\Delta\text{Gini}(A) = \text{Gini}(D) - \text{Gini}_A(D) \tag{6-14}$$

最大化不纯度降低（或等价地，具有最小基尼指数）的属性选为分裂属性。该属性和它的分裂子集（对于离散值的分裂属性）或分裂点（对于连续值的分裂属性）一起形成分裂准则。

例 6-3 使用基尼指数进行决策树归纳。设 D 是表 6-3 的训练数据，其中 9 个样本属于类"是否购买＝是"，而其余 5 个样本属于类"是否购买＝否"，对 D 中元组创建（根）节点 N。首先使用基尼指数计算 D 的不纯度

$$\text{Gini}(D) = 1 - \left(\frac{9}{14}\right)^2 - \left(\frac{5}{14}\right)^2 = 0.459 \tag{6-15}$$

为了找出 D 中样本分裂的准则，接着计算每个属性的基尼指数。从属性收入开始，并考虑每个可能的分裂子集。考虑子集{低，中}，这将导致 10 个满足条件"收入$\in${低，中}"的样本在分区 D_1 中。D 中的其余 4 个元组将指派到分区 D_2 中。基于该划分计算出的基尼指数值为

$$\begin{aligned}
\text{Gini}_{\text{"收入"}\in\{\text{低},\text{中}\}}(D) &= \frac{10}{14}\text{Gini}(D_1) + \frac{4}{14}\text{Gini}(D_2) \\
&= \frac{10}{14}\left(1 - \left(\frac{7}{10}\right)^2 - \left(\frac{3}{10}\right)^2\right) + \frac{4}{14}\left(1 - \left(\frac{2}{4}\right)^2 - \left(\frac{2}{4}\right)^2\right) \\
&= 0.443 \\
&= \text{Gini}_{\text{income}\in\{\text{high}\}}(D)
\end{aligned} \tag{6-16}$$

类似地，用其余子集划分的基尼指数是：0.458（子集{低，高}和{中}）和 0.450（子集{中，高}和{低}）。因此，属性收入的最好二元划分在{低，中}（或{高}）上，因为它最小化基尼指数。评估属性年龄得到{青年，老年}（或{中年}）为年龄的最好划分，具有基尼指数 0.357；属性学生和信用都是二元的，分别具有基尼指数值 0.367 和 0.429。因此，属性年龄和分裂子集{青年，老年}产生最小的基尼指数，不纯度降低 $0.459 - 0.357 = 0.102$。二元划分"年龄$\in${青年，老年}？"导致 D 中样本的不纯度降至最低，并返回作为分裂准则。节点 N 用该准则标记，从它生长出两个分枝，并相应地划分元组。

6.2.3 树剪枝

随着决策树深度的增加，模型的准确度肯定会越来越好。但是对于新的未知数据，模型的表现会很差，产生的决策树会出现过分适应数据的问题。而且，由于数据中的噪声和孤立点，许多分枝反映的是训练数据中的异常，对新样本的判定很不精确。为防止构建的决策树

出现过拟合,需要对决策树进行剪枝。决策树的剪枝方法一般有预剪枝和后剪枝。

1. 预剪枝

当在某一节点选择使用某一属性作为划分属性时,会由于本次划分而产生几个分枝。预剪枝就是对划分前后两棵树的泛化性能进行评估,根据评估结果决定该节点是否进行划分。如果在一个节点划分样本将导致低于预定义临界值的分裂(如使用信息增益度量)则提前停止树的构造,但是选择一个合适的临界值往往非常困难。

假设训练集和验证集如表 6-4 所示。

表 6-4 训练集和验证集

编号	色泽	根蒂	敲声	纹理	脐部	触感	好瓜
训练集							
1	青绿	蜷缩	浊响	清晰	凹陷	硬滑	是
2	乌黑	蜷缩	沉闷	清晰	凹陷	硬滑	是
3	乌黑	蜷缩	浊响	清晰	凹陷	硬滑	是
6	青绿	稍蜷	浊响	清晰	稍凹	软黏	是
7	乌黑	稍蜷	浊响	稍糊	稍凹	软黏	是
10	青绿	硬挺	清脆	清晰	平坦	软黏	否
14	浅白	稍蜷	沉闷	稍糊	凹陷	硬滑	否
15	乌黑	稍蜷	浊响	清晰	稍凹	软黏	否
16	浅白	蜷缩	浊响	模糊	平坦	硬滑	否
17	青绿	蜷缩	沉闷	稍糊	稍凹	硬滑	否
验证集							
4	青绿	蜷缩	沉闷	清晰	凹陷	硬滑	是
5	浅白	蜷缩	浊响	清晰	凹陷	硬滑	是
8	乌黑	稍蜷	浊响	清晰	稍凹	硬滑	是
9	乌黑	稍蜷	沉闷	稍糊	稍凹	硬滑	否
11	浅白	硬挺	清脆	模糊	平坦	硬滑	否
12	浅白	蜷缩	浊响	模糊	平坦	软黏	否
13	青绿	稍蜷	浊响	稍糊	凹陷	硬滑	否

预剪枝就是在构造决策树的过程中,先对每个节点在划分前进行估计,如果当前节点的划分不能带来决策树模型泛化性能的提升,则不对当前节点进行划分,并且将当前节点标记为叶节点。

根据表 6-4 数据集以及信息增益可以构造出一棵未剪枝的决策树,如图 6-3 所示。

先利用前文提到的方法计算出所有特征的信息增益值。通过计算,色泽和脐部的信息增益值最大,我们选择脐部来对数据集进行划分,这会产生三个分枝,如图 6-4 所示。

下面观察是否要用脐部进行划分,划分前:所有样本都在根节点,把该节点标记为叶节点,其类别标记为训练集中样本数量最多的类别,因此标记为好瓜,然后用验证集对其性能评估,可以看出样本{4,5,8}被正确分类,其他被错误分类,因此精度为42.9%。划分后的决策树如图 6-5 所示。

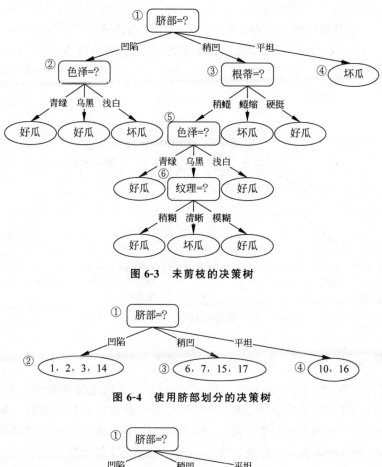

图 6-3　未剪枝的决策树

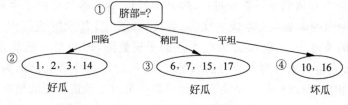

图 6-4　使用脐部划分的决策树

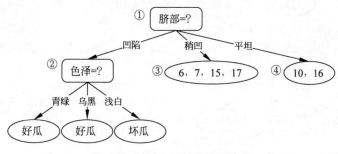

图 6-5　划分后的决策树

则验证集在该决策树上的精度为：$5/7=71.4\%>42.9\%$。因此，使用脐部进行划分。接下来，决策树算法对节点②进行划分，再次使用信息增益挑选出值最大的那个特征，经过计算，信息增益值最大的特征为色泽，因此使用色泽划分的决策树如图 6-6 所示。

图 6-6　使用色泽划分的决策树

是否划分这个节点，还是要用验证集进行计算，可以看到划分后，精度为：4/7＝0.571＜0.714，因此，预剪枝策略将禁止划分节点②。对于节点③最优的属性为根蒂，划分后验证集精度仍为71.4％，这个划分不能提升验证集精度，所以预剪枝将禁止节点③划分。对于节点④，其所含训练样本已属于同一类，不再进行划分。基于预剪枝策略生成的最终决策树如图6-7所示。

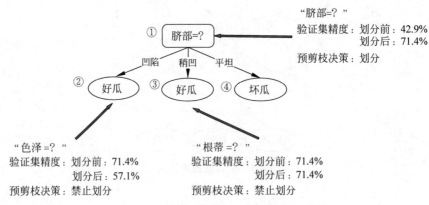

图6-7　基于预剪枝策略生成的最终决策树

2. 后剪枝

在后剪枝方法中，先构造一棵完整的决策树，然后从下向上计算每个节点的经验熵，递归地从决策树的叶子节点进行回溯，通过计算回溯前后的损失函数并进行比较判断是否进行剪枝。剪枝可以只在树的某一部分进行，即局部剪枝，这样极大提高了剪枝的效率。

使用表6-4给出的训练集会生成一棵（未剪枝）如图6-3所示的决策树。后剪枝算法首先考察图6-3中的节点⑥，若将以其为根节点的子树删除，即相当于把节点⑥替换为叶节点，替换后的叶节点包括编号为{7,15}的训练样本，因此把该叶节点标记为"好瓜"（因为这里正负样本数量相等，所以标记一个类别），此时的决策树在验证集上的精度为57.1％（未剪枝的决策树为42.9％），根据后剪枝策略决定剪枝，剪枝后的决策树如图6-8所示。

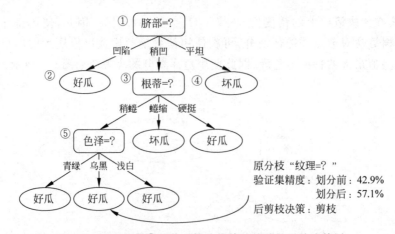

图6-8　考察节点⑥的基于后剪枝策略的剪枝后的决策树

考察节点⑤,把以其为根节点的子树替换为叶节点,替换后的叶节点包含编号为{6,7,15}的训练样本,根据"多数原则"把该叶节点标记为"好瓜",测试的决策树精度仍为57.1%,所以不进行剪枝。随后考察节点②,叶节点包含编号为{1,2,3,14}的训练样本,标记为"好瓜",此时决策树在验证集上的精度为71.4%。因此,后剪枝策略决定剪枝。剪枝后的决策树如图 6-9 所示。

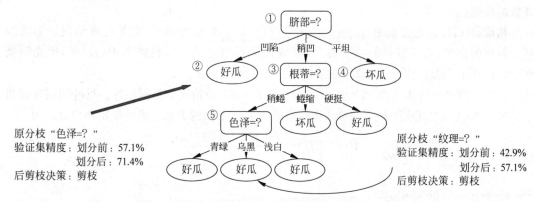

图 6-9　考察节点②的基于后剪枝策略的剪枝后的决策树

接着考察节点③,剪枝后的决策树在验证集上的精度为71.4%,没有提升,因此不剪枝;而对于节点①,剪枝后的决策树的精度为42.9%,精度下降,因此也不剪枝。基于后剪枝策略生成的最终决策树如图 6-9 所示,其在验证集上的精度为71.4%。

6.3　朴素贝叶斯

贝叶斯分类方法是统计学中的一种分类方法,它可以预测类隶属关系的概率。例如,给定一个元组属于特定类别的概率。贝叶斯分类基于贝叶斯定理,与决策树和神经网络分类器相比,朴素贝叶斯分类方法被认为具有相似的准确性和速度。朴素贝叶斯分类算法能运用到大型数据库中,并且方法分类准确率较高,速度快。朴素贝叶斯分类法假设属性值对给定类别的影响独立于其他属性的值,这一假设称为属性条件独立性假设,旨在简化计算。因此,这种分类方法被称为"朴素的",朴素贝叶斯分类的预测能力分析见 Domingos 等[1]的文献。

6.3.1　贝叶斯定理

贝叶斯定理用托马斯·贝叶斯(Thomas Bayes)的名字命名,贝叶斯是 18 世纪英国的一位牧师,是概率论和决策论的早期研究者。设 X 是数据样本,在贝叶斯术语中,X 看作"证

---

① DOMINGOS P, PAZZANI M. Beyond independence: conditions for the optimality of the simple Bayesian classifier[C]//Proceedings of the Thirteenth International Conference on International Conference on Machine Learning, 1986.

据"。通常 X 用 n 个属性集的测量值描述,令 D 为某种假设,如数据样本 X 属于某个特定类 C。对于分类问题,希望给定"证据"或观测数据样本 X,找出样本 X 属于类 C 的概率 $P(D|X)$。

$P(D|X)$ 是后验概率(posterior probability)。例如,假设数据样本世界限于分别由属性年龄和收入描述的顾客,而 X 是一位 35 岁的顾客,其收入为 4 万元。令 H 为某种假设,如顾客将购买计算机。则 $P(D|X)$ 反映当我们知道顾客的年龄和收入时,顾客 X 将购买计算机的概率。

相反,$P(D)$ 是先验概率(prior probability)。对于上文的例子,它是任意给定顾客将购买计算机的概率,而不管他们的年龄、收入或任何其他信息。后验概率 $P(D|X)$ 比先验概率 $P(D)$ 基于更多的信息(如顾客的信息),$P(D)$ 独立于 X。

正如下面将要讲述的 $P(X)$、$P(D)$ 和 $P(X|D)$ 可以由给定的数据估计。贝叶斯定理提供了一种由 $P(X)$、$P(D)$ 和 $P(X|D)$ 计算后验概率 $P(D|X)$ 的方法。贝叶斯定理的公式为

$$P(H \mid D) = \frac{P(X \mid D)P(D)}{P(X)} \tag{6-17}$$

6.3.2 贝叶斯分类

朴素贝叶斯分类法的流程如下。

(1) 假设 D 是训练样本和它们相关联的类标号的集合,通常每个样本用一个 n 维属性向量 $\boldsymbol{X} = \{x_1, x_2, \cdots, x_n\}$ 表示,描述由 n 个属性 $A_1, A_2, \cdots, A_n$ 对样本的 n 个测量。

(2) 假定有 m 个类 $C_1, C_2, \cdots, C_m$。给定样本 $\boldsymbol{X}$,分类法将预测 $\boldsymbol{X}$ 属于具有最高后验概率的类。也就是说,朴素贝叶斯分类法预测 $\boldsymbol{X}$ 属于类 C_i,当且仅当:

$$P(C_i \mid \boldsymbol{X}) > P(C_j \mid \boldsymbol{X}) \quad 1 \leqslant j \leqslant m, j \neq i$$

这样,最大化 $P(C_i|\boldsymbol{X})$,$P(C_i|\boldsymbol{X})$ 最大的类 C_i 称为最大后验假设,根据贝叶斯定理公式(6-17):

$$P(C_i \mid \boldsymbol{X}) = \frac{P(\boldsymbol{X} \mid C_i)P(C_i)}{P(\boldsymbol{X})} \tag{6-18}$$

(3) 由于 $P(\boldsymbol{X})$ 对所有类为常数,所以只需要 $P(\boldsymbol{X}|C_i)P(C_i)$ 最大即可,如果类的先验概率未知,则通常假设这些类是等概率的,即 $P(C_1) = P(C_2) = \cdots = P(C_m)$,并据此对 $P(\boldsymbol{X}|C_i)$ 最大化。否则,最大化 $P(\boldsymbol{X}|C_i)P(C_i)$。

(4) 给定具有许多属性的数据集,计算 $P(\boldsymbol{X}|C_i)$ 的开销可能非常大,为了降低开销,可以做类条件独立的朴素假定,给定样本的类标号,假定属性值有条件地相互独立(即属性之间不存在依赖关系),因此,

$$P(\boldsymbol{X} \mid C_i) = \prod_{k=1}^{n} P(x_k \mid C_i) \tag{6-19}$$

可以很容易地由训练样本估计概率 $P(x_1|C_i)$,$P(x_2|C_i)$,$\cdots$,$P(x_n|C_i)$。

例 6-4 朴素贝叶斯分类预测类标号。给定与例 6-1 决策树归纳相同的数据,希望使用朴素贝叶斯分类来预测未知样本的类标号。数据样本用属性年龄、收入、学生、信用描述。类标号属性"是否购买"具有两个不同的值($\{是, 否\}$)。设 C_1 对应类"是否购买=是",而 C_2 对应类"是否购买=否"。希望分类的样本为

$$\boldsymbol{X}=(年龄=青年,收入=中,学生=是,信用=良好)$$

需要最大化 $P(\boldsymbol{X}|C_i),i=1,2$。每个类的先验概率 $P(C_i)$ 可以根据训练样本计算:

$$P(是否购买=是)=9/14=0.643$$
$$P(是否购买=否)=5/14=0.357$$

为计算 $P(\boldsymbol{X}|C_i),i=1,2$,计算以下的条件概率:

$$P(年龄=青年\mid 是否购买=是)=2/9=0.222$$
$$P(年龄=青年\mid 是否购买=否)=3/5=0.600$$
$$P(收入=中\mid 是否购买=是)=4/9=0.444$$
$$P(收入=中\mid 是否购买=否)=2/5=0.400$$
$$P(学生=是\mid 是否购买=是)=6/9=0.667$$
$$P(学生=是\mid 是否购买=否)=1/5=0.200$$
$$P(信用=良好\mid 是否购买=是)=6/9=0.667$$
$$P(信用=良好\mid 是否购买=否)=2/5=0.400$$

使用以上概率,可得:

$$P(\boldsymbol{X}\mid 是否购买=是)=P(年龄=青年\mid 是否购买=是)$$
$$\times P(收入=中\mid 是否购买=是)$$
$$\times P(学生=是\mid 是否购买=是)$$
$$\times P(信用=良好\mid 是否购买=是)$$
$$=0.222\times 0.444\times 0.667\times 0.667=0.044$$

类似地,

$$P(\boldsymbol{X}\mid 是否购买=否)=0.600\times 0.400\times 0.200\times 0.400=0.019$$

为找出最大化 $P(\boldsymbol{X}|C_i)$ 的类,计算以下等式:

$$P(\boldsymbol{X}\mid 是否购买=是)P(是否购买=是)=0.044\times 0.643=0.028$$
$$P(\boldsymbol{X}\mid 是否购买=否)P(是否购买=否)=0.019\times 0.357=0.007$$

因此,对于样本 $\boldsymbol{X}$,朴素贝叶斯分类预测其类为"是否购买=是"。

6.4　k-最近邻

k-最近邻分类法(k-nearest neighbor classifier)最早是在 20 世纪 50 年代早期引入的。在处理大量数据集时,该方法需要进行密集计算,因此直到 20 世纪 60 年代计算能力大幅提升后才开始流行起来。k-最近邻分类法是一种基于类比学习的方法,它通过将给定的待检验样本和与其相似的训练样本进行比较来学习。在训练阶段,使用 n 个属性描述每个训练样本,每个样本代表 n 维空间中的一个点。因此,所有的训练样本都被存储在 n 维模式空间中。当给定一个未知样本时,k-最近邻分类法会在模式空间中搜索,找到最接近未知样本的 k 个训练样本,这些训练样本就是未知样本的 k 个"最近邻"。

如图 6-10 所示,有正方形和三角形两类数据,它们分布在二维特征空间中。假设有一个新数据(圆点),需要预测其所属的类别,根据"物以类聚",可以找到离圆点最近的几个点,以它们中的大多数点的类别决定新数据所属的类别。如果 $k=3$,由于圆点近邻的 3 个样本中,三角形占比 2/3,则认为新数据属于三角形类别。同理,$k=5$,则新数据属于正方形类别。

6.4.1　k-最近邻算法的邻近性

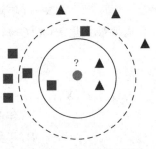

图 6-10　KNN 算法例子

k-最近邻的"邻近性"使用距离度量,如欧几里得距离[①]、闵可夫斯基距离[②]、余弦相似度[③]、皮尔逊相似系数[④]、汉明距离、杰卡德相似系数等。两个点或样本 $X_1=(x_{11},x_{12},\cdots,x_{1n})$ 和 $X_2=(x_{21},x_{22},\cdots,x_{2n})$ 的欧几里得距离是

$$\text{dist}(X_1,X_2)=\sqrt{\sum_{i=1}^{n}(x_{1i}-x_{2i})^2} \tag{6-20}$$

通常,在使用公式(6-20)之前,每个属性的值将会被规范化,这有助于防止具有较大初始值域的属性(如收入)与具有较小初始值域的属性(如二元属性)的权重相差过大。例如,可以通过计算式(6-21),使用最小-最大规范法把数值属性 A 的值 v 变换到 $[0,1]$ 区间中的 v':

$$v'=\frac{v-\min_A}{\max_A-\min_A} \tag{6-21}$$

其中,$\max_A$ 和 $\min_A$ 分别为属性 A 的最大值和最小值。

对于 k-最近邻分类,未知样本被分配到它 k 个最近邻中的多数类。当 $k=1$ 时,未知元组被分配到模式空间中最接近它的训练样本所在的类别。此外,k-最近邻分类还可以用于数值预测,即返回给定未知样本的实数值预测。在这种情况下,分类器返回未知样本的 k 个最近邻的实数值标号的平均值。

对于类别属性,一种简单的方法是比较样本 X_1 和 X_2 中对应属性的值,如果二者相同,则二者之间的差为 0,否则为 1。其他方法可能采用更复杂的方案。对于缺失值,如果样本 X_1 或 X_2 在给定属性 A 上的值缺失,则我们假定取最大的可能差。假设每个属性都已经映射到 $[0,1]$ 区间,对于类别属性,如果 A 的一个或两个对应值缺失,则取差为 1;如果 A 是数值属性,并且在样本 X_1 和 X_2 上都缺失,则差值也取 1;如果只有一个值缺失,而另一个存在并且已经规范化(记作 v'),则取差为 $|1-v'|$ 和 $|0-v'|$ 中的最大者。

确定近邻数 k 的值可以通过实验来完成。从 $k=1$ 开始,使用检验集来估计分类器的错误率,并重复该过程,每次将 k 增加 1,允许增加一个近邻。最终选择产生最小错误率的 k 值。一般来说,训练样本越多,k 的值也越大。随着训练样本数量趋于无穷并且 $k=1$,错误率不会超过贝叶斯错误率的 2 倍(后者是理论上的最小错误率)。如果 k 也趋于无穷,则错误率趋向于贝叶斯错误率。

① VAN DER HEIJDEN F, DULN R, DE RIDDER D, et al. Classification, parameter estimation and state estimation: an engineering approach using MATLAB[M]. Hoboken, NJ: John Wiley & Sons, 2005.

② 李林. 关于闵可夫斯基空间的讨论[J]. 吉林广播电视大学学报, 2014(2): 1-2.

③ TAN P, STEINBACH M, KUMAR V. Introduction to data mining[M]. New York: Addison-Wesley Longman Publishing Co., Inc., 2005.

④ GNIAZDOWSKI Z. Geometric interpretation of a correlation[J]. Zeszyty Naukowe Warszawskiej Wyższej Szkoły Informatyki, 2013, 9(7): 27-35.

最近邻分类法使用基于距离的比较,本质上赋予每个属性相等的权重。因此,当数据存在噪声或不相关属性时,它们的准确率可能受到影响。然而,这种方法已经被改进,结合属性加权和噪声数据元组的剪枝。选择合适的距离度量可能是至关重要的,除了曼哈顿(城市块)距离之外,还可以使用其他距离度量。

6.4.2　k-最近邻算法的时间复杂度

k-最近邻算法在对检验样本进行分类时,可能会变得非常缓慢。[①] 如果 D 是一个包含 $|D|$ 个样本的训练数据库,且 $k=1$,则对于一个给定的检验元组进行分类需要 $O(|D|)$ 次比较。但是,通过预先排序并将排序后的样本安排在搜索树中,比较次数可以降低到 $O(\log|D|)$。此外,并行实现可以将运行时间降低为常数,即 $O(1)$,这与 $|D|$ 无关。

加快分类速度的技术包括使用部分距离计算和编辑存储的样本。部分距离方法基于 n 个属性的子集计算距离,并在距离超过某个值时停止对给定存储样本的进一步计算,转向下一个存储样本。编辑方法可以删除被证明是"无用的"样本,从而减少存储样本的总数,也被称为剪枝或精简。

6.5　支持向量机

支持向量机是由 Vapnik 等[②]于 1995 年首次提出的一种机器学习算法。它在解决小样本、非线性及高维模式识别方面具有许多独特的优势,并被广泛应用于人脸识别、行人检测和文本分类等其他机器学习问题中。SVM 建立在统计学习理论的 VC(万普尼克-泽范兰斯杰)理论和结构风险最小原理基础上,通过寻求模型复杂性和学习能力之间的最佳平衡来获得最好的推广能力。这种方法可以用于数值预测和分类,并且在实际应用中表现出了很高的准确性和效率。

SVM 使用一种非线性映射将原始训练数据映射到更高的维度上,然后在该新维度中搜索最佳分离超平面(即用于将一个类别的样本与其他类别的样本分开的"决策边界"),如图 6-11 所示。通过使用足够高维且合适的非线性映射,可以将两个类别的数据完全分离。SVM 利用支持向量(即"基本"训练元组)和边缘(由支持向量定义)来发现该超平面。

由简至繁,SVM 可分为三类:线性可分(linear SVM in linearly separable case)的线性 SVM、线性不可分的线性 SVM、非线性(nonlinear)SVM。接下来,我们将更深入地讨论这些新概念。

6.5.1　数据线性可分的情况

为了解释 SVM,首先考察最简单的情况——两类问题,其中两个类是线性可分的。设

---

① PREPARATA F P,SHAMOS M I. Computational geometry:an introduction[M]. Berlin:Springer Verlag, 1985.

② VAPNIK V N,CHERVONENKIS A Y. On the uniform convergence of relative frequencies of events to their probabilities[J]. Theory of probability and its applications,1971,16:264-280.

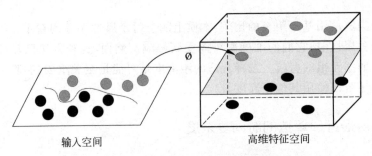

输入空间　　　　　　　　　高维特征空间

图 6-11　SVM 将原始训练数据映射到更高的维度上

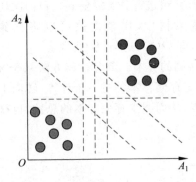

图 6-12　线性可分的 2-D 数据集

给定的数据集 D 为 $(x_1,y_1),(x_2,y_2),\cdots,(x_{|D|},y_{|D|})$，其中 x_i 是训练元组，具有类标号 y_i。每个 y_i 可以取值 $+1$ 或者 -1（即 $y_i \in \{+1,-1\}$），分别对应于类"是否购买＝是"和"是否购买＝否"。为了便于可视化，我们考虑一个基于两个输入属性 a_1 和 a_2 的例子。如图 6-12 所示，可以看出，该二维数据是线性可分的，因为可以画一条直线，把类 $+1$ 的样本与类 -1 的样本分开。

观察图 6-13，可以画出无限多条分离直线，找出一条"最好的"分离直线，即在先前未见到的样本上具有最小分类误差的那一条。如何找到这样一条"最好的"直线？

如果数据是 3-D 的，则希望找出最佳分离平面，推广到 n 维，希望找出最佳超平面。使用"超平面"表示寻找的决策边界，而不管输入属性的个数（维度）是多少。换句话说，如何找出最佳超平面？

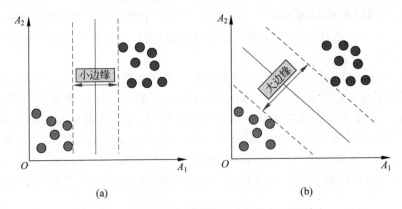

(a)　　　　　　　　　　　　(b)

图 6-13　最小边缘与最大边缘分离的超平面对比
(a) 具有最小边缘的分离超平面；(b) 具有最大边缘的分离超平面

SVM 通过搜索最大边缘超平面（maximum marginal hyperplane，MMH）来找出最佳超平面。考虑图 6-13，它显示了两个可能的分离超平面和它们相关联的边缘。在给出边缘的定义之前，让我们先直观地考察该图。两个超平面都对所有的数据样本正确地进行了分类。然而直观地看，我们预料具有较大边缘的超平面在对未来的数据样本分类上比具有较小边缘的超平面更准确。这就是为什么（在学习或训练阶段）SVM 要搜索具有最大边缘的超平面，即最大边缘超平面。MMH 相关联的边缘给出类之间的最大分离性。

从图 6-13 中我们看到两个可能的分超平面,图 6-13(b)所示具有最大边缘的分离超平面应具有更高的泛化准确率。

在处理 MMH 问题时,可以这样理解边缘的非形式化定义:从超平面到其边缘的一个侧面的最短距离等于从该超平面到其边缘的另一个侧面的最短距离,其中边缘的"侧面"平行于超平面。实际上,这个距离是从 MMH 到两个类别的最近训练样本的最短距离。

分离超平面可以记为

$$W \cdot X + b = 0 \tag{6-22}$$

其中,W 是权重向量,即 $W = \{\omega_1, \omega_2, \cdots, \omega_n\}$;$b$ 为偏置值(bias)。我们考虑两个输入属性 A_1、A_2,如图 6-13(b)所示,训练样本是二维的,如 $X = (x_1, x_2)$,其中 x_1、x_2 分别是 X 在属性 A_1、A_2 上的值,如果把 b 看作附加的权重 ω_0,则可以把分离超平面改写成

$$\omega_0 + \omega_1 x_1 + \omega_2 x_2 = 0 \tag{6-23}$$

这样,位于分离超平面上方和下方的点分别满足:

$$\omega_0 + \omega_1 x_1 + \omega_2 x_2 > 0 \tag{6-24}$$

$$\omega_0 + \omega_1 x_1 + \omega_2 x_2 < 0 \tag{6-25}$$

可以调整权重使定义边缘"侧面"的超平面记为

$$H_1 : \omega_0 + \omega_1 x_1 + \omega_2 x_2 \geqslant 1, \text{对于 } y_i = +1 \tag{6-26}$$

$$H_2 : \omega_0 + \omega_1 x_1 + \omega_2 x_2 \leqslant 1, \text{对于 } y_i = -1 \tag{6-27}$$

即落在 H_1 上或上方的样本都属于类 +1,落在 H_2 上或下方的样本都属于类 -1。结合不等式(6-26)和不等式(6-27)可以得到

$$y_i(\omega_0 + \omega_1 x_1 + \omega_2 x_2) \geqslant 1, \quad \forall i \tag{6-28}$$

落在超平面 H_1 和 H_2(即定义边缘的"侧面")上的任意训练样本都使式(6-28)的等号成立,称为支持向量(support vector)。也就是说,它们离(分离)MMH 一样近。图 6-14 中,支持向量用加粗的圆圈显示,支持向量是最难分类的样本,并且给出了最多的分类信息。

由上我们得到了最大边缘的计算公式,从分离超平面到 H_1 上任意点的距离是 $\dfrac{1}{\|W\|}$,其中,$\|W\|$ 是欧几里得范数,即如果 $W = \{\omega_1, \omega_2, \cdots, \omega_n\}$,则 $\|W\| = \sqrt{\omega_1^2 + \omega_2^2 + \cdots + \omega_n^2}$。根据定义,它等于 H_2 上任意点到分离超平面的距离。因此,最大边缘是 $\dfrac{2}{\|W\|}$。

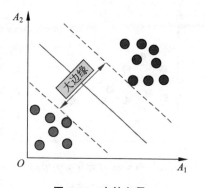

图 6-14　支持向量

使用某种"特殊的数学技巧"改写式(6-28),将它变换成一个称作被约束的(凸)二次最优化问题,我们可以找出 MMH 和支持向量,这种"特殊的数学技巧"涉及使用拉格朗日公式改写式(6-28),并且使用 KKT(Karush-Kuhn-Tucker,卡罗需-库恩-塔克)条件求解。[①]

如果数据量较少,则可以使用任何求解约束的凸二次最优化问题的最优化软件包来找出支持向量和 MMH。对于大型数据,可以使用特殊的、更有效的训练 SVM 的算法。这些

---

① JORGE N,WRIGHT S J. Numerical Optimization[M]. New York:Springer,1987.

细节已经超出了本书的范围。一旦找到支持向量 MMH,我们就得到了一个经过训练的支持向量机。MMH 是一个线性类边界,因此对应的 SVM 可以用来对线性可分的数据进行分类,我们称这种训练后的 SVM 为线性 SVM。

根据上面提到的拉格朗日公式,一旦得到训练后的支持向量机,最大边缘超平面可以改写成决策边界,从而使用它对检验样本进行分类:

$$d(\boldsymbol{X}^{\mathrm{T}}) = \sum_{i=1}^{l} y_i \alpha_i \boldsymbol{X}_i \boldsymbol{X}^{\mathrm{T}} + b_0 \tag{6-29}$$

其中,y_i 为支持向量 $\boldsymbol{X}_i$ 的类标号;$\boldsymbol{X}^{\mathrm{T}}$ 为检验样本;α_i 和 b_0 为最优化或 SVM 算法自动确定的参数;l 为支持向量的个数。

考虑非线性可分的情况之前,还有两件重要的事情需要注意:首先,学习后的分类器的复杂度由支持向量数而不是由数据的维数刻画。因此,与其他方法相比,SVM 不太容易过分拟合。其次,支持向量是基本或临界的训练元组,它们距离决策边界(MMH)最近。如果删除其他元组并重新训练,将发现相同的分离超平面。此外,找到的支持向量数可以用来计算 SVM 分类器的期望误差率的上界,这独立于数据的维度。具有少量支持向量的 SVM 可以具有很好的泛化性能,即使数据的维度很高时也是如此。

6.5.2 数据非线性可分的情况

如果数据不是线性可分的,如图 6-15 中的数据,在这种情况下,不可能找到一条将这些类分开的直线,上面研究的线性 SVM 不可能找到可行解。

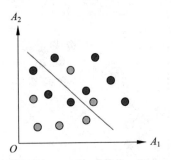

图 6-15 显示线性不可分数据的一个简单例子

按如下的方法扩展线性 SVM 方法,得到非线性的 SVM。第一步,用非线性映射把原输入数据变换到较高维空间。这一步可以使用多种常用的非线性映射,一旦将数据变换到较高位空间,第二步就在新的空间搜索分离超平面,我们又遇到了二次优化问题,可以使用线性 SVM 公式求解。在新空间找到的最大边缘超平面对应于原空间中的非线性分离超曲面。

例 6-5 原输入数据到较高维空间的非线性变换。考虑以下例子,使用映射 $\phi_1(\boldsymbol{X}) = x_1$,$\phi_2(\boldsymbol{X}) = x_2$,$\phi_3(\boldsymbol{X}) = x_3$,$\phi_4(\boldsymbol{X}) = (x_1)^2$,$\phi_5(\boldsymbol{X}) = x_1 x_2$ 和 $\phi_6(\boldsymbol{X}) = x_1 x_3$,把一个 3 维向量 $\boldsymbol{X} = (x_1, x_2, x_3)$ 映射到 6 维空间 Z 中,在新空间中,决策超平面 $d(\boldsymbol{Z}) = \boldsymbol{WZ} + b$,其中 $\boldsymbol{W}$ 和 $\boldsymbol{Z}$ 是向量。解 $\boldsymbol{W}$ 和 b,然后替换回去,使得新空间(Z)中的线性决策平面对应于原来 3 维空间中的非线性二次多项式:

$$\begin{aligned} d(z) &= w_1 x_1 + w_2 x_2 + w_3 x_3 + w_4 (x_1)^2 + w_5 x_1 x_2 + w_6 x_1 x_3 + b \\ &= x_1 + w_2 x_2 + w_3 x_3 + w_4 z_4 + w_5 z_5 + w_6 z_6 + b \end{aligned} \tag{6-30}$$

考虑对检验样本 $\boldsymbol{X}^{\mathrm{T}}$ 分类的式(6-30),给定该检验样本,我们必须计算与每个支持向量的点积。在训练阶段,也必须多次计算类似的点积,以便找出最大边缘超曲面。其开销特别大,因此,点积所需的计算量很大。我们可以使用另一种数学技巧,在求解线性 SVM 的二次最优化问题时,训练样本仅出现在形如 $\phi(X) \cdot \phi(Y)$ 的点积中,其中 $\phi(X)$ 不过是用于训练样本变换的非线性映射函数。结果表明它完全等价于将核函数 $K(x,y)$ 应用于原输入数据,而不必在变换后的数据样本上计算点积,即

$$K(x,y) = \phi(X) \cdot \phi(Y) \qquad (6\text{-}31)$$

根据式(6-31),每当 $\phi(X) \cdot \phi(Y)$ 出现在训练算法中时,我们都可以用 $K(x,y)$ 来替换。如此一来,所有的计算都在原有的输入空间上进行,这可能是一个低维度的情况。下面将更详细地讨论什么函数可以用作该问题的核函数。

可以用来替换上面的点积的核函数的性质已经被深入研究,以下是三种可使用的核函数。

H 次多项式核函数:$K(x,y) = (x \cdot y + 1)^h$

高斯径向基函数核函数:$K(x,y) = e^{\frac{-\|x-y\|^2}{2\sigma^2}}$

S 型核函数:$K(x,y) = \tanh(\alpha x^T y + c)$

这些核函数每个都会生成(原)输入空间上的不同的非线性分类器。非线性 SVM 所发现的决策超曲面与其他著名的神经网络分类器所发现的属于同一种类型。例如,具有高斯径向基函数(RBF)的 SVM 与称作径向基函数网络的一类神经网络产生相同的决策超曲面。具有 S 型核的 SVM 等价于一种称作多层感知机(无隐藏层)的简单 2 层神经网络。没有一种"黄金规则"可以确定哪种可用的核函数将推导出最准确的 SVM。在实践中,核函数的选择一般并不导致结果准确率的很大差别。

SVM 的主要研究目标是提高训练和检验速度,以便使其成为处理超大型数据集的更可行选择。此外,还需解决其他问题,如确定最佳核函数以适应给定的数据集,以及为多类问题寻找更有效的方法。

6.6　模型评估与选择

6.6.1　经验误差与过拟合

通常把分类错误的样本数占样本总数的比例称为"错误率",也叫误差。其中,学习器在训练集上的误差称为训练误差,在新样本上的误差称为泛化误差。显然,我们希望泛化误差尽可能小,为了达到这个目的,应该从训练样本中尽可能学出适用于所有潜在样本的"普遍规律",这样才能在遇到新样本时作出正确的判断。但当学习器学得"太好"时,很有可能把训练样本自身的特点当成所有潜在样本的一般性质,导致泛化性能下降,这种现象称为过拟合。我们可通过实验测试来对学习器的泛化误差进行评估,以便进行抉择,通常会采用测试集来测试学习器对新样本的判别能力,在这个过程中,要求测试集与训练集互斥。因此,对一个数据集 D,我们要对其进行处理,从中产生训练集和数据集。

6.6.2　评估方法

1. 留出法

直接将数据集 D 划分为两个互斥的集合,一个作为训练集,一个作为测试集,需要注

意,训练/测试集的划分要尽可能地保持数据分布的一致性,避免因数据划分过程引入额外的偏差而对最终结果产生影响,另外划分方式有很多种,一般采取多种方法进行划分,对结果取平均值。这种方法存在的问题是,当训练集大时,训练结果较好,但测试样本不够多,不能保证测试结果的准确;当测试样本大时,训练样本不够,则可能无法得到很好的训练结果。

2. 交叉验证法

将数据集划分为 K 个大小相似的互斥子集,每个子集尽可能保持数据分布的一致性,每次采用 $K-1$ 个子集的并集作为训练集,剩下那个子集作为测试集,这样就可以做 K 次训练和测试,返回 K 个测试结果的均值作为最终结果。图 6-16 给出了模型训练中典型的交叉验证流程。通过网格搜索(grid search)可以确定最佳参数,利用 Python 中的 scikit-learn 包的 train_test_split 辅助函数可以很快地将实验数据集划分为任何训练集(training sets)和测试集(test sets)。

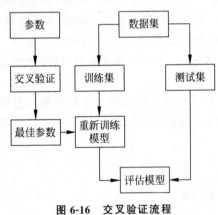

图 6-16　交叉验证流程

当评价学习器的不同设置(超参数)时,由于在训练集上,通过调整参数设置使估计器的性能达到了最佳状态;但在测试集上可能会出现过拟合的情况。此时,测试集上的信息反馈足以颠覆训练好的模型,评估的指标不再有效反映出模型的泛化性能。为了解决此类问题,还应该准备另一部分被称为验证集(validation set)的数据集,模型训练完成以后在验证集上对模型进行评估。当验证集上的评估实验比较成功时,在测试集上进行最后的评估。

然而,通过将原始数据分为 3 个数据集合,我们就大大减少了可用于模型学习的样本数量,并且得到的结果依赖于集合对(训练,验证)的随机选择。这个问题可以通过交叉验证来解决,交叉验证仍然需要测试集做最后的模型评估。最基本的方法被称为 k 折交叉验证。k 折交叉验证将训练集划分为 k 个较小的集合(其他方法会在下面描述,主要原则基本相同)。每一个 k 折都会遵循下面的过程:

将 $k-1$ 份训练集子集作为训练集训练模型。

将剩余的 1 份训练集子集用于模型验证(也就是把它当作一个测试集来计算模型的性能指标,如准确率)(图 6-17)。

k 折交叉验证得出的性能指标是循环计算中每个值的平均值。该方法虽然计算代价很高,但是它不会浪费太多的数据(如固定任意测试集的情况一样),在处理样本数据集较少的问题(如逆向推理)时比较有优势。

3. 留一法

假设数据集 D 中包含 m 个样本,当 $K=m$ 时,则得到一种特别的交叉验证方法——留一法,因为划分方法只有一种,故留一法不受划分方式的影响。同时因为训练集只比数据集少一个样本,故训练结果是比较准确的。但留一法也有缺陷:当数据集较大时,训练 m 个模

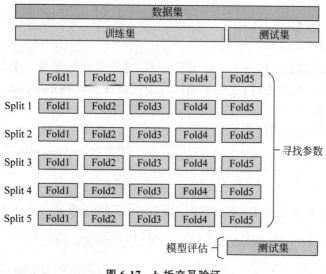

图 6-17　k 折交叉验证

型的计算开销是非常大的。

4. 自助法

自助法以自助采样法为基础(自助采样又称可重复采样或有放回采样)。给定一个数据集 D，对其进行采样产生数据集 D'，每次随机从数据集中挑选一个样本，将其复制到 D' 中，然后再将其放回 D 中，重复 m 次后就得到了包含 m 个样本的数据集 D'，这就是自助采样的结果。显然，D 中有一部分样本在 D' 中反复出现，而另一部分样本不出现，样本在 m 次采样中始终不被采到的概率是 $\left(1-\dfrac{1}{m}\right)^{m}$，当 m 趋向于无穷时，得到 $\left(1-\dfrac{1}{m}\right)^{m}$ 的值约等于 0.368，即通过自助采样，数据集 D 中约有 36.8% 的样本未出现在采样数据集 D' 中。将 D' 用作训练集，$D\backslash D'$ 用作测试集。

自助法在数据集较小、难以有效划分训练/测试集时很有用，但自助法产生的数据集改变了初始数据集的分布，会引入估计偏差，因此，在初始数据量足够时，留出法和交叉验证法更常用一些。

5. 调参和最终模型

大多数学习算法都有些参数需要设定，参数配置不同，学得模型往往有显著差别。因此，模型评估与选择时，除了要对适用学习算法进行选择，还要对算法参数进行设定。

学习算法中很多参数是在实数范围内取值对每一个参数选定一个范围和变化步长，例如在 $[0,0.2]$ 范围内以 0.05 为步长，则实际评估的候选参数有 5 个，最终从这 5 个候选值中产生选定值。这样选定的参数往往不是"最佳值"，但是这是计算开销和性能估计之间折中的结果；只有这样折中，学习过程才变得可行。事实上，即使这样折中，调参仍困难。

给定包含 m 个样本的数据集 D，在模型评估与选择过程中，由于需要留出一部分数据进行评估测试，因此，在模型选择完成，学习算法和参数配置已选定后，应该用数据集 D 重新训练模型，这个模型在训练过程中使用了所有 m 个样本。

6.6.3　性能度量

对学习器泛化性能的评估要有一个评价标准,这就是性能度量。性能度量反映了任务需求,在对比不同模型的能力时,使用不同的性能度量往往会导致不同的评判结果,这意味着模型的好坏不仅取决于算法和数据,还取决于任务需求。

回归任务常采用的性能度量是均方误差,是预测值与真实类标差的平方和的均值。其公式如下:

$$E(f;D) = \frac{1}{m} \sum_{i=1}^{m} (f(x_i) - y_i)^2 \tag{6-32}$$

更一般地,对于数据分布 D 和概率密度函数 $p(x)$,均方误差可描述为

$$E(f;D) = \frac{1}{m} \int_{x \sim D} (f(x) - y)^2 p(x) \mathrm{d}x \tag{6-33}$$

真实 / 预测	0	1
0	TN	FN
1	FP	TP

图 6-18　混淆矩阵

混淆矩阵是以二分类混淆矩阵为基础,多分类可以将除目标类之外的其他类别当成一类(反例)。由图 6-18 可知,混淆矩阵由真正、假正、真反、假反组成。通过混淆矩阵可以计算 (1)~(6) 性能度量。

(1) 准确率。准确率既适用于二分类任务,也适用于多分类任务,是我们使用最常见的指标,是一个关于全局的指标,关注的是预测的效果。但其不适用于极端情况。其计算公式如下:

$$\text{Accuracy} = \frac{\text{TP} + \text{TN}}{\text{TP} + \text{TN} + \text{FN} + \text{FP}} \tag{6-34}$$

(2) 查准率、查全率(又称精准率和召回率)。

查准率,即所有预测为正类的结果中,真正的正类的比例。其计算公式如下:

$$\text{Precision} = \frac{\text{TP}}{\text{TP} + \text{FP}} \tag{6-35}$$

查全率,即真正的正类中,被分类器找出来的比例。其计算公式如下:

$$\text{Recall} = \frac{\text{TP}}{\text{TP} + \text{FN}} \tag{6-36}$$

不同的问题中,判别标准不同。对于推荐系统,更侧重于查准率(即推荐的结果中,用户真正感兴趣的比例);对于医学诊断系统,更侧重于查全率(即疾病被发现的比例)。当有多个二分类混淆矩阵时,我们希望在 n 个二分类混淆矩阵上综合考察查准率和查全率。这时一方面可以分别计算查准率、查全率,再平均得到宏查准率等。还可以先将混淆矩阵的对应元素平均,再基于这些平均值计算出微查准率等。

(3) $P\text{-}R$ 曲线图。$P\text{-}R$ 曲线图是以查准率为纵轴、查全率为横轴的曲线图,按学习器的预测结果对样本排序,排在前面的是最有可能是正例的样本,按顺序计算样本的查准率和查全率作图。两个学习器比较时,如果一个 $P\text{-}R$ 曲线图被另一个完全包围,则面积大的更好。但是通常会有交叉,这时就要用"平衡点"(BEP)来度量,它是查准率=查全率时的取值,在该点哪个大哪个好。但是 BEP 过于简化,更常用 $F1$ 度量。

（4）$F1$ 度量：

$$F1 - \text{score} = \frac{2 \times \text{Precision} \times \text{Recall}}{\text{Precision} + \text{Recall}} \tag{6-37}$$

（5）ROC（接收者操作特性曲线）曲线。其根据学习器的预测结果，对样本进行排序，按该顺序逐个对样本进行正例预测，每次计算出召回率作为纵轴，精准率作为横轴。ROC 曲线的对角线对应于随机猜想模型，点（0，1）对应了所有正例排在所有反例之前的理想模型。当一个学习器的 ROC 曲线被另一个学习器的包住，那么后者性能优于前者。有交叉时，需要用 AUC 进行比较。

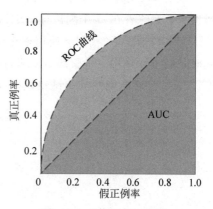

图 6-19　ROC-AUC 曲线

ROC-AUC 曲线如图 6-19 所示。

其中，真正例率的计算公式如下：

$$\text{TPR} = \frac{\text{TP}}{\text{TP} + \text{FN}} \tag{6-38}$$

假正例率刻画的是分类器错认为正类的负实例占所有负实例的比例，其计算公式如下：

$$\text{FPR} = \frac{\text{FP}}{\text{TN} + \text{FP}} \tag{6-39}$$

以真正例率为纵轴、假正例率为横轴作图，就得到 ROC 曲线。在 ROC 图中，对角线对应于随机猜想模型。点（0，1）对应于理想模型。通常 ROC 曲线越靠近点（0，1）越好。

（6）AUC 面积。AUC 面积是 ROC 曲线下的面积。[0.5，1]之间，是基于 ROC 衍生的非常好的可量化的评价标准，ROC 曲线越陡越好，即 AUC 越大越好，理想情况下，面积为1。ROC/AUC 能够反映模型在一个数据集上的排序的准确程度；同时考虑了模型对正例和负例的分类能力，在样本分布不均的情况下依然对模型作出合理的评估。

6.6.4　比较检验

对学习器性能的比较是比较复杂的，仅仅对性能度量的值进行比较是不够的。统计假设检验为我们进行学习器性能的比较提供了重要依据。

假设检验就是数理统计中依据一定的假设条件，由样本推断总体的一种方法。其步骤如下。

（1）根据问题的需要对所研究的总体做某种假设，记为 H_0。

（2）选取合适的统计量，这个统计量的选取要使在假设 H_0 成立时，其分布是已知的（统计量我们可以视为样本的函数）。

（3）由实测的样本计算出统计量的值，根据预先给定的显著性水平进行检验，作出拒绝或接受假设 H_0 的判断。

假设检验中的假设是对学习器泛化错误分布的某种判断或猜想，现实生活我们无法得知学习器的泛化错误率，但因其与测试错误率相似，我们可根据其推出泛化错误率的分布。泛化错误率为 ϵ 的学习器在 m 个样本中被测得的测试错误率为 $\hat{\epsilon}$ 的概率是

$$P(\hat{\epsilon}, \epsilon) = \binom{m}{m \times \hat{\epsilon}} \epsilon^{\hat{\epsilon} \times m} (1 - \epsilon)^{m - \hat{\epsilon} \times m} \tag{6-40}$$

让 P 对 ϵ 求偏导可得出,当 $\epsilon = \hat{\epsilon}$ 时, $P(\hat{\epsilon}, \epsilon)$ 最大;当 $|\epsilon - \hat{\epsilon}|$ 增大时, $P(\hat{\epsilon}, \epsilon)$ 减小。测试错误率 $\hat{\epsilon}$ 意味着在 m 个测试样本中恰有 $\hat{\epsilon} \times m$ 个被误分类。

大多数情况下,我们会使用多次留出或交叉验证法,因此我们会得到多组测试误差率,此时我们可以使用 t 检验的方式来进行泛化误差的评估。即假定我们得到了 k 个测试误差率, $\hat{\epsilon}_1, \hat{\epsilon}_2, \cdots, \hat{\epsilon}_k$,则平均测试错误率 μ 和方差 σ^2 为

$$\mu = \frac{1}{k} \sum_{i=1}^{k} \hat{\epsilon}_i \tag{6-41}$$

$$\sigma^2 = \frac{1}{k-1} \sum_{i=1}^{k} (\hat{\epsilon}_i - \mu)^2 \tag{6-42}$$

6.6.5　交叉验证 t 检验

对两个学习器 A 和 B,若我们使用 k 折交叉验证法得到的测试错误率分别为 $\epsilon_1^A, \epsilon_2^A, \cdots, \epsilon_k^A$ 和 $\epsilon_1^B, \epsilon_2^B, \cdots, \epsilon_k^B$,其中 ϵ_i^A 和 ϵ_i^B 是在相同的第 i 折训练/测试集上得到的结果,若 A 与 B 的性能相同,则得到的测试错误率应相同,即 $\epsilon_i^A = \epsilon_i^B$ 对 k 折交叉验证产生 k 对测试错误率,对没对结果进行求差,对求差后的值计算均值及方差,在显著度 α 下,若变量 $\tau_t = \left| \frac{\sqrt{k} \mu}{\sigma} \right|$ 小于临界值 $t_{\frac{\alpha}{2}, k-1}$,则认为两个学习器性能没有显著差别;否则认为有显著差别且平均错误率较小的学习器性能较好。为进行有效的假设检验,通常要求测试错误率均为泛化错误率的独立采样。但由于样本数有限,在进行交叉验证时不同轮次的训练集会有所重叠。为了解决这一问题,可采用 5×2 交叉验证法,即做 5 次 2 折交叉验证。在每次 2 折交叉验证之前随机将数据打乱,使得 5 次交叉验证中的数据划分不重复。对两个学习器 A 和 B,每次 2 折交叉验证将产生两对测试错误率,对它们分别求差,为缓解测试错误率的非独立性,仅计算第 1 次 2 折交叉验证的两个结果的平均值 $\mu = \frac{1}{2}(\Delta_1^1 + \Delta_1^2)$,但对每次 2 折实验的结果都计算出其方差 $\sigma_i^2 = \left(\Delta_i^1 - \frac{\Delta_i^1 + \Delta_i^2}{2} \right)^2 + (\Delta_i^2 - \frac{\Delta_i^1 + \Delta_i^2}{2})^2$ 。变量 $\tau_t = \dfrac{\mu}{\sqrt{0.2 \sum\limits_{i=1}^{5} \sigma_i^2}}$ 服从自由度为 5 的 t 分布。

6.6.6　McNemar 检验

McNemar 检验也称配对卡方检验。对二分类问题,使用留出法不仅可以估计出学习器的测试错误率,还可以获得两学习器分类结果的差别,即学习器检错样本数相等的样本数。

两种算法预测的正确与错误的个数见表 6-5。

表 6-5　两种算法预测的正确与错误的个数

算法 B	算法 A	
	正确	错误
正确	e_{00}	e_{01}
错误	e_{10}	e_{11}

假设两学习器性能相同，则应有 $e_{01}=e_{10}$，那么变量 $|e_{01}-e_{10}|$ 应服从正态分布。McNemar 检验考虑变量 $\tau_{x^2}=\dfrac{(|e_{01}-e_{10}|-1)^2}{e_{01}+e_{10}}$ 服从自由度为 1 的 x^2 分布。给定显著度 α，当以上变量值小于临界值 x_{α}^2 时，认为两个学习器的性能没有显著差别，否则认为有显著差别，且平均错误率较小的那个学习器性能较优。

6.6.7　Friedman 检验与 Nemenyi 后续检验

在做算法对比时，往往需要对实验结果进行统计检验。一种做法是在每个数据集上分别列出两两比较的结果，而在两两比较时可使用前述方法；另一种方法更为直接，即使用基于算法排序的 Friedman 检验。

假定我们用 D_1、D_2、D_3 和 D_4 四个数据集对算法 A、B、C 进行比较（表 6-6）。首先，使用留出法或交叉验证法得到每个算法在每个数据集上的测试结果，然后在每个数据集上根据测试性能由好到坏排序，并赋予序值 $1,2,\cdots$。

表 6-6　数据集与算法的比较数据

数 据 集	算法 A	算法 B	算法 C
D_1	1	2	3
D_2	1	2.5	2.5
D_3	1	2	3
D_4	1	2	3
平均序值	1	2.125	2.875

假定算法的性能都相同，我们在 N 个数据集上比较 k 个算法，令 r_i 表示第 i 个算法的平均序值，为简化讨论，暂不考虑评分序值的情况，则 r_i 服从正态分布，其均值和方差分别为 $\dfrac{k+1}{2}$ 和 $\dfrac{k^2-1}{12}$，代入 τ_{x^2} 得：

$$\tau_{x^2}=\frac{12N}{k(k+1)}\left(\sum_{i=1}^{k}r_i^2-\frac{k(k+1)^2}{4}\right) \tag{6-43}$$

在 k 和 N 都比较大时，服从自由度为 $k-1$ 的 x^2 分布。然而，上述这样的"原始 Friedman 检验"过于保守，现在通常使用变量 $\tau_F=\dfrac{(N-1)\tau_{x^2}}{N(k-1)-\tau_{x^2}}$，当算法的性能并不相同时，需要进行后续检验来区分各种算法，常用的有 Nemenyi 后续检验。Nemenyi 检验计算出平序值差别的临界值域 $CD=q_{\alpha}\sqrt{\dfrac{k(k+1)}{6N}}$，若两个算法的平均序值之差超出临界阈值，则认为两个算法的性能显著不同。

6.6.8　偏差与方差

为了解学习器为什么具有泛化性能，我们采用"偏差-方差分解"对其进行解释。偏差-方差分解试图对学习算法的期望泛化错误率进行拆解，以回归任务为例，学习算法的期望预测为

$$\bar{f}(x) = E_D[f(x;D)] \tag{6-44}$$

其中，$f(x;D)$ 为训练集 D 上学得模型 f 在 x 上的预测输出。使用样本数相同的不同训练集产生的方差为

$$\mathrm{var}(x) = E_D[(f(x;D) - \bar{f}(x))^2] \tag{6-45}$$

噪声为

$$\varepsilon^2 = E_D[(y_D - y)^2] \tag{6-46}$$

期望输出与真实标记的偏差称为偏差，即

$$\mathrm{bias}^2(x) = (\bar{f}(x) - y)^2 \tag{6-47}$$

假设噪声为 0，对算法的期望泛化误差进行分解可得：

$$E(F;D) = \mathrm{bias}^2(x) + \mathrm{var}(x) + \varepsilon^2 \tag{6-48}$$

即泛化误差为偏差、方差与噪声之和。

偏差度量了学习算法的期望预测与真实结果的偏离程度，偏差越大，越偏离真实数据。方差描述的是预测值的变化范围，离散程度，也就是离其期望值的距离。方差越大，数据的分布越分散。一般来说，偏差与方差是有冲突的，在训练不足时，学习器的拟合能力不够强，训练数据的扰动不会使学习器产生显著变化，此时偏差主导了泛化错误率；当训练程度充足后，数据的轻微变化都会影响学习器，此时方差主导了泛化错误率。

课后习题

1. 简述决策树分类的主要步骤。

2. 分析对于不含冲突数据（即特征向量完全相同但标记不同）的训练集，是否存在与训练集一致（即训练误差为 0）的决策树。

3. 分析使用"最小训练误差"作为决策树划分选择准则的缺陷。

4. 给定一个具有 50 个属性（每个属性包含 100 个不同值）的 5 GB 的数据集，而你的台式机有 512 MB 内存。简述对这种大型数据集构造决策树的一种有效算法。通过粗略地计算主存的使用说明你的答案是正确的。

5. 选择 1 个 UCI 数据集（见 http://archive.ics.uci.edu ），实现决策树。

6. 证明条件独立性假设不成立时，朴素贝叶斯分类器仍有可能产生最优贝叶斯分类器。

7. 分析二分类任务中两类数据满足高斯分布且方差相同时，线性判别分析产生贝叶斯最优分类器。

8. 设计一种方法，对无限的数据流进行有效的朴素贝叶斯分类（即只能扫描数据流一

次）。如果想发现这种分类模式的演变（例如，将当前的分类模式与较早的模式进行比较，如与一周以前的模式相比），你有何修改建议？

9. 编程实现 k 近邻分类器，在 UCI 上选择任意一个数据集，比较其分类边界与决策树分类边界之异同。

10. 支持向量机是一种具有高准确率的分类方法。然而，在使用大型数据元组集进行训练时，SVM 的处理速度很慢。讨论如何克服这一困难，并为大型数据集有效的 SVM 分类开发一种可伸缩的 SVM 算法。

11. 当一个数据对象可以同时属于多个类时，很难评估分类的准确率。评述在这种情况下，你将使用何种标准比较在相同数据上建立的不同分类器。

12. 假设在两个预测模型 M_1 和 M_2 之间进行选择。已经在每个模型上做了 10 轮 10 折交叉验证，其中在第 i 轮，M_1 和 M_2 都使用相同的数据划分。M_1 得到的错误率为 30.5、32.2、20.7、20.6、31.0、41.0、27.7、28.0、21.5、28.0。M_2 得到的错误率为 22.4、14.5、22.4、19.6、20.7、20.4、22.1、19.4、18.2、35.0。评述在 1‰ 显著水平上，一个模型是否显著地比另一个好。

应用实例

即测即练

第7章

集成分类方法

7.1 集成分类方法概述

集成学习(ensemble learning)通过构建并结合多个学习器来完成学习任务,有时也被称为多分类器系统(multi-classifier system)、基于委员会的学习(committee-based learning)等。

图 7-1 展示了集成学习的一般结构:首先产生一组个体学习器(individual learner),然后用某种策略将它们结合起来。个体学习器通常由一个现有的学习算法从训练数据中生成,如 C4.5 决策树算法、BP(back propagation,反向传播)神经网络算法等。在集成中,只包含同种类型的个体学习器,例如,"决策树集成"中全是决策树,"神经网络集成"中全是神经网络。这样的集成称为"同质的"(homogeneous)。同质集成中的个体学习器也被称为"基学习器"(base learner),相应的学习算法称为基学习算法(base learning algorithm)。集成也可以包含不同类型的个体学习器,如同时包含决策树和神经网络。这样的集成是"异质的"(heterogenous)。异质集成中的个体学习器由不同的学习算法生成,这时就不再有基学习算法。相应地,个体学习器一般不称为基学习器,而被称为组件学习器(component learner)或直接称为个体学习器。

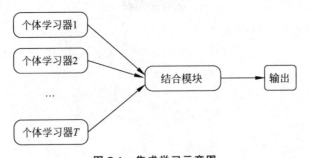

图 7-1 集成学习示意图

集成学习通过对多个学习器进行结合,通常可以获得比单一学习器更显著的泛化性能。这对于弱学习器(weak learner)尤其明显,因此集成学习的许多理论研究都是针对弱学习器的。基学习器有时也被直接称为弱学习器。需要注意的是,虽然从理论上来说使用弱学习器集成足以获得良好的性能,但在实践中出于各种考虑,如希望使用较少的个体学习器或重用关于常见学习器的一些经验等,人们往往会使用比较强的学习器。

在一般经验中,如果把好坏不等的东西掺杂到一起,那么通常结果会是比最坏的要好一些,比最好的要坏一些。集成学习把多个学习器结合起来,如何能获得比最好的单一学习器更好的性能?

我们来做个简单的分析。考虑二分类问题 $y \in \{-1, +1\}$ 和真实函数 f,假定基分类器的错误率为 ε,即对每个基分类器 h_i 有

$$P(h_i(x) \neq f(x)) = \varepsilon \tag{7-1}$$

假设继承通过简单投票法结合 T 个基分类器(为简化讨论,假设 T 为奇数),若有超过半数的基分类器正确,则集成分类就正确,

$$H(x) = \text{sign}\left(\sum_{i=1}^{T} (h_i(x))\right) \tag{7-2}$$

假设基分类器的错误率相互独立,则由 Hoeffding 不等式可知,集成的错误率为

$$P(H(x) \neq f(x)) = \sum_{k=0}^{\lfloor \frac{T}{2} \rfloor} \binom{T}{k} (1-\varepsilon)^k \varepsilon^{T-k} \leqslant \exp\left(-\frac{1}{2} T(1-2\varepsilon)^2\right) \tag{7-3}$$

式(7-3)显示,随着集成中个体分类器数目 T 的增大,集成的错误率将指数级下降,最终趋于零。然而我们必须注意到,上面的分析有一个关键假设:基学习器的误差相互独立。然而在现实任务中,个体学习器是为解决同一个问题训练出来的,它们显然不可能相互独立。个体学习器的"准确性"和"多样性"本身就存在冲突。一般地,准确性很高以后,要提升多样性就需要牺牲准确性。而如何产生并结合"好而不同"的个体学习器,恰恰是集成学习研究的核心。

根据个体学习器的生成方式,目前的集成学习方法可以大致分为两种:一种是序列化方法,需要串行生成;另一种则是并行化方法,可以同时生成。前者以 Boosting 为代表,后者则以 Bagging 和随机森林为代表。

7.2　Boosting

Boosting 是一种可以将弱学习器提升为强学习器的算法。这类算法的工作机制类似:先从初始训练集训练出一个基学习器,再根据基学习器的表现对训练样本分布进行调整,使先前基学习器做错的训练样本在后续得到更多的关注,然后基于调整后的样本分布来训练下一个基学习器;如此重复进行,直至基学习器数目达到事先指定的值 T,最终对这 T 个基学习器进行加权结合。Boosting 算法最著名的代表是 AdaBoost。[1]

7.2.1　AdaBoost 算法的原理

AdaBoost 算法可以简化为三个步骤。

首先,是初始化训练数据的权值分布 D_1。假设有 N 个训练样本数据,则每一个训练样

① FREUND Y, SCHAPIRE R E. A decision-theoretic generalization of on-line learning and an application to Boosting[J]. Journal of computer and system sciences, 1997, 55(1): 119-139.

本最开始时,都会被赋予相同的权值:$w_i = 1/N$。其次,训练弱分类器 C_i。其具体训练过程:如果某个训练样本点被弱分类器 C_i 准确地分类,那么在构造下一个训练集中,它对应的权值要减小;相反,如果某个训练样本点被错误分类,那么它的权值就应该增大。权值更新过的样本被用于训练下一个弱分类器,整个过程如此迭代下去。最后,将各个训练得到的弱分类器组合成一个强分类器。各个弱分类器的训练过程结束后,提高分类误差率小的弱分类器的权重,使其在最终的分类函数中起较大的决定作用,而降低分类误差率大的弱分类器的权重,使其在最终的分类函数中起较小的决定作用。换而言之,误差率低的弱分类器在最终分类器中占的权重较大;反之较小。

给定训练数据集:$(x_1, y_1), (x_2, y_2), \cdots, (x_n, y_n)$,其中 $y_i \in \{-1, +1\}$ 用于表示训练样本的类别标签,$i = 1, \cdots, N$,AdaBoost 的目的就是从训练数据中学习一系列弱分类器或基本分类器,然后将这些弱分类器组合成一个强分类器。AdaBoost 的算法流程如下。

(1) 初始化训练数据的权值分布,每一个训练样本最开始时都被赋予相同的权值:$w_i = 1/N$。这样训练样本集的初始权值分布为

$$D_t(i) = (w_1, w_2, \cdots, w_N) = \left(\frac{1}{N}, \frac{1}{N}, \cdots, \frac{1}{N}\right) \tag{7-4}$$

其中,$D_t(i)$ 为训练样本集的权值分布;w_i 为每个训练样本的权值大小。

(2) 进行迭代,选取一个当前误差率最低的弱分类器 h 作为第 t 个基本分类器 H_t,并计算弱分类器 $h_t: X \rightarrow \{-1, +1\}$,该弱分类器在分布 D_t 上的误差为

$$e_t = P(H_t(x_i) \neq y_i) = \sum_{i=1}^{N} w_{ti} I(H_t(x_i) \neq y_i) \tag{7-5}$$

计算该弱分类器在最终分类器中所占的权重(弱分类器权重用 α 表示):

$$\alpha_t = \frac{1}{2} \ln\left(\frac{1 - e_t}{e_t}\right) \tag{7-6}$$

更新训练样本的权值分布 D_{t+1}:

$$D_{t+1} = \frac{D_t(i) e^{-\alpha_t y_i H_i(x_i)}}{Z_t} \tag{7-7}$$

其中,Z_t 为归一化常数,$Z_t = 2\sqrt{e_t(1 - e_t)}$。

(3) 按弱分类器权重 α_t 组合各个弱分类器,即

$$f(x) = \sum_{t=1}^{T} \alpha_t H_t(x) \tag{7-8}$$

通过符号函数 sign 的作用,得到一个强分类器为

$$H_{\text{final}} = \text{sign}(f(x)) = \text{sign}\left(\sum_{t=1}^{T} \alpha_t H_t(x)\right) \tag{7-9}$$

因为权重更新依赖于 α,而 α 又依赖于误差率 e,所以可以直接将权重更新公式用 e 表示。样本权重更新公式:$D_{t+1}(i) = \dfrac{D_t(i) e^{-\alpha_t y_i H_t(x)}}{Z_t}$,其中,$Z_t = 2(2\sqrt{e_t(1 - e_t)})$。

(1) 当样本分错时,$y_i H_t(x) = -1$。

$$D_{t+1}(i) = \frac{D_t(i) e^{\alpha_t}}{Z_t} = \frac{D_t(i) e^{\frac{1}{2} \ln\left(\frac{1 - e_t}{e_t}\right)}}{Z_t} = \frac{D_t(i)}{Z_t} \sqrt{\frac{1 - e_t}{e_t}}$$

$$= \frac{D_t(i)}{2\sqrt{e_t(1-e_t)}} \sqrt{\frac{1-e_t}{e_t}} = \frac{D_t(i)}{2e_t} \tag{7-10}$$

（2）当样本分对时，$y_i H_t(x) = +1$。

$$D_{t+1}(i) = \frac{D_t(i)\mathrm{e}^{-\alpha_t}}{Z_t} = \frac{D_t(i)\mathrm{e}^{-\frac{1}{2}\ln\left(\frac{1-e_t}{e_t}\right)}}{Z_t} = \frac{D_t(i)}{Z_t}\sqrt{\frac{e_t}{1-e_t}}$$

$$= \frac{D_t(i)}{2\sqrt{e_t(1-e_t)}} \sqrt{\frac{e_t}{1-e_t}} = \frac{D_t(i)}{2(1-e_t)} \tag{7-11}$$

综合上面的推导，可得样本分错与分对时，其权值更新的公式如下。

错误分类样本，权值更新：$D_{t+1}(i) = \dfrac{D_t(i)}{2e_t}$；正确分类样本，权值更新：$D_{t+1}(i) = \dfrac{D_t(i)}{2(1-e_t)}$。

7.2.2　AdaBoost 算法举例

例 7-1　给定图 7-2 所示的训练样本，弱分类器采用平行于坐标轴的直线，用 AdaBoost 算法实现强分类过程。

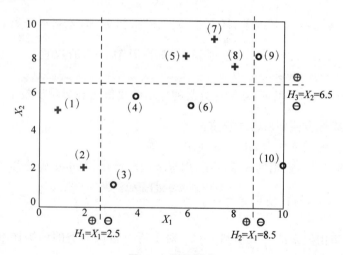

图 7-2　训练样本

将这 10 个样本作为训练数据，根据 X 和 Y 的对应关系，可把这 10 个数据分为两类，图 7-2 中用"+"表示类别 1，用"○"表示类别 −1。本例使用水平或者垂直的直线作为分类器，图 7-2 中已经给出了三个弱分类器，即

$$h_1 = \begin{cases} 1, & X_1 < 2.5 \\ -1, & X_1 > 2.5 \end{cases} \tag{7-12}$$

$$h_2 = \begin{cases} 1, & X_1 < 8.5 \\ -1, & X_1 > 8.5 \end{cases} \tag{7-13}$$

$$h_3 = \begin{cases} 1, & X_2 < 6.5 \\ -1, & X_2 > 6.5 \end{cases} \tag{7-14}$$

首先需要初始化训练样本数据的权值分布，每一个训练样本最开始时都被赋予相同的权值：$w_i = 1/N$，这样训练样本集的初始权值分布为 $D_1(i)$，令每个权值 $w_i = \dfrac{1}{N} = 0.1$，其中，$N = 10$，$i = 1, 2, \cdots, 10$，然后分别对于 $t = 1, 2, 3, \cdots$ 等值进行迭代（t 表示迭代次数，表示第 t 轮），表 7-1 给出了训练样本的权值分布情况。

表 7-1 训练样本的权值分布情况

样本序号	1	2	3	4	5	6	7	8	9	10
样本点 X	(1,5)	(2,2)	(3,1)	(4,6)	(6,8)	(6,5)	(7,9)	(8,7)	(9,8)	(10,2)
类别 Y	1	1	-1	-1	1	-1	1	1	-1	-1
权值分布 D_1	0.1	0.1	0.1	0.1	0.1	0.1	0.1	0.1	0.1	0.1

第 1 次迭代 $t = 1$：初始的权值分布 D_1 为 $1/N$（10 个数据，每个数据的权值皆初始化为 0.1），$D_1 = [0.1, 0.1, 0.1, 0.1, 0.1, 0.1, 0.1, 0.1, 0.1, 0.1]$。在权值分布 D_1 的情况下，取已知的三个弱分类器 h_1、h_2 和 h_3 中误差率最小的分类器作为第 1 个基本分类器 $H_1(x)$（三个弱分类器的误差率都是 0.3，这里我们取第一个）。

$$h_1 = \begin{cases} 1, & X_1 < 2.5 \\ -1, & X_1 > 2.5 \end{cases} \tag{7-15}$$

在分类器 $H_1(x) = h_1$ 情况下，样本点"5、7、8"被错分，因此基本分类器 $H_1(x)$ 的误差率为：$e_1 = 0.1 + 0.1 + 0.1 = 0.3$，根据误差率 e_1 计算 H_1 的权重：$\alpha_1 = \dfrac{1}{2} \ln\left(\dfrac{1 - e_1}{e_1}\right) = \dfrac{1}{2} \ln\left(\dfrac{1 - 0.3}{0.3}\right) = 0.4236$。可见，被错误分类的样本的权值之和影响误差率 e，误差率 e 影响基本分类器在最终分类器中所占的权重。

第 1 次迭代后的训练样本如图 7-3 所示。

然后，更新训练样本数据的权值分布，用于下一轮迭代，对于正确分类的训练样本"1，2，3，4，6，9，10"（共 7 个）的权值更新为：$D_2 = \dfrac{D_1}{2(1 - e_1)} = \dfrac{1}{10} \times \dfrac{1}{2 \times (1 - 0.3)} = \dfrac{1}{14}$，可见，正确分类的样本的权值由原来的 $\dfrac{1}{10}$ 减小到了 $\dfrac{1}{14}$。对于所有错误分类的训练样本"5，7，8"的权值更新为：$D_2 = \dfrac{D_1(i)}{2e_1} = \dfrac{1}{10} \times \dfrac{1}{2 \times 0.3} = \dfrac{1}{6}$，错误分类的权值由原来的 $\dfrac{1}{10}$ 增大到了 $\dfrac{1}{6}$。

这样，第 1 轮迭代后，得到各个样本数据新的权值分布：$D_2 = \left[\dfrac{1}{14}, \dfrac{1}{14}, \dfrac{1}{14}, \dfrac{1}{14}, \dfrac{1}{6}, \dfrac{1}{14}, \dfrac{1}{6}, \dfrac{1}{6}, \dfrac{1}{14}, \dfrac{1}{14}\right]$，由于数据样本"5，7，8"被 $H_1(x)$ 分错了，所以它们的权值由之前的 0.1 增大到了 $\dfrac{1}{6}$；相反，其他数据皆被分类正确，所以它们的权值皆由之前的 0.1 减小到了 $\dfrac{1}{14}$。表 7-2 给出了第 1 轮迭代后的权值分布情况。

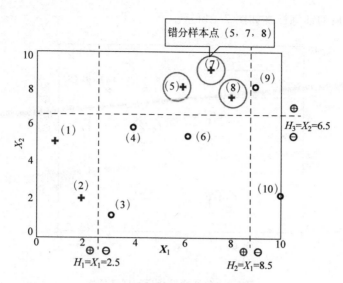

图 7-3　第 1 次迭代后的训练样本

表 7-2　第 1 轮迭代后的权值分布情况

样本序号	1	2	3	4	5	6	7	8	9	10
样本点 X	(1,5)	(2,2)	(3,1)	(4,6)	(6,8)	(6,5)	(7,9)	(8,7)	(9,8)	(10,2)
类别 Y	1	1	-1	-1	1	-1	1	1	-1	-1
权值分布 D_1	0.1	0.1	0.1	0.1	0.1	0.1	0.1	0.1	0.1	0.1
权值分布 D_2	$\frac{1}{14}$	$\frac{1}{14}$	$\frac{1}{14}$	$\frac{1}{14}$	$\frac{1}{6}$	$\frac{1}{14}$	$\frac{1}{6}$	$\frac{1}{6}$	$\frac{1}{14}$	$\frac{1}{14}$
$\text{sign}(f_1(x))$	1	1	-1	-1	-1	-1	-1	-1	-1	-1

可得分类函数: $f_1(x)=\alpha_1 H_1(x)=0.423\,6H_1(x)$。此时,组合一个基本分类器 $\text{sign}(f_1(x))$ 作为强分类器在训练数据集上有 3 个误分类点(即 5、7、8),强分类器的训练错误率为 0.3。

第 2 次迭代 $t=2$: 在权值分布 D_2 的情况下,再取三个弱分类器 h_1、h_2 和 h_3 中误差率最小的分类器作为第 2 个基本分类器 $H_2(x)$。

(1) 当取弱分类器 $h_1=X_1=2.5$ 时,此时被错分的样本点为"5、7、8": 误差率 $e=\frac{1}{6}+\frac{1}{6}+\frac{1}{6}=\frac{1}{2}$。

(2) 当取弱分类器 $h_2=X_1=8.5$ 时,此时被错分的样本点为"3、4、6": 误差率 $e=\frac{1}{14}+\frac{1}{14}+\frac{1}{14}=\frac{3}{14}$。

(3) 当取弱分类器 $h_3=X_2=6.5$ 时,此时被错分的样本点为"1、2、9": 误差率 $e=\frac{1}{14}+\frac{1}{14}+\frac{1}{14}=\frac{3}{14}$。

第 2 次迭代后的训练样本如图 7-4 所示。

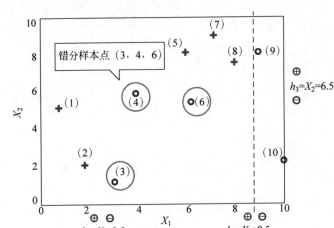

图 7-4   第 2 次迭代后的训练样本

因此,取当前最小的分类器 h_2 作为第 2 个基本分类器 $H_2(x) = \begin{cases} 1, & X_1 < 8.5 \\ -1, & X_1 > 8.5 \end{cases}$。显

然,$H_2(x)$ 把样本"3、4、6"分错了,根据 D_2 可知它们的权值为 $D_2(3) = \dfrac{1}{14}$,$D_2(4) = \dfrac{1}{14}$,$D_2(6) = $

$\dfrac{1}{14}$,所以 $H_2(x)$ 在训练数据集上的误差率为:$e_2 = P(H_2(X_i) \neq y_i) = 3 \times \dfrac{1}{14} = \dfrac{3}{14}$,根据误

差率 e_2 计算 H_2 的权重:$\alpha_2 = \dfrac{1}{2} \ln\left(\dfrac{1 - e_2}{e_2}\right) = 0.6496$,更新训练样本数据的权值分布,对于

正确分类的样本权值更新为:$D_3(i) = \dfrac{D_2(i)}{2(1 - e_2)} = \dfrac{7}{11} D_2(i)$;对于错误的权值更新为:

$D_3(i) = \dfrac{D_2(i)}{2e_2} = \dfrac{7}{3} D_2(i)$。这样,第 2 轮迭代后,得到各个样本数据新的权值分布:$D_3 = $

$\left[\dfrac{1}{22}, \dfrac{1}{22}, \dfrac{1}{6}, \dfrac{1}{6}, \dfrac{7}{66}, \dfrac{1}{6}, \dfrac{7}{66}, \dfrac{7}{66}, \dfrac{1}{22}, \dfrac{1}{22}\right]$。表 7-3 给出了第 2 轮迭代后的权值分布情况。

表 7-3   第 2 轮迭代后的权值分布情况

样本序号	1	2	3	4	5	6	7	8	9	10
样本点 X	(1,5)	(2,2)	(3,1)	(4,6)	(6,8)	(6,5)	(7,9)	(8,7)	(9,8)	(10,2)
类别 Y	1	1	−1	−1	1	−1	1	1	−1	−1
权值分布 D_1	0.1	0.1	0.1	0.1	0.1	0.1	0.1	0.1	0.1	0.1
权值分布 D_2	$\dfrac{1}{14}$	$\dfrac{1}{14}$	$\dfrac{1}{14}$	$\dfrac{1}{14}$	$\dfrac{1}{6}$	$\dfrac{1}{14}$	$\dfrac{1}{6}$	$\dfrac{1}{6}$	$\dfrac{1}{14}$	$\dfrac{1}{14}$
$\text{sign}(f_1(x))$	1	1	−1	−1	−1	−1	−1	−1	−1	−1
权值分布 D_3	$\dfrac{1}{22}$	$\dfrac{1}{22}$	$\dfrac{1}{6}$	$\dfrac{1}{6}$	$\dfrac{7}{66}$	$\dfrac{1}{6}$	$\dfrac{7}{66}$	$\dfrac{7}{66}$	$\dfrac{1}{22}$	$\dfrac{1}{22}$
$\text{sign}(f_2(x))$	1	1	1	1	1	1	1	1	−1	−1

可得分类函数：$f_2(x)=0.423\,6H_1(x)+0.649\,6H_2(x)$。此时,组合两个基本分类器 $\text{sign}(f_2(x))$ 作为强分类器在训练数据集上有 3 个误分类点(3、4、6),此时强分类器的训练错误率为 0.3。

第 3 次迭代 $t=3$：在权值分布 D_3 的情况下,再取三个弱分类器 h_1、h_2 和 h_3 中误差率最小的分类器作为第 3 个基本分类器 $H_3(x)$。

(1) 当取弱分类器 $h_1=X_1=2.5$ 时,此时被错分的样本点为"5、7、8"：误差率 $e=\dfrac{7}{66}+\dfrac{7}{66}+\dfrac{7}{66}=\dfrac{7}{22}$。

(2) 当取弱分类器 $h_2=X_1=8.5$ 时,此时被错分的样本点为"3、4、6"：误差率 $e=\dfrac{1}{6}+\dfrac{1}{6}+\dfrac{1}{6}=\dfrac{1}{2}$。

(3) 当取弱分类器 $h_3=X_2=6.5$ 时,此时被错分的样本点为"1、2、9"：误差率 $e=\dfrac{1}{22}+\dfrac{1}{22}+\dfrac{1}{22}=\dfrac{3}{22}$。

第 3 次迭代后的训练样本如图 7-5 所示。

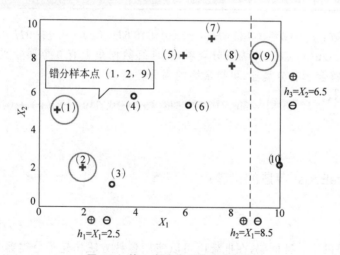

图 7-5　第 3 次迭代后的训练样本

因此,取当前最小的分类器 h_3 作为第 3 个基本分类器 $H_3(x)=\begin{cases}1, & X_2>6.5\\-1, & X_2<6.5\end{cases}$,此时被 $H_3(x)$ 误分类的样本是"1、2、9",$D_3(1)=1/22$,$D_3(2)=1/22$,$D_3(9)=1/22$,所以 $H_3(x)$ 在训练集上的误差率 $e_3=P(H_3(X_i)\neq y_i)=3\times\dfrac{1}{22}=\dfrac{3}{22}$,根据误差率 e_3 计算 H_3 的权重 $\alpha_3=\dfrac{1}{2}\ln\left(\dfrac{1-e_3}{e_3}\right)=0.922\,9$,更新训练数据样本中的权值分布,对于正确分类的样本权值更新为：$D_4(i)=\dfrac{D_3(i)}{2(1-e_3)}=\dfrac{11}{19}D_3(i)$；对于错误分类的权值更新为：$D_4(i)=\dfrac{D_3(i)}{2e_3}=$

$\frac{11}{3}D_3(i)$。这样，第 3 轮迭代后，得到各个样本数据新的权值分布为：$D_4 =$ $\left[\frac{1}{6},\frac{1}{6},\frac{11}{114},\frac{11}{114},\frac{7}{114},\frac{11}{114},\frac{7}{114},\frac{7}{114},\frac{1}{6},\frac{1}{38}\right]$。表 7-4 给出了第 3 轮迭代后的权值分布情况。

表 7-4　第 3 轮迭代后的权值分布情况

样 本 序 号	1	2	3	4	5	6	7	8	9	10
样本点 X	(1,5)	(2,2)	(3,1)	(4,6)	(6,8)	(6,5)	(7,9)	(8,7)	(9,8)	(10,2)
类别 Y	1	1	-1	-1	1	-1	1	1	-1	-1
权值分布 D_1	0.1	0.1	0.1	0.1	0.1	0.1	0.1	0.1	0.1	0.1
权值分布 D_2	$\frac{1}{14}$	$\frac{1}{14}$	$\frac{1}{14}$	$\frac{1}{14}$	$\frac{1}{6}$	$\frac{1}{14}$	$\frac{1}{6}$	$\frac{1}{6}$	$\frac{1}{14}$	$\frac{1}{14}$
$\text{sign}(f_1(x))$	1	1	-1	-1	-1	-1	-1	-1	-1	-1
权值分布 D_3	$\frac{1}{22}$	$\frac{1}{22}$	$\frac{1}{6}$	$\frac{1}{6}$	$\frac{7}{66}$	$\frac{1}{6}$	$\frac{7}{66}$	$\frac{7}{66}$	$\frac{1}{22}$	$\frac{1}{22}$
$\text{sign}(f_2(x))$	1	1	1	1	1	1	1	1	-1	-1
权值分布 D_4	$\frac{1}{6}$	$\frac{1}{6}$	$\frac{11}{114}$	$\frac{11}{114}$	$\frac{7}{114}$	$\frac{11}{114}$	$\frac{7}{114}$	$\frac{7}{114}$	$\frac{1}{6}$	$\frac{1}{38}$
$\text{sign}(f_3(x))$	1	1	-1	-1	1	-1	1	1	-1	-1

可得分类函数：$f_3(x)=0.4236H_1(x)+0.6496H_2(x)+0.9229H_3(x)$。此时，组合三个基本分类器 $\text{sign}(f_3(x))$ 作为强分类器，在训练数据集上有 0 个误分类点。至此，整个训练过程结束。整合所有分类器，可得最终的强分类器为

$$H_{\text{final}} = \text{sign}\left(\sum_{t=1}^{T}\alpha_t H_t(x)\right) = \text{sign}(0.4236H_1(x)+0.6496H_2(x)+0.9229H_3(x))$$

(7-16)

7.2.3　AdaBoost 算法的优缺点

1. 优点

AdaBoost 提供了一种框架，在框架内可以使用各种方法构建子分类器。可以使用简单的弱分类器，不用对特征进行筛选，也不存在过拟合的现象。AdaBoost 算法不需要弱分类器的先验知识，最后得到的强分类器的分类精度依赖于所有弱分类器。无论是应用于人造数据还是真实数据，AdaBoost 都能显著地提高学习精度。AdaBoost 算法不需要预先知道弱分类器的错误率上限，且最后得到的强分类器的分类精度依赖于所有弱分类器的分类精度，可以深挖分类器的能力。AdaBoost 可以根据弱分类器的反馈，自适应地调整假定的错误率，执行效率高。AdaBoost 对同一个训练样本集训练不同的弱分类器，按照一定的方法把这些弱分类器集合起来，构造一个分类能力很强的强分类器，即"三个臭皮匠赛过诸葛亮"。

2. 缺点

在 AdaBoost 训练过程中，AdaBoost 会使难以分类样本的权值呈指数增长，训练将会过

于偏向这类困难的样本,导致 AdaBoost 算法易受噪声干扰。此外,AdaBoost 依赖于弱分类器,而弱分类器的训练时间往往很长。

7.3　Bagging

为了获得具有强泛化能力的集成学习方法,个体学习器在集成中应尽可能相互独立。虽然在现实任务中无法完全做到独立,但可以设法使基学习器具有较大的差异。一种可能的做法是对训练数据集进行采样,产生若干个不同的子集,然后从每个数据子集中训练出一个基学习器。由于训练数据不同,我们获得的基学习器可能具有比较大的差异。然而,为获得好的集成,我们同时还希望个体学习器不能太差。如果采样得到的每个子集都完全不同,则每个基学习器只用到了一小部分训练数据,甚至不足以进行有效学习,这显然无法确保产生比较好的基学习器。为解决这个问题,我们可以考虑使用有交叠的采样子集。

7.3.1　Bagging 算法原理

Bagging[①] 是并行式集成学习方法著名的代表。我们先随机取出一个样本放入采样集中,再把该样本放回初始数据集,使下次采样时该样本仍有可能被选中,这样,经过 m 次随机采样操作,我们得到含 m 个样本的采样集,初始训练集中有的样本在采样集里多次出现,有的则从未出现。

按照以上方法,我们可以采样出 T 个包含 m 个训练样本的采样集,然后基于每个采样集训练出一个基学习器,再将这些基学习器结合。这就是 Bagging 的基本流程。在对预测输出进行结合时,Bagging 通常对分类任务使用简单投票法,对回归任务使用简单平均法(simple averaging)。如果在分类预测中出现两个类收到相同票数的情况,最简单的方法是随机选择一个,也可以进一步考察学习器投票的置信度来确定最终胜者。Bagging 的算法描述如表 7-5 所示。

表 7-5　Bagging 的算法描述

输入:训练集 $D=\{(x_1,y_1),(x_2,y_2),\cdots,(x_m,y_m)\}$,基学习算法 ε,训练轮数 T

过程:

1: for $t=1,2,\cdots,T$ do

2:　$h_t=\varepsilon(D,D_{bs})$

3: **end for**

输出: $H(x)=\underset{y\in Y}{\mathrm{argmax}}\sum_{t=1}^{T}\prod(h_t(x)=y)$

假定基学习器的计算复杂度为 $O(m)$,则 Bagging 的复杂度大致为 $T(O(m)+O(s))$,考虑到采样与投票的复杂度 $O(s)$ 很小,而 T 通常是一个不太大的常数,因此,训练一个 Bagging 集成与直接使用基学习算法训练一个学习器的复杂度同阶,这说明 Bagging 是一个

---

① 　BREIMAN L. Bagging predictors[J]. Machine learning,1996,24:123-140.

很高效的集成学习算法。另外，Bagging 能不经修改地用于多分类、回归等任务。

值得一提的是，自助采样过程还给 Bagging 带来了另一个优点：由于每个基学习器只使用了初始训练集中约 63.2% 的样本，剩下约 36.8% 的样本可用作验证集来对泛化性能进行"包外估计"(out-of-bag estimate)。[①] 为此需记录每个基学习器所使用的训练样本，不妨令 D_t 表示 h_t 实际使用的训练样本集，令 $H(e)$ 表示对样本的包外预测，即仅考虑那些未使用 x 训练的基学习器在 x 上的预测，有

$$H^{\mathrm{oob}}(x) = \underset{y \in Y}{\arg\max} \sum_{t=1}^{T} \prod (h_t(x) = y) \cdot \prod (x \notin D_t) \tag{7-17}$$

则 Bagging 泛化误差的包外估计为

$$\varepsilon^{\mathrm{oob}} = \frac{1}{|D|} \sum_{(x,y) \in D} \prod (H^{\mathrm{oob}}(x) \neq y) \tag{7-18}$$

除了作为训练数据之外，包外样本还可以用于其他目的。例如，当基础学习器是决策树时，可以使用包外样本来辅助剪枝或估计决策树中每个节点的后验概率，以帮助处理零训练样本的节点。类似地，当基学习器是神经网络时，包外样本也可以用于辅助早期停止，以降低过拟合的风险。

7.3.2　随机森林

随机森林[②]是 Bagging 的一个扩展变体，也就是说，它的思想仍然是 Bagging，但是进行了独有的改进。RF 在以决策树为基学习器构建 Bagging 集成的基础上，进一步在决策树的训练过程中引入随机属性选择。具体来说，传统决策树在选择划分属性时是从当前节点的属性集合中选择一个最优属性；而在 RF 中，对基决策树的每个节点，先从该节点的属性集合中随机选择一个包含 k 个属性的子集，再从这个子集中选择一个最优属性用于划分。这里的参数 k 控制了随机性的引入程度：若令 $k = d$，则基决策树的构建与传统决策树相同；若令 $k = 1$，则随机选择一个属性用于划分；一般情况下，推荐值 $k = \log_2 d$。[②]

随机森林是一种简单易实现、计算开销小的集成学习方法，它在许多实际任务中表现出强大的性能，因此被誉为"代表集成学习技术水平的方法"。与 Bagging 相比，随机森林只对 Bagging 进行了小改动。然而，随机森林中的基学习器不仅可以通过样本扰动（通过对初始训练集采样）来获得多样性，还可以通过属性扰动来获得多样性。这种多样性的提升使最终集成的泛化性能进一步提升，从而提高了个体学习器之间的差异度。

学习器结合可能会从三个方面带来好处[③]：首先，从统计的角度来看，由于学习任务的假设空间往往很大，可能存在多个假设在训练集上达到同等性能的情况。如果仅使用单个学习器，则可能会因误选而导致泛化性能不佳。而结合多个学习器可以减小这一风险。其

---

①　BREIMAN L. Bagging predictors[J]. Machine learning, 1996, 24：123-140；WOLPERT D H, MACREADY W G. An efficient method to estimate Bagging's generalization error[J]. Machine learning, 1999, 35(1)：41-55. http://doi.org/10.1023/A：1007519102914.

②　BREIMAN L. Random forests[J]. Machine learning, 2001, 45：5-32.

③　DIETTERICH T G. Ensemble methods in machine learning[C]//International Workshop on Multiple Classifier Systems. Berlin, Heidelberg：Springer Berlin Heidelberg, 2000：1-15.

次,从计算的角度来看,学习算法往往会陷入局部极小值。有些局部极小点所对应的泛化性能可能很糟糕。通过多次运行之后进行结合,可以降低陷入糟糕局部极小点的风险。最后,从表示的角度来看,某些学习任务的真实假设可能不在当前学习算法所考虑的假设空间中。如果仅使用单个学习器,则肯定无法得到有效的结果。而通过结合多个学习器,由于相应的假设空间有所扩大,有可能学到更好的近似。

假定集成包含 T 个基学习器 $\{h_1, h_2, \cdots, h_T\}$,其中 h_i 在示例 x 上的输出为 $h_i(x)$。接下来介绍几种对 h_i 结合的常见策略。

(1) 平均法(averaging)。对数值型输出 $h_i(x) \in \mathbb{R}$,最常见的结合策略是使用平均法。简单平均法:

$$H(x) = \frac{1}{T} \sum_{i=1}^{T} h_i(x) \tag{7-19}$$

加权平均法(weighted averaging):

$$H(x) = \frac{1}{T} \sum_{i=1}^{T} w_i h_i(x) \tag{7-20}$$

其中,w_i 为个体学习器 h_i 的权重,通常要求 $w_i \geqslant 0$,$\sum_{i=1}^{T} w_i = 1$。

显然简单平均法是加权平均法令 $w_i = \frac{1}{T}$ 的特例。加权平均法在 20 世纪 50 年代已经被广泛使用,Perrone 和 Cooper[1] 正式将其用于集成学习。它在集成学习中具有特别的意义,集成学习中的各种结合方法都可视为其特例或变体。加权平均法的权重一般是从训练数据中学习而得,现实任务中的训练样本通常不充分或存在噪声,这将使学得的权重不完全可靠,尤其是对规模比较大的集成来说,要学习的权重比较多,较容易导致过拟合。因此,实验和应用均显示,加权平均法未必一定优于简单平均法。[2] 一般而言,在个体学习器性能相差较大时宜使用加权平均法,而在个体学习器性能相近时宜使用简单平均法。

(2) 投票法(voting)。对分类任务来说,学习器 h_i 将从类别标记集合 $\{c_1, c_2, \cdots, c_N\}$ 中预测出一个标记,最常见的结合策略是使用投票法。将 h_i 在样本 x 上的预测输出表示为一个 N 维向量 $(h_i^1(x), h_i^2(x), \cdots, h_i^N(x))$,其中 $h_i^j(x)$ 是 h_i 在类别标记 c_j 上的输出。

绝对多数投票法(majority voting):

$$H(x) = \begin{cases} c_j, & \sum_{i=1}^{T} h_i^j(x) > 0.5 \sum_{k=1}^{N} \sum_{i=1}^{T} h_i^k(x) \\ 拒绝, & 否则 \end{cases} \tag{7-21}$$

即若某标记得票过半数,则预测为该标记;否则拒绝预测。

相对多数投票法(plurality voting):

---

① PERRONE M P, COOPER L N. When networks disagree: ensemble methods for hybrid neural networks[M]// MAMMONE R J. Artificial neural networks for speech and vision. London: Chapman and Hall, 1995.

② HO T K, HULL J J, SRIHARI S N. Decision combination in multiple classifier systems [J/OL]. IEEE transactions on pattern analysis and machine intelligence, 1994, 16(1): 66-75. http://doi.org/10.1109/34.273716; XU L, KRZYZAK A, SUEN C Y. Methods of combining multiple classifiers and their applications to handwriting recognition [J]. IEEE transactions on systems, man and cybernetics, 1992, 22(3): 418-435.

$$H(x) = c_{\underset{j}{\operatorname{argmax}}} \sum_{i=1}^{T} h_i^j(x) \tag{7-22}$$

即预测为得票最多的标记,若同时有多个标记获得最高票,则从中随机选取一个。

加权投票法(weighted voting):

$$H(x) = c_{\underset{j}{\operatorname{argmax}}} \sum_{i=1}^{T} w_i h_i^j(x) \tag{7-23}$$

与加权平均法类似,w_i 是 h_i 的权重,通常 $w_i \geqslant 0$,$\sum_{i=1}^{T} w_i = 1$。

(3)学习法。当训练数据很多时,一种更为强大的结合策略是使用"学习法",即通过另一个学习器来结合。Stacking 是学习法的典型代表,我们把个体学习器称为初级学习器,用于结合的学习器称为次级学习器或元学习器(meta-learner)。Stacking 先从初始数据集训练出初级学习器,然后"生成"一个新数据集用于训练次级学习器。在这个新数据集中,初级学习器的输出被当作样例输入特征,而初始样本的标记仍被当作样例标记。Stacking 的算法描述如表 7-6 所示。

表 7-6　Stacking 的算法描述

输入:训练集 $D = \{(x_1, y_1), (x_2, y_2), \cdots, (x_m, y_m)\}$;初级学习算法 $\varepsilon_1, \varepsilon_2, \cdots, \varepsilon_T$;次级学习算法 ε

过程:

1: for $t = 1, 2, \cdots, T$ do
2:　　$h_t = \varepsilon_T(D)$;
3: end for
4: $D' = \varnothing$;
5: for $i = 1, 2, \cdots, m$ do
6:　　for $t = 1, 2, \cdots, T$ do
7:　　　　$z_{it} = h_t(x_i)$
8:　　end for
9:　　$D' = D' \bigcup ((z_{i1}, z_{i2}, \cdots, z_{iT}), y_i)$
10: end for
11: $h' = \varepsilon(D')$
输出:$H(x) = h'(h_1(x), h_2(x), \cdots, h_T(x))$

在训练阶段,次级训练集是通过初级学习器产生的。如果直接使用初级学习器的训练集来产生次级训练集,则过拟合风险会比较大。因此,一般采用交叉验证或留一法等方式,用训练初级学习器未使用的样本来产生次级学习器的训练样本。以 k 折交叉验证为例,初始训练集 D 被随机划分为 k 个大小相似的集合 $D_1, D_2, \cdots, D_k$。令 $\overline{D}_j = D \backslash D_j$ 分别表示第 j 折的测试集和训练集。给定 T 个初级学习算法,初级学习器 $h_t^{(j)}(x_i)$ 通过在 $\overline{D}_j$ 上使用第 t 个学习算法而得。对 D_j 中每个样本 x_i,令 $z_{it} = h_t^{(j)}(x_i)$,则由 x_i 所产生的次级训练样例的示例部分为 $z_i = (z_{i1}; z_{i2}; \cdots; z_{iT})$,标记部分为 y_i。于是,在整个交叉验证过程结束后,从这 T 个初级学习器产生的次级训练集是 $D' = \{(z_i, y_i)\}_{i=1}^{m}$,$D'$ 将用于训练次级学习器。

次级学习器的输入属性表示和次级学习算法对 Stacking 集成的泛化性能具有重要影

响。研究表明,将初级学习器的输出类概率作为次级学习器的输入属性,并采用多响应线性回归(multi-response linear regression,MLR)作为次级学习算法,可以获得较好的效果。此外,在 MLR 中使用不同的属性集也可以进一步提高效果。

课后习题

1. Bagging 通常为何难以提升朴素贝叶斯分类器的性能?

2. 什么是 Bagging、Boosting 和 Stacking? 它们之间有什么区别?

3. Gradient Boosting 是一种常用的 Boosting 算法,分析其与 AdaBoost 的异同。

4. 从网上下载或自己编程实现 AdaBoost,以不剪枝决策树为基学习器在鸢尾花数据集上训练一个 AdaBoost 集成。

5. 分析随机森林为何比决策树 Bagging 集成的训练速度更快。

6. 设计一种能提升 k 最近邻分类器性能的集成学习算法。

7. 编程实现 Bagging,以决策树为基学习器,在鸢尾花数据集上进行训练。

8. MultiBoosting 算法将 AdaBoost 作为 Bagging 的基学习器,Iterative Bagging 算法则是将 Bagging 作为 AdaBoost 的基学习器。比较二者的优缺点。

9. 集成学习的优势和局限性分别是什么?

10. 举例说明现实生活中,Boosting 和 Bagging 分别适合什么分类问题。

应用实例

即测即练

第 8 章

聚　类

8.1　聚类概述

8.1.1　聚类的概念

聚类是机器学习中一种常用的无监督学习方法,主要用于将数据集中的样本按照相似性进行分组。聚类通过将数据集中的数据对象分组成不同的簇,使得同一簇内的样本相似度较高,而不同簇之间的样本差异性较大。此过程的核心目标是实现数据内部的高度聚集和不同数据之间的明显分离。聚类的主要思想是通过衡量数据对象之间的相似性或距离来将它们分为不同的组,通常称为簇。同一簇内的数据对象之间具有较高的相似性,而不同簇的数据对象之间具有较高的差异性。

聚类的应用对于深入理解数据集的内在结构、揭示潜在模式和规律,并支持决策制定和问题解决具有显著的重要性。这种数据分析方法通过将相似的数据对象归为一类,为用户提供有关数据集的宝贵见解,进一步促进数据挖掘和详细分析的开展。聚类的应用非常广泛,包括市场细分、图像分析、社交网络分析和自然语言处理等。不同的聚类算法采用不同的方法来确定数据对象之间的相似性,如 K-means 聚类、层次聚类、DBSCAN 等。这些算法根据具体问题的性质和需求选择合适的聚类方法来实现数据的有效分组及分析。

8.1.2　聚类的应用场景

1. 数据理解和探索

聚类可以帮助人们从大量的数据中发现隐藏的模式和结构,对数据进行探索性分析。通过将数据集中相似的样本聚集在一起,聚类可以帮助我们理解数据的分布、关系和特征。

2. 市场细分和用户分析

聚类可以帮助企业将市场细分为不同的用户群体,从而更好地了解不同用户的需求和行为模式。这有助于企业制定个性化的营销策略,提供更好的产品和服务。

3. 图像和视频分析

聚类可以用于图像和视频分析,帮助我们对图像和视频进行分类、索引和检索。例如,通过将图像聚类成不同的类别,可以实现图像检索和相似图像推荐。

4. 社交网络分析

聚类可以用于在社交网络中识别出相似的用户或社区。这有助于社交媒体平台提供更个性化的推荐和内容推送,改善用户体验。

5. 无监督异常检测

聚类可以用于无监督异常检测,帮助我们发现数据集中的异常样本。通过将正常样本聚集在一起,聚类可以将与正常样本差异较大的样本识别为异常。

6. 遥感和地理信息系统

聚类可以应用于遥感和地理信息系统(GIS)中的数据分析。通过聚类,可以将遥感图像或地理数据划分为不同的地物或地区类型,如土地覆盖类型、植被类型等,以便进行资源管理、环境监测、城市规划等工作。

7. 生物信息学

聚类在生物信息学中也有广泛的应用。通过对基因表达数据进行聚类,可以将相似的基因表达模式归为一类,从而帮助研究人员发现与特定疾病相关的基因或生物过程,进一步理解生物系统的功能和调控机制。

8. 数据压缩和降维

聚类可以用于数据压缩和降维,通过将相似的数据点聚类到一起,可以减少数据维度,提取出数据中的主要特征,从而缩小存储空间和降低计算成本。

总的来说,聚类在机器学习中具有广泛的应用和社会意义。它可以帮助我们理解和探索数据,提供个性化的服务和推荐,改善用户体验,支持决策和规划,促进科学研究和应用等方面的工作。

8.1.3　聚类分析的过程

聚类分析是将数据集中的对象按相似性分组的过程。它包括特征选择和提取(feature selection or extraction)、聚类算法的设计和选择(clustering algorithm design or selection)、聚类评估(clustering validation)、结果解析(results interpretation),以便理解和发现数据中的潜在簇或群体结构。

(1)特征选择和提取。这一步骤涉及确定最有效的原始特征子集,并将输入特征转换为初始显著特征。聚类过程高度依赖于此步骤。任意剔除特征可能导致信息丢失、影响聚类结果,甚至引入偏见。

(2)聚类算法的设计和选择。不同应用领域可能需要不同的聚类算法和参数设置。选择适当的聚类算法和参数取决于具体应用的需求,需要根据应用领域的认知来确定最合适的算法。

（3）聚类评估。不同算法和参数可能会产生不同的聚类结果，因此需要对这些结果进行验证和评估。聚类验证包括内部指标、外部指标和相对指标，以确保聚类结果的质量和有效性。

（4）结果解析。聚类的最终目标是帮助用户和研究人员更好地理解原始数据。结果解析是将聚类结果展示出来，以便人们从中获取有用信息，进一步分析和解决问题。

综上所述，聚类分析是一个多层次的过程，需要综合考虑特征选择、算法选择、验证和结果解析，以确保获得可信赖的聚类结果。

8.1.4 聚类方法的类型

聚类方法旨在揭示数据集内部的潜在结构和隐含模式。常见的聚类方法有以下几种。

（1）基于划分的聚类方法。这种方法将每个簇表示为一个原型，如质心或中心点。常见的基于划分的聚类方法包括 K-means 聚类和学习向量量化（LVQ）。

（2）基于层次的聚类方法。这种方法通过构建一个树状结构，逐步将样本划分为不同的簇，形成一个聚类层次。层次聚类可以是凝聚的（自下而上）或分散的（自上而下）。常见的基于层次的聚类方法包括凝聚聚类和分裂聚类。

（3）基于密度的聚类方法。这种方法基于样本点的密度来划分簇，将高密度区域视为簇的核心。常见的基于密度的聚类方法包括 DBSCAN 和 OPTICS（对象排序识别聚类结构）。

（4）基于网格的聚类方法。这种方法将数据空间分割成规则网格，然后将数据点分配到这些网格中，从而形成簇。

（5）基于模型的聚类方法。这种方法假设数据集中的样本服从某种概率分布或模型，通过拟合模型来进行聚类。常见的基于模型的聚类方法包括高斯混合模型（GMM）和潜在狄利克雷分配（LDA）。

（6）基于图的聚类方法。这种方法将数据集表示为一个图，其中样本点是图的节点，边表示样本点之间的相似度，通过图的分割或划分来进行聚类。常见的基于图的聚类方法包括谱聚类和最大流最小割聚类。

8.2 基于划分的聚类方法

8.2.1 基本原理

基于划分的聚类方法基本原理在于将给定的散点数据集划分成多个簇，以满足"类内的点足够近，类间的点足够远"的聚类效果。这一方法的实施包括多个关键步骤：确定簇的数量，选择初始簇心（中心点），通过启发式算法进行迭代优化。其最终目标是寻找一种簇的划分方式，最小化聚类结果的损失函数。K-means 算法是最典型的方法之一，它通过多轮迭代寻找一种划分方案，其中数据点被分为 K 个不相交的簇，以最小化损失函数的值。

K-means 算法的基本步骤如下。

（1）确定簇的数量 K。首先需要确定将数据划分成多少个簇，这通常需要根据问题和数据的特性来决定。

（2）选择初始中心点。从数据集中选择 K 个初始中心点，这可以是随机选择或使用其他方法确定的点。

（3）迭代优化。使用启发式算法，如 K-means，反复迭代，将每个数据点分配到距离最近的中心点所属的簇。然后更新每个簇的中心点，通常使用簇内数据点的均值来计算新的中心点位置。这两个步骤交替进行，直到满足停止条件。

（4）损失函数最小化。聚类质量通常通过损失函数来度量，最常见的是均方误差，它是每个数据点与其所属簇中心点之间距离的平方和。优化算法的目标是找到最佳的簇划分，其中损失函数的值最小。

基于划分的聚类方法可以帮助识别数据中的模式和结构，以便更好地理解和利用数据。不同的划分方法适用于不同类型的数据和问题领域。

8.2.2　算法步骤

K-means 是一种聚类算法，旨在将数据集分成 K 个簇，每个簇具有一个中心点。其主要步骤如下。

（1）数据预处理。其包括标准化数据以确保各个特征的权重相等，并可以选择性地过滤异常值，以提高算法的稳健性。

（2）随机选取 K 个中心点。从数据集中随机选择 K 个数据点作为初始簇中心，记为 $\mu_1^{(0)}, \mu_2^{(0)}, \cdots, \mu_k^{(0)}$。

（3）定义损失函数。通常采用均方误差来定义损失函数，表示每个样本到其所属簇中心的距离之和：

$$J(c, \mu) = \min \sum_{i=1}^{M} \| x_i - \mu_{c_i} \|^2 \tag{8-1}$$

（4）迭代过程。从 $t=0$ 开始，反复执行以下步骤直到损失函数 J 收敛。

① 对每个样本，将其分配给距离最近的簇中心：

$$c_i^t <- \arg\min_k \| x_i - \mu_k^t \|^2 \tag{8-2}$$

② 对每个簇中心 k，重新计算它为该簇的中心，通常是该簇内所有样本的平均值：

$$\mu_k^{(t+1)} <- \arg\min_\mu \sum_{i: c_i^t = k}^{b} \| x_i - \mu \|^2 \tag{8-3}$$

K-means 的核心思想是通过交替固定簇中心和重新分配样本来最小化损失函数 J。这两个过程不断迭代，直到 J 不再显著减小，同时簇的分配和中心点的位置趋于稳定。K-means 常用于数据聚类、模式识别和图像压缩等领域。为了获得最佳结果，需要选择适当的 K 值和初始中心点策略，并进行多次运行以减少局部最小值问题的影响。算法的时间复杂度较低，适用于大规模数据集。

8.2.3　算法优缺点

K-means 聚类算法作为一种迭代的聚类方法，广泛应用于数据分析、模式识别和机器学习任务中。它具有一系列优点和限制，了解这些特性有助于更好地评估其适用性。

1. 优点

K-means 是一种很常用的聚类算法，它在处理大型数据集时表现出简单高效、低时间复杂度和低空间复杂度的优点。这使它成为许多数据分析任务的首选方法之一。

（1）简单而高效。K-means 算法非常简单，易于理解和实现。它在处理大型数据集时具有高效性，是一种计算效率较高的聚类算法。

（2）可扩展性。K-means 可以轻松扩展到大规模数据集，因此适用于处理具有许多数据点的问题。

（3）线性时间复杂度。K-means 的时间复杂度通常是线性的，这意味着算法的运行时间与数据点的数量成正比。

（4）适用性广泛。K-means 在各种领域中得到广泛应用，包括图像处理、文本挖掘、生物信息学等。

2. 缺点

（1）对初始值敏感。K-means 对初始簇中心的选择非常敏感。不同的初始值可能导致不同的聚类结果，因此需要谨慎选择初始值。

（2）需要预先指定簇的数量。在应用 K-means 之前，需要确定聚类的数量 K，这对于某些问题可能是一个挑战。

（3）只适用于凸形簇。K-means 通常只适用于发现凸形簇，对于非凸形簇的聚类效果较差。

（4）容易收敛到局部最优解。K-means 的迭代优化可能会导致陷入局部最优解，而非全局最优解。

（5）不适用于处理噪声和异常点。K-means 对噪声和异常点敏感，可能将它们错误地分配到某个簇中。

（6）不适用于处理非球形簇。K-means 假定簇是球形的，对于其他形状的簇效果有限。在实际应用中，需要根据数据的特点和任务的要求仔细考虑 K-means 的使用。

8.2.4 算法改进

1. K-means++算法

K-means++算法是对传统 K-means 聚类算法的改进，主要关注初始聚类中心的选择。它通过优化初始中心点的选取，降低陷入局部最优解的风险。

（1）改进初始化。传统 K-means 算法对初始聚类中心的选择非常敏感，可能导致不同的初始点产生完全不同的聚类结果。K-means++通过选择距离较远的初始点，改善了这一问题。

（2）减少迭代次数。K-means++的初始点选择方式可以减少算法的迭代次数，从而提高算法的效率和收敛速度。

2. 迭代自组织数据分析聚类算法

迭代自组织数据分析聚类算法（Iterative Self-Organizing Data Analysis Technique Algorithm，ISODATA）是在 K-means 算法基础上进行改进的算法。它引入"合并"和"分裂"两个操作，允许动态调整聚类数量和结构，以适应不同的数据情况。

（1）动态调整。ISODATA 允许算法根据聚类情况动态调整聚类数量，更好地适应数据的复杂结构。

（2）处理不均匀分布数据。ISODATA 在处理不均匀分布的数据时表现出色，因为它可以根据数据分散情况自动调整聚类结构，这使得聚类结果在实际中应用广泛。

8.3　基于层次的聚类方法

8.3.1　基本原理

基于层次的聚类方法的主要目标是将数据集中的样本逐渐组织成一棵层次树，树的每个节点代表一个簇。这种方法适用于不同规模的簇，允许数据以层次结构的方式组织，从而提供更多的聚类细节。

基于层次的聚类方法主要有两种类型：自下而上的凝聚方法（agglomerative）和自顶向下的分裂方法（divisive）。

（1）自下而上的凝聚方法。先将所有样本的每个点都看成一个簇，然后找出距离最小的两个簇进行合并，不断重复到预期簇或者其他终止条件。

凝聚方法的代表算法：AGNES（Agglomerative Nesting）。

（2）自顶向下的分裂方法。先将所有样本当作整个簇，然后找出簇中距离最远的两个簇进行分裂，不断重复到预期簇或者其他终止条件。

分裂方法的代表算法：DIANA（Divisive Analysis）。

两种层次聚类过程图示比较如图 8-1 所示。

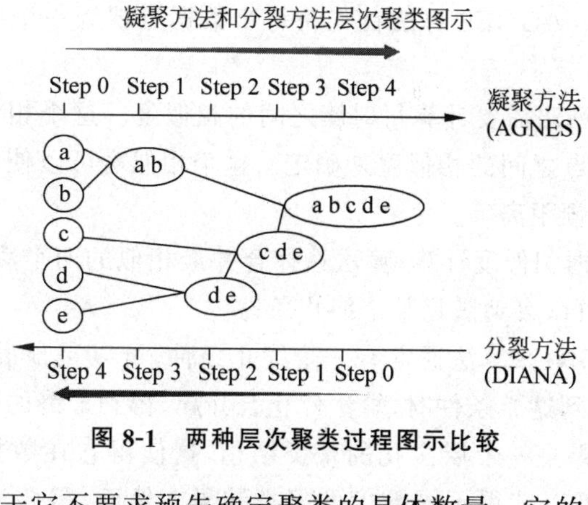

图 8-1　两种层次聚类过程图示比较

层次聚类的优点在于它不要求预先确定聚类的具体数量。它的聚类结果呈现为一棵层次树，也就是一种层次结构。这意味着在完成聚类后，我们可以根据需要在任何层次进行切割,以获得特定数量的簇。这个特性使得层次聚类非常灵活,可以根据实际问题的需要来获取不同细粒度的聚类结果。

8.3.2 算法步骤

1. DIANA 算法

DIANA 算法是一种自顶向下的层次聚类算法,它将数据逐渐划分成不同的簇,直到达到所需的簇数或满足终止条件。DIANA 算法中用到如下两个定义。

(1) 簇的直径:计算一个簇中任意两个数据点之间的欧氏距离,选取距离中的最大值作为簇的直径。

(2) 平均相异度:两个数据点之间的平均距离。

DIANA 算法的关键思想是将数据集自顶向下地分解成不同的簇,以形成层次结构。这种方法使得结果更具可解释性,可以根据需要选择特定层次的簇划分。算法会一直迭代,直到满足终止条件。当使用 DIANA 算法进行层次聚类时,整个过程可以分为以下步骤,以更详细地描述该算法的执行过程。

(1) 初始化,所有样本集中归为一个簇。

(2) 在同一个簇中,计算任意两个样本之间的距离,找到距离最远的两个样本点 a、b,将 a、b 作为两个簇的中心。

(3) 计算原来簇中剩余样本点与 a、b 的距离,然后分配到距离最近的簇中。

(4) 重复步骤(2)、(3),直到最远两簇距离不足阈值,或者簇的个数达到指定值,终止算法。

2. AGNES 算法

AGNES 算法是一种凝聚层次聚类方法,其基本思想是从每个数据点开始,逐步合并相似的簇,直至达到预设的簇数目或其他终止条件。合并依据是两个簇中距离最近的数据点的相似度。以下是对该算法更为详细的解释。

(1) 初始簇的创建。AGNES 算法首先将每个数据点视为一个初始簇,因此初始时,有与数据点数量相等的簇。

(2) 相似度计算。算法需要计算每对簇之间的相似度。这个相似度通常是通过两个不同簇中距离最近的数据点之间的相似度来确定。这个相似度可以使用各种距离度量方法来计算,如欧氏距离、曼哈顿距离等。

(3) 簇的合并。根据相似度计算,算法选择合并最相似的两个簇,将它们合并成一个新的簇。这个过程反复进行,直到满足某个终止条件。

(4) 终止条件。AGNES 算法通常有一个终止条件,可以是预设的簇的数量,也可以是某个相似度阈值。当达到这个条件时,算法停止合并簇,得到最终的聚类结果。

AGNES 算法的结果是一个层次化的聚类结构,这使得它在数据分析中应用广泛。其通过不同的剪枝方法,可以获得不同粒度的聚类结果。然而,需要注意的是,AGNES 算法的计算复杂度相对较高,特别是在处理大规模数据集时。因此,选择合适的聚类算法应基于数据集的大小和性质。

AGNES 算法步骤如下。

（1）初始化，每个样本当作一个簇。

（2）计算任意两簇距离，找出距离最近的两个簇，合并这两个簇。

（3）重复步骤（2），直到最远两个簇距离超过阈值，或者簇的个数达到指定值，终止算法。

8.3.3　距离度量方法

簇间距离的计算方法有许多，包括最小距离、最大距离、均值距离、（类）平均距离、中间距离、重心距离。

1. 最小距离

最小距离是一种常用的距离度量方法，通常用于层次聚类算法中，以衡量不同簇之间的距离。最小距离的计算方法非常直观，它基于两个不同簇中最近的两个数据点之间的距离来度量簇之间的距离。以下是最小距离的计算方法。

（1）选择两个不同的簇，如簇 C_i 和簇 C_j。

（2）在簇 C_i 中选择一个数据点 p，然后在簇 C_j 中选择一个数据点 q。

（3）计算数据点 p 和 q 之间的距离（通常使用欧氏距离或其他距离度量方法）。这个距离通常被表示为 $|p-q|$。

（4）对于簇 C_i 和簇 C_j 之间的所有可能的数据点 p 和 q，选择距离最小的那一对。

（5）最小距离被定义为所选择的最小距离，即

$$\text{dist}_{\min}(C_i, C_j) = \min\{|p-q|\}(p \in C_i, q \in C_j) \tag{8-4}$$

这个计算方式强调了簇中最近的数据点之间的距离，因此在层次聚类中，使用最小距离度量方法通常会导致形成较长和细长的簇。最小距离度量方法对于分析在一定程度上是紧密连接的数据点（比如链状数据）非常有用，但也有可能因为噪声或离群值的存在而导致不合适的聚类结果。因此，在选择距离度量方法时，需要考虑数据的特性和问题的需求，以确保选择适合的方法来构建层次聚类。

2. 最大距离

最大距离基于两个不同簇中最远的两个数据点之间的距离来度量簇之间的距离。最大距离的计算方式如下。

（1）选择两个不同的簇，如簇 C_i 和簇 C_j。

（2）在簇 C_i 中选择一个数据点 p，然后在簇 C_j 中选择一个数据点 q。

（3）计算数据点 p 和 q 之间的距离（通常使用欧氏距离或其他距离度量方法）。这个距离通常被表示为 $|p-q|$。

（4）对于簇 C_i 和簇 C_j 之间的所有可能的数据点 p 和 q，选择距离最远的那一对。

（5）最大距离被定义为所选择的最大距离，即

$$\text{dist}_{\max}(C_i, C_j) = \max\{|p-q|\}(p \in C_i, q \in C_j) \tag{8-5}$$

最小距离和最大距离计算图解如图 8-2 所示。

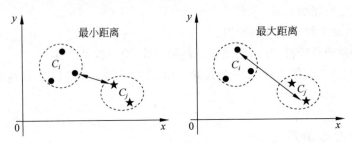

图 8-2　最小距离和最大距离计算图解

3. 均值距离

均值距离的计算方法考虑了两个簇之间的所有数据点对之间的平均距离。这使得均值距离对数据点的分布更加均衡，不像最小距离方法那样容易受到离群值的影响，也不像最大距离方法那样容易产生过于紧凑的聚类结构。均值距离方法通常适用于各种数据分布和聚类需求，它有助于形成相对均匀和平衡的簇划分。均值距离方法计算两个簇的平均值作为中心点，取这两个均值之间的距离作为两个簇的距离：

$$d_{\mathrm{mean}}(C_i, C_j) = |\bar{p} - \bar{q}| \tag{8-6}$$

其中，$\bar{p} = \dfrac{1}{|C_i|} \sum_{p \in C_i} p$，$\bar{q} = \dfrac{1}{|C_j|} \sum_{q \in C_j} q$。

4. （类）平均距离

（类）平均距离的核心思想是计算两个簇之间所有数据点对之间的平均距离来度量簇之间的距离。与均值距离类似，（类）平均距离考虑了所有数据点之间的距离，但它具体的计算方式略有不同。（类）平均距离通过两个簇任意两点距离加总后，取平均值作为两个簇的距离，即

$$d_{\mathrm{avg}}(C_i, C_j) = \frac{1}{|C_i||C_j|} \sum_{p \in C_i} \sum_{q \in C_j} |p - q| \tag{8-7}$$

5. 中间距离

中间距离的核心思想是计算两个簇之间的中心点，并以中心点之间的距离来度量簇之间的距离。中间距离介于最短距离和最长距离之间，相当于初等几何中三角形的中线（图 8-3），假设 p 点是最长距离点，q 点是最短距离点，则中间距离为

$$D_{lr} = \sqrt{\frac{1}{2}D_{lp}^2 + \frac{1}{2}D_{lq}^2 - \frac{1}{4}D_{pq}^2} \tag{8-8}$$

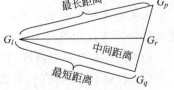

图 8-3　中间距离计算图解

6. 重心距离

重心距离方法考虑了两个簇的中心点之间的距离，这使得它适用于处理数据分布在不同方向的情况。与最大距离方法和均值距离方法不同，重心距离不考虑数据点之间的具体距离，而是关注中心点之间的距离（图 8-4）。这使重心距离方法在某些情况下可以产生更平

衡的聚类结果。重心距离通常适用于各种数据分布和聚类需求,可以用来形成相对均匀和平衡的簇划分。重心距离方法将每类中包含的样本数考虑进去,若 I 类中有 n_I 个样本,J 类中有 n_J 个样本,重心距离的计算公式为

重心法

$$D_{HK} = \sqrt{\frac{n_I}{n_I + n_J}D_{HI}^2 + \frac{n_J}{n_I + n_J}D_{HJ}^2 - \frac{n_I n_J}{(n_I + n_J)^2}D_{IJ}^2}$$

$(8-9)$

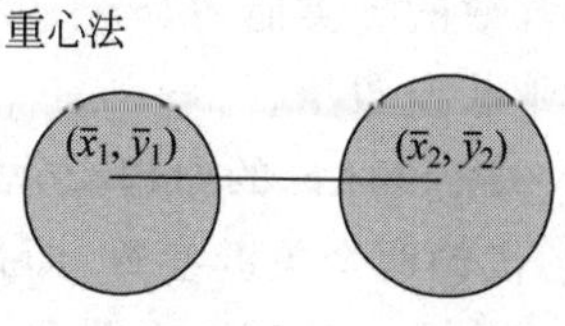

图 8-4 重心距离计算图解

8.3.4 算法优缺点

层次聚类方法具有一些显著的优点,但也伴随着一些挑战和局限性。

1. 优点

(1) 距离和相似度定义容易。层次聚类方法的距离度量和相似度计算通常是直观和易于理解的,可以根据具体问题选择适当的距离度量方法,使其与问题领域相匹配。

(2) 无须预先确定聚类数。相对于 K-means 等需要预先指定聚类数的算法,层次聚类不需要提前知道分成多少个簇,它会根据数据的结构自动构建聚类层次。

(3) 发现层次关系。层次聚类能够捕捉数据之间的层次关系,允许在不同粒度上探索聚类结构。这有助于更深入地理解数据。

(4) 适用于不同形状的聚类。层次聚类方法对于各种形状的簇都是适用的,不仅仅局限于球状簇或凸形簇。

2. 缺点

(1) 计算复杂度高。层次聚类方法的计算复杂度通常较高,特别是对于大规模数据集,计算所有数据点之间的距离矩阵可能需要大量计算时间和内存。

(2) 受奇异值影响。层次聚类对于离群值和噪声数据较为敏感,这些异常值可能会对聚类结果产生不利影响,导致不合理的聚类结构。

(3) 可能产生链状聚类。层次聚类方法有时倾向于产生链状聚类结构,特别是在某些情况下,这可能不符合数据的真实结构,需要小心处理。

综合考虑这些优点和缺点,选择使用层次聚类方法时需要权衡各种因素,包括数据的特性、问题需求以及计算资源的可用性。在实际应用中,也可以考虑使用不同的聚类方法来验证和比较不同的聚类结构。

8.4 基于密度的聚类方法

8.4.1 基本原理

基于密度的聚类方法是解决 K-means 难以处理不规则形状聚类问题的一种有效方法。该方法通过设定圆的最大半径和最小点数来进行聚类,只要相邻区域内的数据点密度超过

特定阈值,就会继续形成聚类。DBSCAN 代表了基于密度的聚类算法的典型范例,它旨在减少对输入参数领域知识的依赖,有能力识别各种形状的聚类簇,并且在大规模数据库上具备高效的聚类能力。这一方法的核心思想是基于数据点的密度分布进行聚类,而不预设簇的形状或数量。

DBSCAN 的原理十分简单但却十分强大。它通过绘制数据空间中的"圈"来组织数据点,依赖两个关键参数,即最大半径和最小点数。具体而言,对于每个数据点,DBSCAN 以该点为中心绘制一个圆圈,当圆圈内包含的数据点数超过预设的最少点数时,这些点被视为一个簇的一部分。通过逐步扩展这些簇,DBSCAN 能够识别出不同密度的簇,甚至可以发现具有各种不规则形状的簇。

DBSCAN 相对于其他聚类算法的优势如下。

(1) 参数自动确定。与 K-means 等算法不同,DBSCAN 不需要提前确定簇的数量,它会根据数据的分布自动找到合适的簇数量。

(2) 不受初始值选择的影响。DBSCAN 不受初始中心点选择的影响,因此更容易找到全局最优解。

(3) 能够处理噪声。DBSCAN 能够有效地处理噪声数据点,将其归类为孤立点或噪声簇,而不会干扰正常的聚类。

总之,基于密度的聚类方法,尤其是 DBSCAN,为解决不规则形状聚类和处理噪声数据提供了强大的工具。它的应用领域包括图像分割、社交网络分析、异常检测等,因为它能够更灵活地捕捉数据的内在结构,而不仅仅是简单的几何形状。DBSCAN 的出现给聚类问题的研究和实际应用带来了重要的进步。

8.4.2 相关概念

(1) Eps:邻域最大半径。

(2) Eps 邻域:给定一个对象 p,p 的 Eps 邻域 $N_{Eps}(p)$ 定义以 p 为核心、以 Eps 为半径的 d 维超球体区域,即

$$N_{Eps}(p) = \{q \in D \mid \text{dist}(p,q) \leqslant \text{Eps}\} \tag{8-10}$$

其中,D 为 d 维实空间上的数据集;$\text{dist}(p,q)$ 为 D 中的两个对象 p 和 q 之间的距离。

(3) MinPts:在 Eps 邻域中的最少点数。

(4) 密度:设 $p \in D$,则 $\rho(p) = |N_{Eps}(p)|$ 为 p 的密度。

(5) 设点 p 属于集合 E,给定两个参数:一个正实数 ε(简称 Eps)和一个正整数 MinPts。如果点 p 的 ε-邻域内包含的对象数量不少于 MinPts,则称点 p 为在 $(\varepsilon, \text{MinPts})$ 条件下的核心点。那些不是核心点,但落在某个核心点的 ε-邻域内的对象,则被称为边界点。

(6) 直接密度可达:如图 8-5 所示,给定 $(\text{Eps}, \text{MinPts})$,如果对象 p 和 q 同时满足如下条件:

$p \in N_{Eps}(q)$ 且 $|N_{Eps}(q)| \geqslant \text{MinPts}$(即 q 是核心点),则称对象 p 是从对象 q 出发,即直接密度可达的。

(7) 密度可达:如图 8-6 所示,给定数据集 D,当存在一个对象链 $p_1, p_2, \cdots, p_n$,其中,$p_1 = q$,$p_n = p$,对于 $p_i \in D$,如果在条件 $(\text{Eps}, \text{MinPts})$ 下 p_{i+1} 从 p_i 是直接密度可达的,则

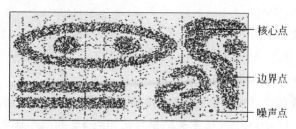

图 8-5　核心点与边界点示例

称对象 p 从对象 q 在条件 $(\text{Eps}, \text{MinPts})$ 下密度可达。密度可达是非对称的,即 p 从 q 密度可达不能推出 q 也从 p 密度可达。

（8）密度相连:如图 8-7 所示,如果数据集 D 中存在一个对象 o,使得对象 p 和 q 是从 o 在条件 $(\text{Eps}, \text{MinPts})$ 下密度可达的,那么称对象 p 和 q 在条件 $(\text{Eps}, \text{MinPts})$ 下密度相连。密度相连是对称的（图 8-8）。

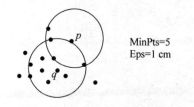

图 8-6　直接密度可达示例图

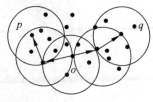

图 8-7　密度可达示例图　　　　图 8-8　密度相连示例图

（9）类簇:设 $\forall\, p, q$,若满足非空集合 $C \subset X$:

① $p \in C$,且 q 从 p 密度可达,那么 $q \in C$。

② p 和 q 密度相连,则称 C 构成一个类簇。

8.4.3　算法步骤

DBSCAN 的核心思想是从某个核心点出发,不断向密度可达的区域扩张,从而得到一个包含核心点和边界点的最大化区域,区域中任意两点密度相连。

DBSCAN 算法流程如下。

（1）输入:Eps、MinPts 和包含 n 个对象的数据库。

（2）输出:基于密度的聚类结果。

（3）方法:

① 任意选取一个没有加簇标签的点 p。

② 得到所有从 p 关于 Eps 和 MinPts 密度可达的点。

③ 如果 p 是一个核心点,形成一个新的簇,给簇内所有对象点加簇标签。

④ 如果 p 是一个边界点,没有从 p 密度可达的点,DBSCAN 将访问数据库中的下一个点。

⑤ 继续这一过程,直到数据库中所有的点都被处理。

8.4.4 算法优缺点

1. 优点

DBSCAN 能发现任意形状的聚簇,聚类结果几乎不依赖节点遍历顺序,能够有效地发现噪声点。K-means 和 DBSCAN 的聚类结果对比如图 8-9 和图 8-10 所示。

K-means(Clusters=2)

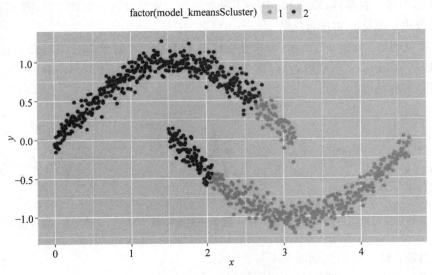

图 8-9 *K-means* 聚类效果图

DBSCAN(Eps=0.4)

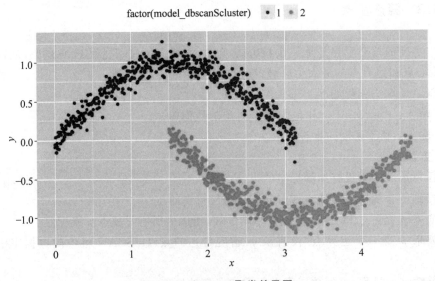

图 8-10 **DBSCAN** 聚类效果图

2. 缺点

DBSCAN 使用了统一的 Eps 邻域值和 MinPts 值,在类中的数据分布密度不均匀,Eps 较小时,密度小的聚簇会被划分成多个性质相似的聚簇;Eps 较大时,会使距离较近且密度较大的聚簇被合并成一个聚簇。在高维数据时,因为维数灾难问题,Eps 的选取比较困难。

8.5　基于网格的聚类方法

8.5.1　基本原理

基于网格的聚类方法用于将对象空间划分为有限数量的单元格,通常是超矩形(图 8-11),然后在这些单元格上执行操作。其基本原理涉及将数据空间分割为网格单元,将数据对象映射到这些单元格,并计算每个单元格的密度。通过比较每个网格单元的密度与预设的阈值,可以确定哪些单元格是高密度单元,而哪些是低密度单元,高密度单元通常代表着"类"。基于网格的聚类方法在计算机科学和数据处理领域得到广泛应用,它有助于将对象空间向量化,并将其划分为一系列有限大小的超矩形单元格,从而在这些单元格上执行各种操作,如数据聚合、查询和索引。

这种方法的主要优点之一是处理速度快。处理速度的快慢取决于量化空间中每个维度的单元格数量。处理时间随着单元格数量的减少而显著缩短。由于能够提供高效的数据检索和操作,因此基于网格的聚类方法在大规模数据处理和查询任务中得到广泛应用。

在实际中,基于网格的聚类方法常常用于空间数据分析、数据库查询优化等领域。通过合理选择单元格大小和数量,基于网格的聚类方法可以在处理速度和精度之间找到平衡,

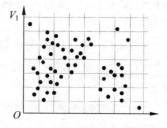

图 8-11　基于网格的聚类原理图

以满足不同应用场景的需求,这使其成为处理复杂对象空间的一种有效策略。

8.5.2　算法步骤

基于网格的聚类方法用于多维数据集。在这种方法中,我们首先创建一个网格结构,并在网格 grids(也称单元格 cells)上进行比较,发现基于网格的聚类方法速度快且计算复杂度低。基于网格的聚类方法涉及步骤如下。

(1) 将数据空间划分为有限数量的单元格。

(2) 随机选择一个单元格 c,c 不应该事先遍历。

(3) 计算 c 的密度。

(4) 如果 c 的密度大于阈值的密度:

① 将单元格 c 标记为新的聚类。

② 计算 c 所有邻居的密度。

③ 如果相邻单元格的密度大于阈值密度，将其添加到集群中，并且重复步骤②和③直到没有相邻单元格的密度大于阈值密度。

(5) 重复步骤(2)、(3)、(4)，直到遍历所有单元格。

8.5.3 典型算法

1. CLIQUE算法

CLIQUE(CLustering in QUEst)算法是一种基于密度的聚类算法，旨在识别高密度区域，以发现隐含的簇。CLIQUE的核心思想是将数据空间分割为不同维度上的单元格，并利用一个密度阈值来确定哪些单元格包含足够数量的数据点以构成一个簇。该算法主要用于数据挖掘和聚类分析，特别适用于处理高维数据。

CLIQUE算法聚类思想如下。

(1) 扫描所有网格。当发现第一个密集网格时，便从该网格开始扩展，扩展原则是：若一个网格与已知密集区域内的网格邻接并且其自身也是密集的，则将该网格加入该密集区域中，直到不再有这样的网格被发现为止。

(2) 继续扫描网格并重复上述过程，直到所有网格被遍历，以自动地发现最高维的子空间，高密度聚类存在于这些子空间中，并且对元组的输入顺序不敏感，无须假设任何规范的数据分布，它随输入数据的大小线性地扩展，当数据的维数增加时具有良好的可伸缩性。

CLIQUE算法聚类的步骤如下。

(1) 对 n 维空间进行划分，对每一个维度等量划分，将全空间划分为互不相交的网格单元。

(2) 计算每个网格的密度，根据给定的阈值识别密集网格和非密集网格，且置所有网格初始状态为"未处理"。

(3) 遍历所有网格，判断当前网格是否为"未处理"状态，若不是"未处理"状态，则处理下一个网格；若是"未处理"状态，则进行步骤(4)～(8)，直到所有网格处理完成，转到步骤(9)。

(4) 改变网格标记为"已处理"，若是非密集网格，则转到步骤(2)。

(5) 若是密集网格，则将其赋予新的簇标记，创建一个队列，将该密集网格置于队列中。

(6) 判断队列是否为空，若为空，则处理下一个网格，转到第(2)步；若不为空，则进行如下处理。

① 取出队头的网格元素，检查其所有邻接的有"未处理"标记的网格。

② 更改网格标记为"已处理"。

③ 若邻接网格为密集网格，则将其赋予当前簇标记，并将其加入队列。

④ 转至步骤(5)。

(7) 密度连通区域检查结束，标记相同的密集网格组成密度连通区域，即目标簇。

(8) 修改簇标记，进行下一个簇的查找，转到步骤(2)。

(9) 遍历整个数据集，将数据元素标记为所在网格簇标记值。

CLIQUE 算法的优点如下。

（1）适用于高维分类数据。CLIQUE 算法特别适用于高维数据，这种情况下传统的聚类算法（如 K-means）往往效果不佳。CLIQUE 通过考虑特征的子集来减少维度，有助于处理高维数据。

（2）基于关联规则。CLIQUE 使用关联规则来发现数据中的簇，可以捕捉到数据中的非线性关系。这使得算法在发现复杂的簇结构方面具有一定的优势。

（3）不受噪声干扰。CLIQUE 对噪声数据相对不敏感，因为它主要关注频繁出现的数据点的组合，而不容易受到孤立的离群点的影响。

（4）没有预定簇数目。与某些传统聚类算法需要事先指定簇数目不同，CLIQUE 可以自动确定簇的数量，这使得其在不知道数据结构的情况下更加灵活。

CLIQUE 算法的缺点如下。

（1）高计算复杂度。CLIQUE 算法的计算复杂度随着数据维度的增加而增加，因此在非常高维的情况下，算法可能会变得非常耗时。

（2）对参数敏感。CLIQUE 有一些参数需要调整，如最小支持度和特征子集大小。选择合适的参数值可能需要一些试验和调整。

（3）大数据问题。对于大规模数据集，CLIQUE 算法的性能可能会受到限制。在这种情况下，需要使用优化的方法来处理大数据。

（4）需要预处理。CLIQUE 算法通常需要数据预处理，以确保数据符合其要求，如将分类数据编码为适当的形式。

总之，CLIQUE 算法在处理高维分类数据和发现复杂簇结构方面具有优势，但也存在计算复杂度高、对参数敏感等限制。在实际应用中，选择合适的聚类算法需要考虑数据特点和问题需求，有时候 CLIQUE 可能是一个有力的选择。

2. STING 算法

STING（statistical information grid approach to spatial data mining）是一种用于提取隐含知识、发现空间关系以及寻找数据库中未明确表示的有趣特征和模式的技术。它在多个领域都得到广泛应用，包括地理信息系统、图像数据库探索、医学成像等。

STING 是一个基于网格的多分辨聚类技术，其中空间区域被划分为矩形单元（使用维度和经度），并采用分层结构（多分辨技术：首先使用一种粗糙的尺度对少量的图像像素进行处理，然后在下一层使用一种精确的尺度，并用上一层的结果对其参数进行初始化。迭代该过程，直到达到最精确的尺度。这种由粗到细，在大尺度上看整体，在小尺度上看细节的方法能够极大程度地提高配准成功率）。

STING 聚类的层次结构如图 8-12 所示。

通常有几个级别的这种矩形单元对应于不同的分辨率级别。高级别的每个单元格被划分为较低级别的子单元格。第 i 层的单元格对应于第 $i+1$ 层的子单元的并集。每个单元格（叶子除外）有 4 个子单元，每个子单元对应于父单元的一个象限。

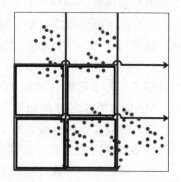

图 8-12　STING 聚类的层次结构

STING 算法的优点如下。

（1）基于网格的计算独立于查询，因为存储在每个单元的统计信息提供了单元中数据汇总信息，不依赖于查询。

（2）网格结构有利于增量更新和并行处理。

（3）效率高。STING 算法在处理大规模数据集时具有较高的效率。它通过将数据集划分为多个网格单元来进行聚类，这样可以减少需要计算的数据点数量，从而提高算法的执行速度。

STING 算法的缺点如下。

（1）由于 STING 采用了一种多分辨率的方法来进行聚类分析，因此 STING 的聚类质量取决于网格结构的最底层的粒度。如果最底层的粒度很细，则处理的代价会显著增加。然而如果粒度太粗，聚类质量难以得到保证。

（2）STING 在构建一个父单元时没有考虑子单元和其他相邻单元之间的联系。所有的簇边界除了水平就是竖直，没有斜的分界线，这就降低了聚类质量。

3. MAFIA

MAFIA（merging of adaptive interval approach to spatial data mining）提出了一种自适应网格方法，用于高效处理快速子空间聚类，并在无共享架构环境下引入可拓展的并行计算架构，以应对大规模数据集。与大多数基于网格的算法不同，MAFIA 采用了自适应网格的策略。它引入一种自适应的方法，用于计算每个维度中的有限区间（bins），然后将这些区间合并，以便更好地探索高维度空间中的聚类。MAFIA 的时间复杂度随着数据维度的增加呈指数级增长。该算法的核心思想是将数据空间分割成单元格，其中高密度的 k 维候选单元是通过合并两个 $(k-1)$ 维高密度单元获得的，而这两个 $(k-1)$ 维的单元共享一个 $(k-2)$ 维的子单元。这一过程是根据高密度单元来进行聚类的。

MAFIA 算法是一种用于高维数据聚类的算法，具有一些优点和缺点。

MAFIA 算法的主要优点如下。

（1）适用于高维数据。MAFIA 算法在处理高维数据方面表现出色。与许多传统聚类算法（如 K-means）不同，MAFIA 可以有效地处理数据的高维性，而不容易受到"维度灾难"的影响。

（2）基于密度的聚类。MAFIA 是一种基于密度的聚类算法，可以有效地捕捉非球形、不规则形状的簇。这使得它在处理复杂簇结构的数据时表现出色。

（3）自动确定簇的数量。MAFIA 不需要预先指定簇的数量，它可以自动发现数据中的簇。这使得它在不清楚数据结构的情况下更加灵活。

（4）具有高度的可伸缩性。MAFIA 算法在处理大规模数据集时具有较好的可伸缩性。它使用了一种多层次的聚类方法，可以有效地降低计算复杂度。

MAFIA 算法的缺点如下。

（1）参数选择的挑战。MAFIA 算法需要调整一些参数，如领域大小和邻域大小。选择适当的参数值可能需要一些试验和领域知识。

（2）依赖距离函数。MAFIA 算法对距离函数的选择比较敏感，因此在不同数据集上的性能可能会有所不同。选择合适的距离度量对于算法的成功应用至关重要。

（3）可能对噪声敏感。MAFIA 算法在处理噪声数据时可能不够鲁棒，噪声数据可能会影响到簇的发现。

（4）局部最优问题。像许多聚类算法一样，MAFIA 也可能陷入局部最优解。因此，多次运行算法并使用不同的初始条件可能有助于发现更好的聚类结果。

总之，MAFIA 算法在处理高维数据和复杂簇结构时具有显著的优势，但仍然需要仔细的参数选择和数据预处理，以获得良好的聚类结果。在实际应用中，MAFIA 可以作为一种有效的高维数据聚类工具，特别是当传统的聚类算法面临挑战时。

4. 小波聚类

小波聚类（wave cluster）是一种多分辨聚类算法。它用于在非常大的空间数据中找到聚类。

给定一系列的空间对象 O_i，$1 \leqslant i \leqslant N$，这个算法的目标是检测聚类。其首先通过将多维网格结构加到数据空间来汇总数据，主要思想是通过应用小波变换（wavelet transform）对原始特征进行变换，然后在新的空间中找到密集区域。小波变换是一种将信号分解为不同频率子带的信号处理技术。

小波聚类算法的第一步是对特征空间进行量化。第二步是对量化的特征空间应用离散小波变换，从而生成新的单元。Wavecluster（波簇）以 2 组单元连接组件，它们被视为簇。对应于小波变换的每个分辨率 γ，会有一组聚类 Cr，通常在较粗的分辨率下，簇的数量较少。在下一步中，小波聚类标记包含在集群中的特征空间中的单元。

小波变换的优势：①可以自动去除异常值；②多分辨率性质可以帮助检测基于不同精度水平的聚类；③计算复杂度为 $o(n)$，因此计算非常快，其中 n 为数据库中对象的数量；④可以发现任意形状的聚类；⑤对于输入的顺序不敏感；⑥可以处理多达 20 维的数据；⑦可以有效地处理任何大量的空间数据库。

小波聚类算法的优点如下。

（1）适应不规则形状的簇。小波聚类算法通过基于密度的聚类方法，可以有效地识别不规则形状的簇，这使得它在处理具有复杂数据结构的数据集时表现出色。与 K-means 等传统聚类算法不同，它不受簇形状的限制。

（2）自动确定簇的数量。小波聚类不需要预先指定簇的数量，它可以自动确定簇的数量。这提高了算法的灵活性，特别适用于不确定数据结构的情况。

（3）鲁棒性。小波聚类对一些噪声数据相对不敏感，因为它通过局部密度来识别簇。孤立的噪声点通常不会对簇的识别产生重大影响。

（4）波前传播策略。该算法采用波前传播策略，从种子数据点开始扩散，根据局部密度和距离来决定新的数据点是否属于同一簇。这有助于捕捉多种形状和密度的簇。

小波聚类算法的缺点如下。

（1）参数设置的挑战。小波聚类算法需要设置一些参数，如邻域半径（控制邻域的大小）和最小点数（定义核心点的最小局部密度）。选择合适的参数值可能需要一些试验和领域知识。

（2）计算复杂度。对于大规模数据集，小波聚类的计算复杂度可能会变得较高，尤其是在高维数据中，需要谨慎使用，并可能需要对数据进行降维或采用优化方法以提高性能。

（3）对初始种子点的敏感性。算法的性能可能会受到初始种子点选择的影响。不同的初始种子点可能导致不同的聚类结果，因此需要小心选择种子点。

总的来说，小波聚类算法在处理复杂数据集和非规则簇时表现出色，但在参数设置和计算复杂度方面可能存在挑战。在实际应用中，选择适当的聚类算法应考虑数据的特性以及问题的需求，并根据需要对小波聚类算法进行参数调整。

5. O-Cluster

O-Cluster(正交分区聚类)方法将新颖的分区主动采样技术与轴平行策略相结合，以识别输入空间中的连续高密度区域。O-Cluster 是一种建立在收缩投影（contracting projection）概念之上的方法。

O-Cluster 有两个主要的贡献。

（1）它使用统计检验来验证分割平面的质量。此统计检验确定沿数据投影的良好分割点。

（2）它可以在包含来自原始数据集随机样本的小缓冲区上运行。没有歧义的分区被冻结，与它们关联的数据点从活动缓冲区中删除。

O-Cluster 递归运行。它评估分区中所有投影的可能拆分点，选择"最佳"一个，并将数据拆分为新区。

该算法通过在新创建的分区内搜索良好的分割平面来进行。O-Cluster 创建一个分层树结构，将输入空间转换为矩形区域，主要处理过程如下。

（1）加载数据缓冲区。

（2）计算活动分区的直方图。

（3）找到活动分区的"最佳"分割点。

（4）标记不明确和冻结的分区。

（5）拆分活动分区。

（6）重新加载缓冲区。

O-Cluster 是一种非参数算法。O-Cluster 适用于有许多记录和高维度的大型数据集。

O-Cluster 算法的优点如下。

（1）适用于不规则形状的簇。O-Cluster 算法是一种基于密度的聚类方法，能够有效地识别不规则形状的簇。与 K-means 等传统聚类算法不同，它不受簇形状的限制，因此在处理复杂数据结构的数据集时表现出色。

（2）自动确定簇的数量。O-Cluster 不需要预先指定簇的数量，它可以自动确定簇的数量。这提高了算法的灵活性，特别适用于不确定数据结构的情况。

（3）鲁棒性。O-Cluster 对一些噪声数据相对不敏感，因为它通过局部密度来识别簇。孤立的噪声点通常不会对簇的识别产生重大影响。

（4）无须距离度量。与许多其他聚类算法需要距离度量不同，O-Cluster 算法不依赖于距离度量。这使得它适用于不同类型的数据，包括非度量空间中的数据。

O-Cluster 算法的缺点如下。

（1）参数设置的挑战。O-Cluster 算法需要设置一些参数，如邻域半径和最小点数。选择适当的参数值可能需要一些试验和领域知识。

（2）计算复杂度。对于大规模数据集，O-Cluster 的计算复杂度可能会变得较高，尤其是在高维数据中，需要谨慎使用，并可能需要对数据进行降维或采用优化方法以提高性能。

（3）对初始种子点的敏感性。算法的性能可能会受到初始种子点选择的影响。不同的初始种子点可能导致不同的聚类结果，因此需要小心选择种子点。

总的来说，O-Cluster 算法在处理不规则形状的簇和非度量空间数据时表现出色，但在参数设置和计算复杂度方面可能存在挑战。在实际应用中，选择适当的聚类算法应考虑数据的特性以及问题的需求，并根据需要对 O-Cluster 算法进行参数调整。

6. ASGC

ASGC（轴移动网格聚类）是一种聚类技术，它结合了基于密度和网格的方法，使用轴移动分割策略（axis shifted partitioning strategy）对对象进行分组。大部分基于网格的算法的聚类质量受预先设定单元格的大小和单元格密度的影响。该方法使用两个网格结构来减少单元格边界的影响。第二个网格结构是通过在每个维度上将坐标轴移动半个单元格宽度而形成的。

ASGC 采用的方法包括六个步骤。

（1）将整个数据空间划分为不重叠的单元，从而形成第一个网格结构。

（2）识别出重要的单元格（如果该格的密度大于设定的阈值）。

（3）所有最近的重要单元格被组合在一起形成簇。

（4）将原始坐标原点在数据空间的每个维度上移动距离 d，以获得新的网格结构。

（5）新的簇通过步骤（2）和（3）形成。

（6）从两个网格结构生成的簇可以用于修改从其他网格结构生成的集群。

ASGC 算法具有时间复杂度低的优点。它是一种非参数算法。该算法对数据空间进行预处理并降低数据空间的维度。

ASGC 算法的优点如下。

（1）适用于网格结构的数据。ASGC 算法特别适用于发现具有网格结构的簇，如在某些空间数据集中经常出现的情况。这使得它在地理信息系统和位置数据等领域非常有用。

（2）计算效率高。由于 ASGC 算法采用网格结构来组织数据点，它在某些情况下可以显著提高计算效率，特别是对于大规模数据集。

（3）简单性。ASGC 算法的基本思想相对简单，实现也相对容易。它通常不需要太多的参数设置，算法更容易使用。

（4）能够处理噪声。ASGC 算法可以处理一些噪声数据，因为它在簇检测过程中通常会忽略低密度的区域，从而对一些孤立的噪声点不敏感。

ASGC 算法的缺点如下。

（1）限制于网格结构。ASGC 算法适用于具有网格结构的数据，但对于非网格结构的数据，它的性能可能会受到限制。在一些数据集中，网格结构的假设可能不成立，从而导致算法的性能下降。

（2）依赖参数。尽管 ASGC 算法相对简单，但它仍然需要设置一些参数，如网格大小和邻域半径。正确选择这些参数对于获得良好的聚类结果是重要的。

（3）不适用于所有领域。ASGC 算法主要适用于特定领域，如地理信息系统，而不适用于所有类型的数据。在其他领域,可能有更适合的聚类算法。

总之,ASGC 算法在适合网格结构的数据和需要高效处理大规模数据集的情况下具有一些明显的优势。然而,它也有一些限制,包括对数据结构的依赖以及强调需要合适的参数设置。在实际应用中,需要根据数据的特性和问题的需求来选择适当的聚类算法。

8.6　基于模型的聚类方法

8.6.1　基本原理

基于模型的聚类方法主要包括基于概率模型的方法和基于神经网络模型的方法两大类,尤其以基于概率模型的方法为主导。这里的概率模型是指使用概率生成模型(generative model),其中相同"类"内的数据属于同一种概率分布。这种方法的优点在于对于"类"的界定不是绝对的,而是以概率的方式表示,每个类的特征也可以用参数来描述。然而,这种方法的不足之处在于执行效率较低,尤其在处理大量分布较多且数据量较小的情况下表现不佳。在基于概率模型的方法中,最典型且应用最广泛的是高斯混合模型(Gaussian Mixture Models,GMM)。此外,基于神经网络模型的方法主要指的是自组织映射(Self-Organized Maps,SOM)。

8.6.2　期望最大化算法

1. 概述

期望最大化(expectation-maximization)算法,也称 EM 算法,通常归类为基于模型的聚类方法。EM 算法用于估计包括混合高斯模型在内的概率模型的参数,在聚类任务中,这些模型用来描述数据的生成过程,其中每个簇被建模为一个概率分布,通常是高斯分布。EM 算法帮助找到这些分布的参数,以实现对数据的聚类。

2. 步骤

在机器学习中,EM 算法是一种用于参数估计的迭代算法,常用于解决含有隐变量(latent variable)的概率模型的参数估计问题。EM 算法的主要思想是通过迭代的方式,交替进行两个步骤:E 步骤(expectation)和 M 步骤(maximization)。在 E 步骤中,根据当前参数估计值,计算隐变量的后验概率。在 M 步骤中,根据隐变量的后验概率,更新参数的估计值。通过反复迭代这两个步骤,最终得到参数的估计值。

EM 是一种以迭代的方式来解决一类特殊最大似然(maximum likelihood)问题的方法,这类问题通常无法直接求得最优解,但是如果引入隐含变量,在已知隐含变量的值的情况下,就可以转化为简单的情况,直接求得最大似然解。

EM 算法就是在含有隐变量的时候,把隐变量的分布设定为一个以观测变量为前提条件的后验分布,使得参数的似然函数与其下界相等,通过极大化这个下界来极大化似然函数,从而避免因直接极大化似然函数过程中隐变量未知而带来的困难。

每个簇都可以用参数概率分布即高斯分布进行数学描述,元素 x 属于第 i 个簇 C_i 的概率表示为

$$p(x) = \frac{1}{\sqrt{2\pi}\sigma_i} \mathrm{e}^{-\frac{(x-\mu_i)^2}{2\sigma_i^2}} \tag{8-11}$$

其中,μ_i 和 σ_i 分别为均值和协方差。

高斯分布概率示意图如图 8-13 所示。

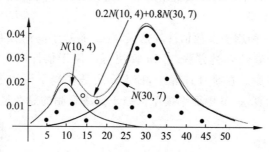

图 8-13　高斯分布概率示意图

一般地,k 个概率分布的混合高斯分布函数如下:

$$p(x) = \sum_{i=1}^{k} \pi_i N(x \mid \mu_i, \sigma_i^2) \tag{8-12}$$

其中,$\pi_i \geqslant 0$, $\sum_{i=1}^{k} \pi_i = 1$。

3. 算法流程

EM 算法过程如下。

(1) 用随机函数初始化 k 个高斯分布的参数,同时保证 $\sum_{i=1}^{k} \pi_i = 1$。

(2) E 步:依次取观察数据 x,比较 x 在 k 个高斯函数中概率的大小,把 x 归类到这 k 个高斯函数中概率最大的一个即第 i 个类中。

(3) M 步:用最大似然估计,使观察数据是 x 的概率最大,由于已经在第(2)步中分好了类,所以只需重新执行式(8-13)。

$$\mu_i = \frac{1}{N_i} \sum_{x_j \in C_i} x_j, \quad \sigma_i^2 = \frac{1}{N_i} \sum_{x_j \in C_i} (x_j - \mu_i)(x_j - \mu_i)^T, \quad \pi_i = \frac{N_i}{N} \tag{8-13}$$

(4) 返回第(2)步,用第(3)步新得到的参数来对观察数据 x 重新分类,直到 $\prod_{i=1}^{k} \pi_i N(x \mid \mu_i, \sigma_i^2)$ 概率(最大似然函数)达到最大。

上述 E 步称为期望步,M 步称为最大化步,EM 算法就是使期望最大化的算法。

4. EM 算法和基于高斯分布模型的聚类方法的区别

基于高斯分布模型的聚类方法是一种常见的聚类方法,它假设数据集中的样本服从多

个高斯分布,并通过拟合这些高斯分布来进行聚类。在这种方法中,通常使用最大似然估计来估计高斯分布的参数,如均值和协方差矩阵。通过最大化似然函数,可以得到最优的参数估计值,从而实现聚类。

EM算法与基于高斯分布模型的聚类方法之间的主要区别在于应用的领域和目标。EM算法主要用于参数估计,特别是在含有隐变量的概率模型中。它可以用于估计高斯混合模型的参数,其中每个高斯分布对应一个聚类。而基于高斯分布模型的聚类方法更侧重于将数据集的样本划分为不同的簇或群组。它通过拟合多个高斯分布来找到数据集的内在结构和模式,从而实现聚类。

总之,EM算法是一种用于参数估计的迭代算法,而基于高斯分布模型的聚类方法是一种将数据集划分为不同簇的聚类方法。EM算法可以用于估计高斯混合模型的参数,从而实现基于高斯分布的聚类。在统计计算中,EM算法是在概率模型中寻找参数最大似然估计或者最大后验估计的算法,其中概率模型依赖于无法观测的隐变量。

8.6.3 GMM聚类

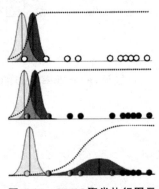

高斯混合模型,顾名思义由高斯模型组成,而高斯模型就是我们常说的正态分布,因此GMM可以理解为几个正态分布的叠加。对于GMM聚类,它和K-means聚类有点相似,具体算法流程如下。

(1)随机生成k个高斯分布作为初始的k个类别。

(2)对每一个样本数据点,计算其在各个高斯分布下的概率。

图8-14　GMM聚类执行图示

(3)对每一个高斯分布,样本数据点得到的不同概率值作为权重,加权计算并更新其均值和方差。

(4)重复步骤(2)和(3),直到每一个高斯分布的均值和方差不再发生变化或已满足迭代次数。

图8-14展示了一维数据集的GMM聚类执行图例。

8.7　聚类评估

8.7.1　聚类评估概述

采用聚类分析进行数据分析时,评估聚类结果的质量至关重要。一般而言,聚类评估主要是评估在数据集上进行聚类的可行性和聚类方法产生的结果的质量。聚类评估涉及以下几个任务。

(1)评估聚类趋势。评估聚类趋势的目标是确定数据集是否具有非随机结构,从而产生有意义的聚类。这意味着检查数据集中是否存在非随机的模式,如均匀分布的数据点。虽然一些聚类算法可能会为这样的数据集返回簇,但这些簇可能是随机的,缺乏实际意义。

评估聚类趋势有助于确定是否值得进行聚类分析。

（2）确定簇数。确定正确的簇数对于聚类方法至关重要。这不仅对需要指定簇数的算法如 K-means 重要，还有助于控制聚类分析的粒度。适当的簇数是在可压缩性（数据能够以更少的簇进行表示）和准确性之间找到平衡的关键因素。

（3）评估聚类质量。在评估聚类质量时，需要考虑簇的紧凑性（同一簇内的数据点相似度高）、分离度（不同簇之间的数据点相似度低）、噪声水平等因素。一些常用的聚类质量指标包括轮廓系数、Davies-Bouldin 指数和 Calinski-Harabasz 指数。

8.7.2　评估聚类趋势

评估聚类趋势用以确定数据集是否具有可以形成有意义的聚类的非随机结构，因为对任何非随机结构的数据集进行聚类是没有意义的，为了处理这样的问题，可以使用多种算法评估结果簇的质量，如果簇都很差，则可能表明数据中确实没有簇。要评估数据集的聚类趋势，可以评估数据集被均匀分布产生的概率。

在给数据集做聚类之前，需要评估数据集的聚类趋势，要求数据是非均匀分布的，均匀分布的数据集没有聚类的意义。

霍普金斯统计量（Hopkins statistic）是一种空间统计量，用于检验空间分布的变量的空间随机性，从而判断数据是否可以聚类。霍普金斯统计量是一种用于评估数据集的聚类趋势的统计量。它用于判断数据集中的样本是否具有聚类倾向性，即样本是否更倾向于聚集在一起而不是随机分布。

霍普金斯统计量的计算过程如下：给定数据集 D，它可以看作随机变量 O 的一个样本，想要确定在多大程度上不同于数据空间中的均匀分布，步骤如下。

步骤 1：均匀从 D 中取 n 个样本点 $p_1, p_2, \cdots, p_n$。求样本点 p_i 的最近邻距离。

$$x_i = \min_{v \in D}\{\mathrm{dist}(p_i, v)\} \tag{8-14}$$

步骤 2：均匀从 D 中取 n 个样本点 $q_1, q_2, \cdots, q_n$。求样本点 q_i 的最近邻距离。

$$y_i = \min_{v \in D, v \neq q_i}\{\mathrm{dist}(q_i, v)\} \tag{8-15}$$

步骤 3：计算霍普金斯统计量 H。

$$H = \frac{\sum_{i=1}^{n} y_i}{\sum_{i=1}^{n} x_i + \sum_{i=1}^{n} y_i} \tag{8-16}$$

霍普金斯统计量的取值范围在 0 到 1 之间，越接近 1 表示数据集具有越强的聚类倾向性，越接近 0 表示数据集越接近于随机分布。

需要注意的是，霍普金斯统计量是一种简单且直观的聚类趋势评估指标，但它也有一些限制。例如，当数据集中存在较大的噪声或离群点时，霍普金斯统计量可能受到影响。因此，在使用霍普金斯统计量进行聚类趋势评估时，需要综合考虑其他评估指标和实际问题的特点。

8.7.3 确定簇数

确定数据集中"正确的"簇数十分重要,不仅是因为像 K-means 这样的聚类算法需要这种参数,而且因为合适的簇数可以控制适当的聚类分析粒度。这可以看作在聚类分析的可压缩性与准确性之间寻找好的平衡点。常见的确定簇数的方法有以下几种。

(1) 经验方法。对于 n 个样本点的数据集,聚类簇数应为 $\mathrm{sqrt}(n/2)$,而每个簇中的样本点在期望条件下是 $\mathrm{sqrt}(2n)$。

(2) 肘方法。基于如下观察:增加簇数有助于降低每个簇的簇内方差之和。这是因为有更多的簇可以捕获更细的数据对象簇,簇中对象之间更为相似。然而如果形成太多的簇,则降低簇内方差和的边缘效应可能下降,因为把一个凝聚的簇分裂成两个簇引起簇内方差和的稍微降低。因此,一种选择正确的簇数的启发式方法是:使用簇内方差和关于簇数的曲线的拐点。严格地说,给定 $k>0$,我们可以使用一种像 K-means 这样的算法对数据集聚类,并计算簇内方差和 $\mathrm{var}(k)$。然后,我们绘制 var 关于 k 的曲线。曲线的第一个(或最显著的)拐点暗示"正确的"簇数。

(3) 交叉验证法。交叉验证是一种常用于分类的技术。首先,把给定的数据集 D 划分成 m 个部分。然后,使用 $m-1$ 个部分建立一个聚类模型,并使用剩下的部分检验聚类的质量。

8.7.4 评估聚类质量

在机器学习中,评估聚类质量也十分重要,它可以帮助我们判断聚类结果的好坏,并选择合适的聚类算法和参数。下面介绍几种常用的聚类评估指标。

1. 内部评估指标

内部评估指标使用聚类结果本身的信息来评估聚类的质量。常见的内部评估指标包括紧密性(compactness)、分离性(separation)和轮廓系数(silhouette coefficient)等。

(1) 紧密性。紧密性衡量了簇内样本的紧密程度,常用的指标有簇内平均距离、簇内最大距离等。

(2) 分离性。分离性衡量了簇间样本的分离程度,常用的指标有簇间最小距离、簇间平均距离等。

(3) 轮廓系数。轮廓系数是一种衡量聚类结果紧密性和分离性的指标。对于每个样本,轮廓系数计算其与同簇其他样本的平均距离(a)和与最近其他簇样本的平均距离(b),轮廓系数 S 为

$$S = \frac{b-a}{\max(a,b)} \tag{8-17}$$

轮廓系数结合了紧密性和分离性,可以计算每个样本的轮廓系数,取值范围在 -1 到 1 之间,越接近 1,表示样本越好地被分配到正确的簇中。

2. 外部评估指标

外部评估指标使用已知的真实标签或类别信息来评估聚类的质量。常见的外部评估指标包括兰德系数（Rand index，RI）、调整兰德系数（adjusted Rand index，ARI）和互信息（mutual information）等。其中，兰德系数和调整兰德系数比较了聚类结果和真实标签之间的一致性，取值范围在 0 到 1 之间，越接近 1，表示聚类结果和真实标签越一致。

1）兰德系数

兰德系数取值范围为$[0,1]$，值越大意味着聚类结果与真实情况越吻合，如果有了类别标签，那么聚类结果也可以像分类那样计算准确率和召回率。假设 U 是外部评价标准，即 true_label，而 V 是聚类结果，设定 4 个统计量。

兰德系数参数解释如表 8-1 和表 8-2 所示。

表 8-1　兰德系数参数解释对照表

符　号	解　　释	易理解的解释	决策正确与否
TP/a	在 U 中为同一类，且在 V 中也为同一类别的数据点对数	将相似的样本归为同一个簇（同-同）	正确的决策
TN/d	在 U 中不为同一类，且在 V 中也不属于同一类别的数据点对数	将不相似的样本归入不同的簇（不同-不同）	正确的决策
FP/c	在 U 中不为同一类，但在 V 中为同一类的数据点对数	将不相似的样本归为同一个簇（不同-同）	错误的决策
FN/b	在 U 中为同一类，但在 V 中却隶属于不同类别的数据点对数	将相似的样本归入不同的簇（同-不同）	错误的决策

表 8-2　兰德系数参数解释评价表

样本	簇　集		
	同一簇集	不同簇集	外部评价结果加总
相似样本	TP/a	FN/b	$a+b$
不相似样本	FP/c	TN/d	$c+d$
聚类结果加总	$a+c$	$b+d$	$a+b+c+d$

RI 计算"正确决策"的比率，故：

$$RI = \frac{TP+TN}{TP+FP+TN+FN} = \frac{TP+TN}{C_N^2} = \frac{a+d}{C_2^{n_{\text{samples}}}} \tag{8-18}$$

分母 C_N^2，$C_2^{n_{\text{samples}}}$ 皆表示任意两个样本为一类有多少种组合，是数据集中可以组成的总元素对数。

2）调整兰德系数

兰德系数的值在$[0,1]$范围，当聚类结果完美匹配时，兰德系数为 1。对于随机结果，RI 并不能保证分数接近零。为了实现"在聚类结果随机产生的情况下，指标应该接近零"，调整兰德系数被提出，它具有更高的区分度。

$$ARI = \frac{RI - E(RI)}{\max(RI) - E(RI)} \tag{8-19}$$

ARI $\in [-1,1]$，值越大，意味着聚类结果与真实情况越吻合。从广义的角度来将，ARI是衡量两个数据分布的吻合程度的。

ARI 的优点是对任意数量的聚类中心和样本数，随机聚类的 ARI 都非常接近于 0，可用于聚类算法之间的比较。ARI 的不足是需要真实标签。

3）互信息

互信息衡量了聚类结果和真实标签之间的信息增益，取值范围在 0 到 1 之间，越接近 1，表示聚类结果和真实标签越一致。

需要注意的是，不同的评估指标适用于不同的聚类场景和数据特点。在选择评估指标时，需要综合考虑聚类结果的紧密性、分离性、一致性和目标函数值等因素，并结合具体问题进行判断。同时，还可以使用多个评估指标来综合评估聚类的质量。

课后习题

1. 当数据缺失时怎么处理？除了直接舍去还有什么方法？如何使用聚类算法去填补缺失值？

2. 如果 K-means 的初始点是随机选取的，怎么知道哪种聚类结果是好的？比如重复了 100 次，哪一次聚类是最优的？

3. 基于 DBSCAN 的定义，若 x 为核心对象，由 x 密度可达的所有样本构成的集合为 X，试证明：X 满足连接性与最大性。

连接性（connectivity）：$x_i \in C, x_j \in C \Rightarrow x_i$ 与 x_j 密度相连

最大性（maximality）：$x_i \in C, x_j$ 由 x_i 密度可达 $\Rightarrow x_j \in C$

4. K-means 初始类簇中心点如何选取？

5. K-means 聚类的优缺点有哪些？

6. 如何快速收敛数据量超大的 K-means？

7. 如何对 K-means 聚类效果进行评估？

8. K-means 与 KNN 有什么区别？

9. 简述 K-means 算法的原理及工作流程。

10. 常见的距离度量方式有哪些？

11. 说明在什么情况下选择 K-means 聚类方法更合适，在什么情况下选择层次聚类方法更合适。

12. 简述在聚类方法中如何进行聚类评估。

13. 论述聚类方法在无监督学习中的作用和应用。

14. 论述 AGNES 算法使用最小距离和最大距离的区别。

15. 描述如何通过肘部法则（Elbow Method）来选择 K-means 聚类中的最佳 K 值。

16. 聚类结果的解释和可视化对于理解数据非常重要。讨论如何解释和可视化聚类结果。

17. 什么是轮廓系数？如何使用它来评估聚类的质量？

应用实例

即测即练

第 9 章

文 本 挖 掘

9.1 文本挖掘概述

随着信息技术和互联网的发展,组织的数字化转型加速推进,各类文本信息迅速积累,如企业会议记录、网站新闻、医疗记录、电子邮件文本和法院判决文书等。特别是 Web 2.0 技术使得各类社交媒体和电商平台兴起与快速发展,用户通过网络生成海量的非结构化文本内容,如电商平台商品评论、各类论坛用户评论、社交软件产生的文本信息等。面对数量如此巨大的文本数据,需要新的技术和工具对海量文本中的信息进行组织、查询和理解。

文本数据在用户画像、产品推荐、舆情分析等方面具有重要价值,与结构化数据结合,如企业运营数据等,文本数据能够帮助企业提升决策的准确性。但是,文本分析也面临许多挑战。自然语言的表达具有歧义性、随意性、拼写错误、缩写和网络用语等,如"一词多义""多词同义",需要结合上下文分析;对文本分析之前,需要将其转换成结构化的向量表示;文本向量维度往往较高,且稀疏;这些都为文本挖掘带来较大的困难。

9.1.1 文本挖掘的定义

现实世界中,产生越来越多的文本数据,需要文本挖掘技术和工具对海量文本中的信息进行组织和理解。这里主要讨论文本数据和文本挖掘的定义。

文本数据是自然语言文本的集合,是面向人的、可以被人理解的,但不能为人所充分利用。它具有自然语言固有的模糊性与歧义性,具有大量的噪声和不规则结构。

文本挖掘是指为了发现知识,从文本数据中抽取隐含的、以前未知的、潜在有用的模式的过程。它是一个分析文本数据、抽取文本信息,进而发现文本知识的过程。

与数据挖掘相比,文本挖掘的不同之处在于文本本身没有某一具体确定的形式且很难被机器理解,属于非结构化数据的分析,需要建立在文本预处理的基础上。

9.1.2 文本挖掘的过程

文本挖掘过程由文本获取、文本预处理、挖掘分析等步骤构成。图 9-1 显示了文本挖掘的一般过程。

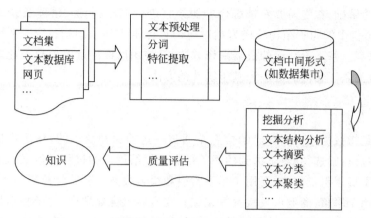

图 9-1　文本挖掘的一般过程

1. 文本获取

文本获取是文本挖掘的第一步,文本数据通常以文本数据库和网页等形式存在。获取网页文本需要使用网页爬虫程序,在具体操作时可以依据相关主题进行主题爬虫,或者依据目标链接网址进行通用爬虫,把网页中的信息爬取下来,以文本形式存储到文本数据库中。

2. 文本预处理

文本预处理首先是进行分词,就是把语句拆分成由一个个单独的词组成的序列,并进行词性标注。接下来是去除停用词等无用文本信息;下一步是文本表示,如词频(term frequency,TF)、TF-IDF(Term Frequency-Inverse Document Frequency,词频-逆文档频率)、Word2Vec 和 Glove 等方法,最后是特征降维,如 LSA(latent semantic analysis,隐含语义分析法)、pLSA(probabilistic latent semantic analysis,概率隐含语义分析法)等,为进一步的文本挖掘分析做准备。

3. 挖掘分析

在文本表示的基础上,把文本转换成矩阵,然后利用 SVM、决策树、神经网络、朴素贝叶斯等分类算法和层次方法、密度方法、划分方法等聚类算法进行文本挖掘,以及进一步的可视化分析等。

9.1.3　文本挖掘的应用

文本挖掘广泛应用在机器翻译、信息检索、商业智能、社会计算等领域。

1. 机器翻译

机器翻译是指以计算机为转化中介,将源语言文本直接转为其他目标语言文本。机器翻译分为原文分析、原文转化为译文以及生成为译文这三个阶段。机器翻译的方法分为两种:基于规则的机器翻译和基于语料库的机器翻译。基于规则的机器翻译方法主要是以词典和知识库作为基础,首先需要对被翻译的源语言进行词法、句法、语境及语义等方面的分析;然后将源语言中的句子结构转换为相对应的目标语言句子结构;最后利用词典或知识库,生成目标语言。基于语料库的机器翻译方法,是使用已标注过的语料库比对而进行语言翻译的方法,分为基于实例的方法和基于统计的方法。

2. 信息检索

信息检索是指数据库中所存储的信息是通过一定的原则组织的,在用户提出需求指令后,在数据库中进行筛选,并将筛选到的相关信息反馈给用户的过程。信息检索源于图书馆的参考咨询和文摘索引工作,主要用于提供索引和检索服务。随着计算机技术的发展,信息检索被广泛应用于军事、商业以及教育等领域。在自然语言处理中,句子相似度计算等判别式人工智能技术日益成为信息检索的关键技术,但是随着以 ChatGPT 为代表的生成式人工智能技术的出现,信息检索与人机对话的发展会越来越深入。

3. 商业智能

随着各类网络平台的发展,网络中的新闻、报告、用户生成评论等非结构化的文本数据越来越多,深入分析这些文本数据将会使企业作出更加准确的商业决策。如新产品开发、客户服务定制或推荐,通过对客户评论或行为信息的分析,可以实现精准用户画像,进而提供个性化产品或服务定制与推荐,提升客户满意度,这些在在线旅游线路设计、金融产品推荐、电商平台产品推荐、各类消费品或服务的开发方面都有广泛应用。通过公司年报和股票平台用户评论的分析预测股票价格,进而指导企业或投资者进行投资决策等应用。

4. 社会计算

社会计算是在互联网环境下,以现代信息技术为手段,以社会科学理论为指导,帮助人们分析社会关系、挖掘社会知识,协助社会沟通,研究社会规律,破解社会难题的学科。典型的社会计算应用领域是社会网络分析。社会化媒体赋予每个用户创造并传播内容的能力,使用户能够实施个性化发布、社会化传播,将用户群体组织成社会化网络,如 Twitter、Facebook、微博和微信等平台。社会计算能发现社会网络中个人与群体及其相互之间的关系,发现它们的组织特点、行为方式等特征,进而研究人群的社会结构,以使他们之间进一步共享、交流与写作,如网络舆情分析、企业社会化协作等。

9.2 文本表示方法

文本原始结构为非结构化的字符串,需要将非结构化的文本数据结构化,才能进一步使用机器学习模型和算法进行处理。通常的做法就是把文本映射到特定的特征空间中,将文本表示为能够刻画其语义信息的特征向量。常见的文本表示方法(或称文本向量化)主要有离散表示和分布表示两种,离散表示是一种基于规则和统计的向量化方式,常用的方法有词典法和词袋法(bag of words,BOW)。分布表示是将每个词根据上下文从高维空间映射到一个低维度、稠密的向量上,也称词嵌入(word embedding)法,如表 9-1 所示。

表 9-1　文本表示方法

文本表示方法	技　术	维度类比	任　务	举　例
词典法	词数量(LIWC)	原子	统计每句话的名词个数	sent_num1 = 2 sent_num2 = 1
词袋法	one-hot 编码 TF TF-IDF N-Gram	分子	转化为词向量,计算两个句子的相似度	vec1 = [1,1,1,1,1,0] vec2 = [0,1,0,1,0,1] similarity = cosine(vec1,vec2)
词嵌入法	Word2Vec、glove 等	中子、质子、电子	词语相似度	mom = [0.2,0.7,0.1] dad = [0.3,0.5,−0.2]

9.2.1　词袋法

词袋法一般采用向量空间模型(Vector Space Model)将文本表示成高维向量,向量中的每一个维度代表一个词,每一个维度上的取值表示该词在文本中的权重。进一步采用文本降维方法,将高维的文本向量降到低维的语义空间,以更好地表示文本的语义信息。常用的向量空间模型包括词频模型 TF、改进的词频模型 TF-IDF 和考虑词序的 N-Gram 模型。

1. TF 模型

TF 模型是基于文档中出现的词的频次,对其进行特征表示。在 TF 模型中,文本特征向量的每一个维度对应词典中的一个词,其取值为该词在文档中的出现频次。每篇文档的特征向量的维数即为词典的大小。TF 模型可以形式地描述为:给定词典 $W=\{w_1,w_2,\cdots,w_V\}$,文档 d 可以表示为特征向量 $d=\{t_1,t_2,\cdots,t_V\}$,其中,V 为词典大小,w_i 表示词典中第 i 个词,t_i 表示词 w_i 在文档 d 中出现的次数。

TF 模型记录了文档中词的出现情况,从而较好地刻画了文档的主要信息。但是,TF 模型假设文档中出现频次越高的词对刻画文档信息所起的作用越大,而不考虑不同词对区分不同文档的不同贡献。

2. TF-IDF 模型

为了克服 TF 模型的不足,研究者提出了 TF-IDF 模型,在计算每一个词的权重时,不仅考虑词频,还考虑包含词的文档在整个文档集中的频次信息。TF-IDF 模型使用词在整个文档集中的文档频率来改进 TF 模型。假设文档集一共包含 n 个文档,tf(t,d) 表示词 t 在文档 d 中的词频。词 t 的文档频率 $df(t)$ 是指文档集中出现了词 t 的文档数量。词的逆文档频率 IDF 通过式(9-1)进行计算:

$$\text{idf}(t) = \ln\frac{n+1}{df(t)+1} + 1 \tag{9-1}$$

进一步,TF-IDF 模型通过结合词频 tf(t,d) 和词 t 的逆文档频率 idf(t) 来确定一个词 t 在文档 d 中的重要性。具体的计算公式见式(9-2):

$$\text{tf} - \text{idf}(t, \boldsymbol{d}) = \text{tf}(t, \boldsymbol{d}) \cdot \text{idf}(t) \tag{9-2}$$

3. N-Gram 模型

在 TF 模型和 TF-IDF 模型中,将词作为高维向量空间中的一个维度。这种处理方法隐含的假设是词在文档中是无序的,但是在文本分析中考虑次序对于保留语义信息是十分必要的。一种改进的方式是将文档中连续出现的 n 个词作为向量空间中的一个维度,这种表示文本的模型称为 N-Gram 模型。当 $n=1$ 时,称为一元语法(unigram);当 $n=2$ 时,称为二元语法(bigram);当 $n=3$ 时,称为三元语法(trigram)。N-Gram 模型虽然能一定程度上考虑词序信息,但是会让文本的维度指数增长。

9.2.2 词嵌入法

词嵌入是一种将单词映射到连续向量空间的技术,它将单词表示为实数向量。这种表示形式捕捉了单词之间的语义和句法关系,使计算机能够更好地理解和处理自然语言。词嵌入法假设不同的词语是由 n 维语义组成的线性组合,目的是把词语转为向量。

传统的文本处理方法将单词表示为离散的符号,忽略了单词之间的关联和语义信息。而词嵌入通过学习单词在上下文中的分布模式,将语义相似的单词映射到向量空间中的相邻位置,使得相似的单词在向量空间中距离较近。

相比传统以人工编码和词频统计为主导的文本分析方式,词嵌入的优势在于:第一,借助计算机分析技术,可以在短时间内以较低成本实现对大规模文本数据的高效处理;第二,在挖掘文本特征和理解文本内容时,更多地依赖文本自身的分布规律,遵循"数据驱动"的分析逻辑;第三,面对跨时间、跨文化比较的研究话题,在挖掘社会学、行为学变量及变量关系等领域有广阔的应用前景。

词嵌入的学习可以通过监督学习或无监督学习来实现。常用的词嵌入法有 Word2Vec、Doc2Vec、Bert、GloVe(Global Vectors for Word Representation)和 FastText。下面对 Word2Vec 模型和 Doc2Vec 模型进行具体介绍。

1. Word2Vec 模型

Word2Vec 模型是简化的神经网络模型。作为最常用的无监督学习方法之一,它利用大规模文本语料库进行训练,通过预测上下文或目标单词来学习单词的向量表示,利用该工具得到的训练结果可以很好地度量词与词之间的相似性。Word2Vec 模型的特点是当模型训练好后,并不会使用训练好的模型处理新的任务,真正需要的是模型通过训练数据所学得的参数,如隐藏层的权重矩阵。

Word2Vec 模型的输入是独热向量,根据输入和输出模式不同,Word2Vec 模型分为 CBOW(Continuous Bag-of-Words)模型和 Skip-Gram 模型。CBOW 模型的训练输入是某一个特定词的上下文对应的独热向量,而输出是这个特定词的概率分布。Skip-Gram 模型的输入是一个特定词的独热向量,而输出是这个特定词的上下文的概率分布。CBOW 模型对小型语料较适用,而 Skip-Gram 模型在大型语料中表现更好。

1）CBOW 模型

CBOW 模型根据上下文的词语预测目标词出现的概率，其结构如图 9-2 所示。CBOW 模型的神经网络包含输入层、隐藏层和输出层。输入层的输入是某一个特定词上下文的独热向量，输出层的输出是在给定上下文的条件下特定词的概率分布。

（1）CBOW 模型的网络结构。假设某个特定词的上下文含 C 个词，词汇表中词汇量的大小为 V，每个词都用独热向量表示，神经网络相邻层的神经元是全连接的。其网络结构如下。

① 输入层含有 C 个单元，每个单元含 V 个神经元，用于输入 V 维独热向量。

② 隐藏层的神经元个数为 N，在输入层中，每个单元到隐藏层连接权重值共享 1 个 $V \times N$ 维的权重矩阵 $\boldsymbol{W}$，如式（9-3）所示。

$$\boldsymbol{W} = \begin{bmatrix} v_{11} & \cdots & v_{1n} \\ \vdots & \ddots & \vdots \\ v_{V1} & \cdots & v_{VN} \end{bmatrix} \tag{9-3}$$

③ 输出层含有 V 个神经元，隐藏层到输出层连接权重为 $N \times V$ 维权重矩阵 $\boldsymbol{W}'$，如式（9-4）所示。

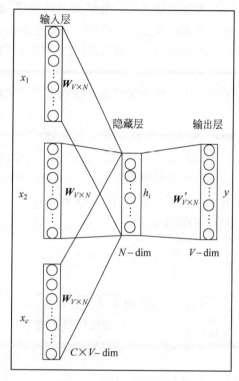

图 9-2　CBOW 模型的结构

$$\boldsymbol{W}' = \begin{bmatrix} v'_{11} & \cdots & v'_{1N} \\ \vdots & \ddots & \vdots \\ v'_{V1} & \cdots & v'_{VN} \end{bmatrix} \tag{9-4}$$

④ 输出层神经元的输出值表示词汇表中每个词的概率分布，通过 softmax 函数计算每个词出现的概率。

（2）CBOW 模型的数学形式。假定预测目标值只有一个词，即模型是在只有一个上下文的情况下预测一个目标词，此时 CBOW 模型的结构如图 9-3 所示。

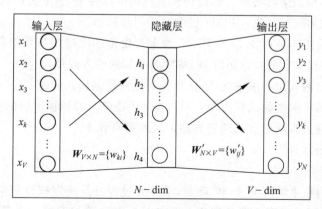

图 9-3　单个上下文 CBOW 模型的结构

模型的输入为一个 V 维独热向量，输出也是一个 V 维向量，它包含了 V 个词的概率，每一个概率代表输入一个词的条件下输出词的概率。

假设给定一个输入 $\boldsymbol{x}$（独热向量），则隐藏层的输出如式（9-5）所示。

$$h = \boldsymbol{x}^{\mathrm{T}} W \tag{9-5}$$

输出层每个神经元的输入如式（9-6）所示。

$$\boldsymbol{u}_j = \boldsymbol{w}'^{\mathrm{T}}_j \cdot h \tag{9-6}$$

其中，$\boldsymbol{w}'_j$ 是矩阵 $\boldsymbol{W}'$ 的第 j 列向量。

词汇表中的词用 w 表示，w_I 表示实际输入的词，w_O 表示目标词，词汇表中第 j 个词用 w_j 表示，条件概率 $p(w_O = w_j \mid w_I)$ 表示输入词为 w_I、目标词为 w_j 的概率。输出层每个神经元的输出值用 softmax 函数计算，当输入词为 w_I，词汇表中每个词为目标词的概率如式（9-7）所示。

$$y_j = p(w_O = w_j \mid w_I) = \frac{\exp(u_j)}{\sum_{j'=1}^{V} \exp(u_j)}, \quad j = 1, 2, \cdots, V \tag{9-7}$$

（3）CBOW 模型的损失函数。CBOW 模型输出的真实目标词的概率记为 $p(w_O = w_j \mid w_{I_1}, w_{I_2}, \cdots, w_{I_C})$，训练的目的就是使这个概率最大，如式（9-8）所示。

$$\max p(w_O = w_j \mid w_{I_1}, w_{I_2}, \cdots, w_{I_C}) = \max \log p(w_O = w_j \mid w_{I_1}, w_{I_2}, \cdots, w_{I_C})$$

$$= \max \log \frac{\exp(u_{j^*})}{\sum_{j'=1}^{V} \exp(u_{j'})}$$

$$= \max \left(u_{j^*} - \log \sum_{j'=1}^{V} \exp(u_{j'}) \right) \tag{9-8}$$

其中，j^* 为真实目标词在词汇表中的下标。

在实际求解过程中，习惯求解目标函数的最小值，因此，定义损失函数如式（9-9）所示。

$$E = -\log p(w_O \mid w_{I_1}, w_{I_2}, \cdots, w_{I_C}) = \log \sum_{j'=1}^{V} \exp(u_{j'}) - u_{j^*} \tag{9-9}$$

（4）CBOW 模型的学习步骤。假设词向量空间维度为 V，上下文词的个数为 C，词汇表中的所有词都转化为独热向量，CBOW 模型的学习步骤如下。

① 初始化权重矩阵 $\boldsymbol{W}$（$V \times N$ 矩阵，N 为人为设定的隐藏层单元的数量），输入层的所有独热向量分别乘以共享的权重矩阵 $\boldsymbol{W}$，得到隐藏层的输入向量。

② 对隐藏层的输入向量求平均，将结果作为隐藏层的输入向量。

③ 隐藏层的输出向量乘以权重矩阵 $\boldsymbol{W}'$（$N \times V$ 矩阵），得到输出层的输入向量。

④ 输入向量通过激活函数处理得到输出层的概率分布。

⑤ 计算损失函数。

⑥ 更新权重矩阵。

CBOW 模型由权重矩阵 $\boldsymbol{W}$ 和 $\boldsymbol{W}'$ 确定，学习的过程就是确定权重矩阵 $\boldsymbol{W}$ 和 $\boldsymbol{W}'$ 的过程，权重矩阵可以通过随机梯度下降法确定。具体过程是先给权重赋一个随机值进行初始化，然后按顺序训练样本，计算损失函数及其梯度，再在梯度方向更新权重矩阵。

2）Skip-Gram 模型

Skip-Gram 模型与 CBOW 模型相反,是根据目标词预测上下文。Skip-Gram 模型的结构如图 9-4 所示。

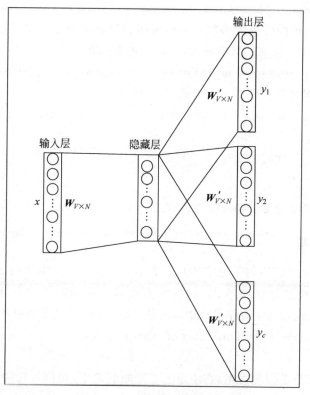

图 9-4　Skip-Gram 模型的结构

（1）Skip-Gram 模型的结构。假设词汇表中词汇量的大小为 V,隐藏层的大小为 N,相邻层的神经元是全连接的,Skip-Gram 模型的结构组成如下。

① 输入层含有 V 个神经元,输入是一个 V 维独热向量。

② 输入层到隐藏层连接权重是一个 $V \times N$ 维的权重矩阵 $\boldsymbol{W}$。

③ 输出层含有 C 个单元,每个单元含有 V 个神经元,隐藏层到输出层每个单元连接权重共享一个 $N \times V$ 维权重矩阵 $\boldsymbol{W}'$。

④ 输出层每个单元使用 softmax 函数计算得到上下文的概率分布。

（2）Skip-Gram 模型的数学形式。假设给定一个输入 $\boldsymbol{x}$,则隐藏层的输出为一个 N 维向量,如式(9-10)所示。

$$h = \boldsymbol{x}^{\mathrm{T}} \boldsymbol{W} \tag{9-10}$$

输出层有 $C \times V$ 个输出神经元,每个神经元节点的净输入如式(9-11)所示。

$$\boldsymbol{u}_{c,j} = \boldsymbol{v}'^{\mathrm{T}}_{W_j} \cdot h \tag{9-11}$$

其中,$\boldsymbol{u}_{c,j}$ 为输出层第 c 个单元的第 j 个神经元的净输入,$\boldsymbol{v}'_{W_j}$ 是矩阵 $\boldsymbol{W}'$ 的第 j 列向量。

由于每个输出单元共享相同的 $\boldsymbol{W}'$,所以每个单元的第 j 个神经元的净输入相同,即 $\boldsymbol{u}_{c,j} = \boldsymbol{u}_j$。净输入经过 softmax 函数计算后,输出层第 c 个单元的第 j 个神经元的输出表达式如式(9-12)所示。

$$y_{c,j} = p(w_{c,j} = w_{o,c} \mid w_I) = \frac{\exp(u_{c,j})}{\sum_{j'=1}^{V} \exp(u_j)}, \quad j = 1, 2, \cdots, V \tag{9-12}$$

（3）Skip-Gram 模型的损失函数。模型训练的目标是给定一个特定词，使得输出的 C 个单元为实际的 C 个上下文的概率最大，即最大化条件概率，如式(9-13)所示。

$$p(w_{o,1}, w_{o,2}, \cdots, w_{o,c} \mid w_I) = p(w_{o,1} \mid w_I) p(w_{o,2} \mid w_I) \cdots p(w_{o,c} \mid w_I) \tag{9-13}$$

Skip-Gram 模型的损失函数定义如式(9-14)所示。

$$E = -\log p(w_{o,1}, w_{o,2}, \cdots, w_{o,c} \mid w_I) = -\log p(w_{o,1} \mid w_I) p(w_{o,2} \mid w_I) \cdots p(w_{o,c} \mid w_I)$$

$$= -\log \prod_{c=1}^{C} \frac{\exp(u_{c,j_c^*})}{\sum_{j'=1}^{V} \exp(u_{j'})} = \sum_{c=1}^{C} u_{c,j_c^*} + C \cdot \log \sum_{j'=1}^{V} \exp(u_{j'}) \tag{9-14}$$

其中，j_c^* 为第 c 个单元上的词在词汇表中的索引。

2. Doc2Vec 模型

Word2Vec 方法只保留句子或文本中词的信息，会丢失文本中的主题信息。Doc2Vec 模型与 Word2Vec 模型类似，是在 Word2Vec 模型输入层增添了一个与词向量同维度的段落向量，可以将这个段落向量看作另一个词向量。Doc2Vec 模型主要有两种：DM(Distributed Memory)模型和 DBOW(Distributed Bag of Words)模型。

1) DM 模型

DM 模型与 CBOW 模型类似，在给定上下文的前提下，预测目标词出现的概率，DM 模型的输入不仅包括上下文，而且包括相应的段落。

假设词汇表中词汇量的大小为 V，每个词都用独热向量表示，神经网络相邻层的神经元是全连接的。DM 模型的网络结构如下。

（1）输入层 1 个段落单元、C 个上下文单元，每个单元有 V 个神经元，用于输入 V 维独热向量。

（2）隐藏层的神经元个数为 N，隐藏层到输出层的连接权重为 $V \times N$ 维矩阵 $\boldsymbol{D}$，每个上下文单元到隐藏层的连接权重共享一个 $V \times N$ 维的权重矩阵 $\boldsymbol{W}$。

（3）输出层含有 V 个神经元，隐藏层到输出层的连接权重为 $N \times V$ 维的权重矩阵 $\boldsymbol{W'}$。

（4）通过 softmax 函数计算输出层的神经元输出值。

DM 模型增加了一个与词向量长度相当的段落向量，即段落 ID，从输入到输出的计算过程如下，DM 模型的网络结构如图 9-5 所示。

段落 ID 通过矩阵 $\boldsymbol{D}$ 映射成段落向量。段落向量和词向量的维数虽然一样，但是代表了两个不同的向量空间。每个段落或句子被映射到向量空间中，可以用矩阵 $\boldsymbol{D}$ 的一列表示。上下文通过矩阵 $\boldsymbol{W}$ 映射到向量空间，用矩阵 $\boldsymbol{W}$ 的一列表示。将段落向量和词向量求平均或按顺序拼接后输入 softmax 层。

在句子或文档的训练过程中，段落 ID 始终保持不变，共享同一个段落向量，相当于每次在预测词的概率时，都利用了整个句子的语义。在预测阶段，为预测的句子新分配一个段落

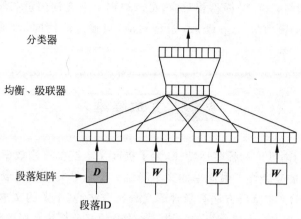

图 9-5　DM 模型的网络结构

ID,词向量和输出层的参数保持不变,重新利用随机梯度下降算法训练预测的句子,待误差收敛后即可得到预测句子的段落向量。

2) DBOW 模型

与 Skip-Gram 模型只给定一个词语预测上下文概率分布类似,DBOW 模型输入只有段落向量,DBOW 模型通过一个段落向量预测段落中随机词的概率分布。其网络结构如图 9-6 所示。

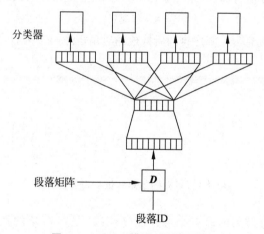

图 9-6　DBOW 模型的网络结构

DBOW 模型的训练方法忽略输入的上下文,让模型去预测段落中的随机一个词,在每次迭代的时候,从文本中采样得到一个窗口,再从这个窗口中随机采样一个词作为预测任务并让模型去预测,输入就是段落向量。

Doc2Vec 模型主要包括以下两个步骤。

(1)训练模型。在已知的训练数据中得到词向量 W、各参数项和段落向量或句子向量 D。

(2)推断过程。对于新的段落,在矩阵 D 中添加更多的列,并且在固定参数的情况下利用上述方法进行训练,使用梯度下降法得到新的 D,从而得到段落的向量表达。

Doc2Vec 是 Word2Vec 的升级,Doc2Vec 不仅提取文本的语义信息,而且提取了文本的语序信息。DM 模型与 CBOW 模型相对应,可以根据上下文词向量和段落向量预测目标词的概率分布。DBOW 模型与 Skip-Gram 模型对应,只输入段落向量,预测从段落中随机抽取的词组概率分布。

9.3 文本降维

由于文本数据的高维度和稀疏性特征,为了提高文本挖掘算法效率,通常需要对文本降维,以降低数据维度的复杂性。最简单的文本降维方法就是关键词提取,选取文本数据中词的子集。目前,常用的文本降维方法有隐含语义分析方法、基于图的文本排序方法等,这里主要介绍两种能够提取文本中语义信息的方法——隐含语义分析法和概率隐含语义分析法。

9.3.1 隐含语义分析法

隐含语义分析法是将文本和词映射到低维空间表示的方法。假设文本集合表示成 N 行 M 列的矩阵 $\boldsymbol{X}$,其中 N 表示词的个数,M 表示文本数量;矩阵 $\boldsymbol{X}$ 的第 j 列,表示文档 d_j;x_{ij} 表示第 i 个词在文档 d_j 中出现的次数。

对矩阵 $\boldsymbol{X}$ 进行奇异值分解(singular value decomposition,SVD),如式(9-15)所示。

$$\boldsymbol{X}=\boldsymbol{U}\boldsymbol{\Sigma}\boldsymbol{V}^{\mathrm{T}} \tag{9-15}$$

其中,$\boldsymbol{U}$ 为奇异矩阵;$\boldsymbol{\Sigma}$ 为奇异值降序排列后构成的对角矩阵;$\boldsymbol{V}^{\mathrm{T}}$ 为右奇异矩阵,如图 9-7 所示。

$$\underset{\boldsymbol{X}}{\begin{bmatrix} x_{11} & \cdots & x_{1M}\\ \vdots & \ddots & \vdots \\ x_{N1} & \cdots & x_{NM}\end{bmatrix}} = \underset{\boldsymbol{U}}{\begin{bmatrix}\begin{bmatrix}u_1\end{bmatrix} & \cdots & \begin{bmatrix}u_1\end{bmatrix}\end{bmatrix}}\underset{\boldsymbol{\Sigma}}{\begin{bmatrix}\delta_0&\cdots&0\\ \vdots&\ddots&\vdots\\0&\cdots&\delta_l\end{bmatrix}}\underset{\boldsymbol{V}^{\mathrm{T}}}{\begin{bmatrix}[\quad v_1\quad]\\ \vdots\\ [\quad v_l\quad]\end{bmatrix}}$$

图 9-7 对文档集矩阵进行奇异值分解

LSA 选择奇异值分解后的前 k 个奇异值($k<l$,l 是矩阵 $\boldsymbol{X}$ 的秩),以及 $\boldsymbol{X}$ 和 $\boldsymbol{V}^{\mathrm{T}}$ 中对应的奇异向量。将对应的矩阵和向量记为 $\boldsymbol{U}_k$、$\boldsymbol{\Sigma}_k$ 和 $\boldsymbol{V}_k^{\mathrm{T}}$,得到原始文档矩阵 $\boldsymbol{X}$ 的一个近似 $\boldsymbol{X}_k$,如图 9-8 所示。

$$\boldsymbol{X}_k=\boldsymbol{U}_k\boldsymbol{\Sigma}_k\boldsymbol{V}_k^{\mathrm{T}} \tag{9-16}$$

$$\boldsymbol{X}_k = \underset{\boldsymbol{U}_k}{\begin{bmatrix}\begin{bmatrix}u_1\end{bmatrix} & \cdots & \begin{bmatrix}u_k\end{bmatrix}\end{bmatrix}}\cdot\underset{\boldsymbol{\Sigma}_k}{\begin{bmatrix}\delta_0&\cdots&0\\ \vdots&\ddots&\vdots\\0&\cdots&\delta_k\end{bmatrix}}\cdot\underset{\boldsymbol{V}_k^{\mathrm{T}}}{\begin{bmatrix}[\quad v_1\quad]\\ \vdots\\ [\quad v_k\quad]\end{bmatrix}}$$

图 9-8 选择前 k 个奇异值对应的奇异向量

通过上述方式得到的矩阵 $\boldsymbol{X}_k$ 是原始矩阵 $\boldsymbol{X}$ 的 F-范数（即矩阵全部元素平方和的平方根）下误差最小的近似。$\boldsymbol{U}_k$ 是一个 N 行 k 列的矩阵，每一行代表一个词在 k 维语义空间的表示。$\boldsymbol{V}_k^{\mathrm{T}}$ 是一个 k 行 M 列的矩阵，每一列代表文档在 k 维语义空间的表示。

LSA 方法存在的问题是没有解决"一词多义"问题，需要人工选择维度 k。另外，LSA 方法是基于向量空间模型的，没有考虑文档中的词序信息，也没有利用概率来对词的频次进行建模。

9.3.2　概率隐含语义分析法

概率隐含语义分析法在 LSA 模型的基础上增加概率模型，以解决稀疏性问题。用 $p(d)$ 表示文档 d 出现的概率，$p(w|d)$ 表示词 w 在文档 d 中出现的概率。假设存在 k 个隐含的语义，使用符号 z 来表示语义变量，那么 $p(w|z)$ 表示一个具体的词 w 属于语义 z 的概率，而 $p(z|d)$ 用于表示文档 d 中语义 z 的分布。具体地，引入隐含语义后，$p(w|d)$ 可以写成如下形式：

$$p(w \mid d) = \sum_z p(w \mid z) p(z \mid d) \tag{9-17}$$

pLSA 模型属于概率图模型中的产生式模型。给定文档 d 后，以一定的概率（通过分布 $p(z|d)$）选择词对应的语义 z，然后以一定的概率（通过分布 $p(w|z)$）选择具体的单词。其中 $p(z|d)$ 和 $p(w|z)$ 均为多项式分布。在 pLSA 模型中，词的产生过程如图 9-9 所示。

假设需要处理的文档集包含 M 个文档，文档中词的个数为 N。pLSA 是一种有向图模型，其图形化表示如图 9-10 所示。

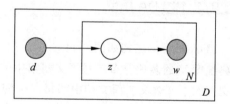

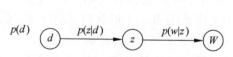

图 9-9　pLSA 模型中词的产生过程　　　　图 9-10　pLSA 模型的图形化表示

对于单独的文档 d_i 和词 w_j，其联合概率可以写成如下形式：

$$p(w_j, d_i) = p(d_i) \sum_z p(w_j \mid z) p(z \mid d_i) \tag{9-18}$$

使用标记 $n(w_j, d_i)$ 表示 w_j 在文档 d_i 中出现的次数。假设词的生成相互独立，在 pLSA 模型下，文档集的似然函数为

$$L = \prod_{d_i} \prod_{w_j} p(w_j, d_i)^{n(w_j, d_i)} \tag{9-19}$$

结合式（9-18），pLSA 模型下文档集的对数似然函数 LL 可以表示为

$$
\begin{aligned}
\mathrm{LL} &= \sum_{i,j} n(w_j, d_i) \ln p(w_j, d_i) \\
&= \sum_{i,j} n(w_j, d_i) \ln \left(p(d_i) \sum_z p(w_j \mid z) p(z \mid d_i) \right)
\end{aligned} \tag{9-20}
$$

式(9-20)就是最大对数似然法求解模型的目标函数,隐含的约束条件 $p(w_j|z) \geqslant 0$, $p(z|d_i) \geqslant 0$, $\sum_z p(z|d_i) = 1$ 和 $\sum_j p(w_j|z) = 1$。

对 pLSA 最优化问题求解使用 EM 算法,其基本思想是找到对数似然函数 LL 的一个形式更简单的下界函数 LL_{lower},通过不断优化该下界函数来优化 LL。

与 LSA 方法相比,pLSA 方法通过隐含变量 z 引入隐含语义的概念。同时,概率模型的引入使得 pLSA 方法比 LSA 方法具有更加坚实的统计理论基础。通过分布 $p(w|z)$,可以对同一个词在不同语义下的概率进行估计,从而一定程度解决"一词多义"问题。分布 $p(w|d)$ 可以作为文档 d 在低维空间下的表示,通过 $p(w|z)$ 可以进一步得到每一个语义所代表的含义。

9.4　主题分析

主题模型(Topic Modeling)是一种从文档集中发现主题的方法,这些主题能够很好地代表文档所包含的信息。主题模型能够发现文档集中隐含的主题模式,根据主题对文档进行标注,利用文档的主题标注来对文本数据进行组织、查询和摘要。

主题由一组揭示主题含义的词所构成。例如,"人工智能"这个主题,由"统计学""计算机科学""机器学习""深度学习""数据库""算法"等词来表示。最为经典的主题模型是由 Blei 等[1] 2003 年提出的 LDA 模型,是一种无监督机器学习方法。

9.4.1　LDA 模型

LDA 模型的结构如图 9-11 所示。假设文档集对应有 K 个隐含主题,每一个主题都是词典维度 V 的多项分布。对于文档集中的每一个文档 d,存在一个隐含的主题分布,代表这个文档的语义含义。而文档中的每一个词,都是从某一个主题中生成的。

在 LDA 模型中,主题在词上的分布和文档的主题分布都是多项分布,它们本身是从某一个狄利克雷分布中抽样生成。狄利克雷分布是整个 LDA 模型的核心,除了稀疏性与现实相符以外,狄利克雷分布是多项分布的共轭先验分布。假设文档的主题分布和主题在词上的分布均为多项分布,采用狄利克雷分布能够为 LDA 模型的求解带来方便。

下面简单介绍 LDA 模型中使用的标记。假设文档集一共包含 M 篇文档,N 表示文档中的词的数量。整个文档集一共包含 K 个主题,β_k 表示第 k 个主题。θ_d 表示文档 d 的主题分布。$\omega_{d,n}$ 和 $z_{d,n}$ 分别表示文档 d 中第 n 个词及其所属的主题。α 和 η 分别为文档主题分布的超参数和主题分布的超参数。在上述标记下,LDA 模型的图形化表示如图 9-12 所示。

根据有向图的相关知识,LDA 模型中观察变量 ω 和隐含变量 θ, z, β 联合密度为

---

① BLEI D M,NG A Y,JORDAN M I. Latent dirichlet allocation[J]. Journal of machine learning research,2003,3: 993-1022.

主题　　　　　　　　　　　文档　　　　　　　　　　　　主题分布

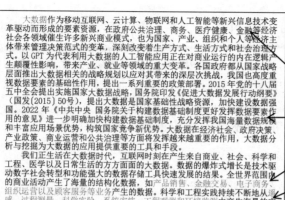

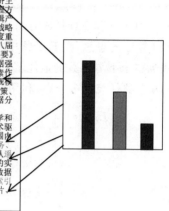

图 9-11　LDA 模型的结构

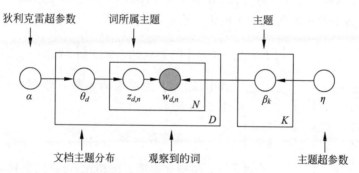

图 9-12　LDA 模型的图形化表示

$$p(\theta, z, \omega, \beta \mid \alpha, \eta) = p(\beta \mid \eta) p(\theta \mid \alpha) p(z \mid \theta) p(\omega \mid z, \beta)$$

$$= \prod_{k=1}^{K} p(\beta_k \mid \eta) \prod_{d=1}^{D} p(\theta_d \mid \alpha) \prod_{n=1}^{N_d} p(z_{d,n} \mid \theta_d) p(\omega_{d,n} \mid z_{d,n}, \beta_{z_{d,n}})$$

$$(9\text{-}21)$$

其中, $p(\beta_k \mid \eta)$ 和 $p(\theta_d \mid \alpha)$ 为狄利克雷分布; $p(z_{d,n} \mid \theta_d)$ 和 $p(\omega_{d,n} \mid z_{d,n}, \beta_{z_{d,n}})$ 为多项分布。

9.4.2　参数估计

LDA 模型通常有变分推理和吉布斯(Gibbs)采样两种参数估计方法,都是近似算法。

1. 变分推理

变分推理计算效率高,但是推导较为复杂。式(9-22)中,对隐含变量 θ, z, β 进行积分,然后取对数,得到对数似然函数 L 如下:

$$L = \ln \int_\theta \int_z \int_\beta p(\beta \mid \eta) p(\theta \mid \alpha) p(z \mid \theta) p(\omega \mid z, \beta) \mathrm{d}\beta \mathrm{d}z \mathrm{d}\theta$$

$$= \ln \int_\beta \prod_{k=1}^K \mathrm{Dir}(\beta_k \mid \eta) \prod_{k=1}^K \int_{\theta_d} \mathrm{Dir}(\theta_d \mid \alpha) \prod_{n=1}^{N_d} \sum_{z_{d,n}} \prod_{v=1}^V (\theta_{d,k}\beta_{k,v})^{\omega_{d,n}^v} \mathrm{d}\theta_d \mathrm{d}\beta \quad (9\text{-}22)$$

由于 θ 和 β 总是成对出现,上述目标函数不存在解析解,因此需要使用近似算法。采用 EM 算法的思想,在 E 步骤中找到对数似然 L 的一个容易优化的下界函数,在 M 步骤中则找到这个下界函数的最优解。要得到一个好的下界函数,首先假设 $q(\theta, z, \beta)$ 是隐含变量 θ, z, β 上的任意一个分布,利用延森不等式,可以得到 L 的下界函数。

$$L = \ln \int_\theta \int_z \int_\beta p(\theta, z, \omega, \beta \mid \alpha, \eta) \mathrm{d}\beta \mathrm{d}z \mathrm{d}\theta$$

$$= \ln \int_\theta \int_z \int_\beta \frac{p(\theta, z, \omega, \beta \mid \alpha, \eta)}{q(\beta, z, \theta \mid \lambda, \gamma, \phi)} q(\beta, z, \theta \mid \lambda, \gamma, \phi) \mathrm{d}\beta \mathrm{d}z \mathrm{d}\theta$$

$$\geqslant \int_\theta \int_z \int_\beta q(\beta, z, \theta \mid \lambda, \gamma, \phi) \ln \frac{p(\theta, z, \omega, \beta \mid \alpha, \eta)}{q(\beta, z, \theta \mid \lambda, \gamma, \phi)} \mathrm{d}\beta \mathrm{d}z \mathrm{d}\theta$$

$$= E_q[\ln p(\theta, z, \omega, \beta \mid \alpha, \eta)] - E_q[\ln q(\beta, z, \theta \mid \lambda, \gamma, \phi)] = E_{\mathrm{lower}} \quad (9\text{-}23)$$

为了使下界函数 E_{lower} 容易优化,分布 $q(\theta, z, \beta)$ 的形式应该足够简单。在 LDA 的变分推理中,假设该分布中的每一个变量相互独立,即 q 满足:

$$q(\beta, z, \theta \mid \lambda, \gamma, \phi) = \prod_{k=1}^K \mathrm{Dir}(\beta_k \mid \lambda_k) \prod_{d=1}^D \left(\mathrm{Dir}(\theta_d \mid \gamma_d) \prod_{n=1}^{N_d} \mathrm{Mult}(z_{d,n} \mid \phi_{d,n}) \right) \quad (9\text{-}24)$$

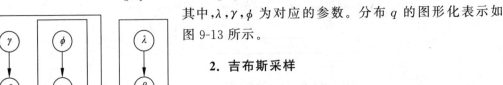

其中,λ, γ, ϕ 为对应的参数。分布 q 的图形化表示如图 9-13 所示。

图 9-13　LDA 模型隐含变量的近似分布 q

2. 吉布斯采样

与变分推理方法相比,吉布斯采样方法简单易于实现,但是计算效率较低。吉布斯采样每次只关注一个变量,在固定其他变量的前提下得到当前变量的条件密度。然后以迭代的方式反复采样,根据采样值来对参数进行估计。

首先引入两个计数标记 $\Omega_{d,k}$ 和 $\Psi_{k,v}$,其中 $\Omega_{d,k}$ 用于记录文档 d 被采样成主题 k 的次数,$\Psi_{k,v}$ 表示词 v 被采样成主题 k 的次数。为了简单,只关注变量 z。因此,在式(9-21)的联合概率中需要对 θ 和 β 进行积分,得到 z 和 ω 的联合密度。

$$p(z, \omega \mid \alpha, \eta) = \prod_{k=1}^K \frac{B(\eta + \Psi_k)}{B(\eta)} \prod_{d=1}^D \frac{B(\alpha + \Omega_d)}{B(\eta)} \quad (9\text{-}25)$$

利用贝叶斯公式 $p(z_{d,n} \mid z_{-d,n}, \omega, \alpha, \eta) = \dfrac{p(z, \omega \mid \alpha, \eta)}{p(z_{-d,n}, \omega_{-d,n}, \omega_{d,n} \mid \alpha, \eta)}$,经过数学推导,可以得到变量 z 的吉布斯采样公式:

$$p(z_{d,n} = k \mid z_{-d,n}, \omega, \alpha, \eta) = \frac{\eta_v + \Psi_{k,v} - 1}{\sum\limits_{v=1}^V (\eta_v + \Psi_{k,v}) - 1} \frac{\alpha_k + \Omega_{d,k} - 1}{\sum\limits_{k=1}^K (\alpha_k + \Omega_{d,k}) - 1}$$

$$\propto \frac{\eta_v + \Psi_{k,v} - 1}{\sum\limits_{v=1}^{V}(\eta_v + \Psi_{k,v}) - 1}(\alpha_k + \Omega_{d,k} - 1) \tag{9-26}$$

根据 θ 和 β 的定义,得到其估计公式:

$$\hat{\theta}_{d,k} = \frac{\Omega_{d,k} + \alpha_k}{\sum\limits_{k=1}^{K}\Omega_{d,k} + \alpha_k} \tag{9-27}$$

$$\hat{\beta}_{k,v} = \frac{\Psi_{k,v} + \eta_v}{\sum\limits_{v=1}^{V}\Psi_{k,v} + \eta_v} \tag{9-28}$$

9.4.3　LDA 模型的应用

　　LDA 模型的应用十分广泛,首先可以用于发现大规模文档集中的隐含主题。在 LDA 模型求解后,$\{\beta_1, \beta_2, \cdots, \beta_k\}$ 代表了从文档集中发现的 K 个主题。每一个 β_k 是在 V 维词典上的多项式分布。通过对 β_k 中每一个词的概率进行降序排序,可以得到该主题具有代表性的词,从而对该主题所代表的含义进行理解。其次,LDA 模型也可以用于文本降维,每一篇文档 d 对应的主题分布 θ_d 是一个 K 维向量。与原始的 V 维文档表示相比,θ_d 可以作为文档 d 的降维表示。

　　根据文档类型的特点,LDA 模型有许多发展。如当主题在文档中存在相关性时,Blei 和 Lafferty[1] 提出的 CTM 模型(Correlated Topic Models)要优于 LDA 模型,CTM 将 LDA 文档主题分布从狄利克雷分布改为逻辑斯蒂正态分布,能够对主题之间的相关性进行建模。Teh 等[2] 提出的 HDP(Hierarchical Dirichlet Processes)模型能够根据文档自动确定 K 的大小,以解决 LDA 模型需要人工设置主题数量 K 的困难。Mcauliffe 和 Blei[3] 提出 SLDA (Supervised Latent Dirichlet Allocation)模型是一种有监督方法,使得学习的主题更有针对性,有利于预测文本的标签。

9.5　情感分析

　　社会化媒体发展使得网络中产生越来越多的用户生成内容,如电商平台(如淘宝、京东)、社交软件(如新浪微博、Facebook)、工作生活服务类平台(如大众点评、Glassdoor)和在线社区(如小米社区、Salesforce)等平台的用户评论。这些用户评论包含了人们对产品、服

　　[1]　BLEI D, LAFFERTY J. Correlated Topic Models[C]//Proceedings of the 18th Conference on Advances in Neural Information Processing Systems. Cambridge: MIT Press, 2005: 147-154.

　　[2]　TEH Y W, JORDAN M I, BEAL M J, et al. Hierarchical Dirichlet Processes[J]. Journal of the American Statistical Association, 2006, 101(476): 1566-1581.

　　[3]　MCAULIFFE J, BLEI D. Supervised topic models [C]//Proceedings of the 20th Conference on Advances in Neural Information Processing Systems, December3-6, 2007, Vancouver, Canada. Cambridge: MIT Press, 2008: 327-332.

务、组织、政府等方面的态度和情感倾向。现实中,企业在进行产品和服务开发与改进时需要了解消费者的观点和偏好;政府进行公共治理优化需要了解公众的感受和需求;个人在进行决策时也需要了解其他人的观点。这些都对评论的情感分析产生了大量的需求。文本情感分析是指使用 NLP、文本挖掘和计算机语言等方法对带有情感色彩的主观性文本进行分析、处理、归纳和推理的过程。情感分析已经成为 NLP 中最活跃的研究领域之一,在数据挖掘、Web 挖掘、文本挖掘和信息检索领域有着广泛的应用。情感分析可以应用在社会舆情分析、产品评价与推荐、组织管理优化等诸多应用领域。

情感分析包括许多具有挑战性的研究任务,包括情感分类、情感信息抽取等。

9.5.1 情感分类

情感信息的分类大致有两种:一种是主观、客观信息的二元分类;另一种是主观信息的情感分类。在对文本进行情感分析时,往往由于文本中夹杂着客观信息而影响了情感分析的质量。识别出有主观情感的句子后,才能对主观句子进行情感分类。目前主要是通过文本是否出现情感词或短语来判断句子的主客观性。

情感分类的任务是根据文本对象中所包含的情感将其划分到不同的情感类别。根据应用场景,情感分类的方式有二类法(正向和负向)、三类法(正向、负向和中性)、多类法(如四分类有悲伤、忧愁、快乐和兴奋,七分类有高兴、悲伤、喜欢、生气、厌恶、恐惧和惊讶)。分类的粒度可以为文档、句子、短语和词语等。文档情感分类基于一个基本的假设:一篇文档只包含一个观点持有者针对一个实体或特性的观点。这一假设,对于商品评论等文本通常有效,对于在线讨论、微博等,往往包含不同观点持有者对不同的实体或特性的情感,这类文本在文档粒度进行情感分类是不合适的。因此,可以考虑在句子或短语等更细的粒度上进行情感分类。

情感分类主要有基于规则(或情感词典)的方法和基于有监督学习的方法。

1. 基于规则的方法

基于规则的方法基本思路是利用文本中词的情感来推断文本的情感,分为两个步骤:一是计算词的情感分数;二是通过词的情感得到文本的情感。该方法在较大程度上依赖于情感词典的内容,词典的准确性和灵活度会对结果产生较大的影响。计算情感分数的方法是利用人工编制的情感词典,在这类词典中已经标注词及其对应的情感分数。情感词是主体对某一个客体表达带有情感色彩的内在评价的词语,具有极性和强度两种属性。极性是指情感词表达出的褒贬词义,即正负面情感,如"好评""喜欢"表达正面情感;"差评""讨厌"表达负面情感。强度是指情感的强弱,如"恐惧"表达的情感要强于"害怕",通常使用数值表示情感的强度,数值越大,强度越大。如果不存在预先编制好的情感词典,可以使用种子词的方法。

首先,人工选取一些具有代表性的情感词,标注其情感分数。如选取"好"和"坏"作为正向种子词和负向种子词,将其情感分数分别标注为 1 和 -1。然后,计算其他词与正向种子词和负向种子词的语义相似度,再通过语义相似度计算词的情感分数。一种计算词的语义相似度的方法是点间互信息(pointwise mutual information,PMI)。假设有两个词 w_1 和

w_2,其 PMI 计算公式如下：

$$\text{PMI}(w_1, w_2) = \ln \frac{p(w_1, w_2)}{p(w_1) p(w_2)} \tag{9-29}$$

其中, $p(w_1)$ 为词 w_1 出现的概率；$p(w_2)$ 为 w_2 出现的概率；$p(w_1, w_2)$ 为词 w_1 和 w_2 共同出现的概率。如果两个词统计独立,则 $p(w_1, w_2) = p(w_1) p(w_2)$。PMI 度量了两个词之间的统计相关性,可以用来代表词之间的语义相似度。

对于一个词 w,可以通过分别计算它与正向种子词"好"和负向种子词"坏"的 PMI 来计算其情感分数 SO(w)。

$$\text{SO}(w) = \text{PMI}(w, "好") - \text{PMI}(w, "坏") \tag{9-30}$$

最后,对文本中所有词的情感分数进行加权平均,可以得到整个文本的情感分数。需要考虑副词和否定词对情感得分的影响,程度副词能够增强或减弱情感强度,否定词能够改变情感极性。

$$\text{Score} = \text{weight} \times \sum_{i=1}^{n} (\text{SO}(w) \times p(w)) \tag{9-31}$$

其中,weight 为权重；SO(w)为情感词得分；$p(w)$ 为情感词对应的程度副词和否定词的出现概率。

2. 基于有监督学习的方法

基于有监督学习的方法将情感分类看作一个标准的文本分类问题,采用传统的分类模型,如支持向量机、朴素贝叶斯、决策树等方法,使用标注情感类别的文本进行训练,获得情感分类器。这类方法需要使用特定领域内的标注数据来训练一个与领域相关的情感分类器,而往往不容易获取标注数据集。

基于有监督学习方法的情感分类通常包括特征选取、文本转换为特征向量、划分训练集与测试集、构建分类器、验证分类器等步骤。要提高在特定领域的情感分类效果,特征选取至关重要,下面是一些已经被证实的较为有效的情感分类特征。

(1) 词和词频特征：文档中的词及其在文档中出现的频次。

(2) 词法特征：包括词性标注特征和 N-Gram 词组特征。

(3) 情感词特征：将情感词典中的词语作为单独的特征,如统计正向词和负向词的数量。

(4) 否定特征：包括否定词、情态动词、强化词和弱化词等。

(5) 语法特征：语法依赖关系特征等。

9.5.2 情感信息抽取

情感分类能够将文本按照情感倾向进行分类,但是无法提供更细粒度的信息。如对于电商平台中商家希望从用户评论中了解消费者对产品的部件或属性的评价,以便更有针对性地改进产品的质量。通过情感信息抽取可以获得更细粒度的信息。情感信息抽取是指从情感文本中抽取比较有价值的相关情感信息,这些信息包括实体、特性、情感、观点持有者和时间,是情感分析的基础任务。情感信息抽取主要包括五个任务：特性抽取和分类,特性情感分类,实体抽取和分类,情感持有者抽取和分类,时间抽取。

1. 特性抽取和分类

特性抽取和分类的目标是从待分析的文本中找出所有的特性表达式,并将特性表达式聚集为特性。特性在具体文本中有不同的表达方式,这些表示方式称为特性表达式。如笔记本电脑的"显示器"特性,可能的特性表达式有"屏幕""显示器"和"显示屏"等,需要将这些含义相同的特性表达式聚集到一起,这个过程称为特性分类。

在情感分析中,可以利用一些特殊性质来协助完成特性抽取。最主要的性质是描述情感持有者对评价对象的情感。在表达情感的句子中,情感表达和特性表达式往往成对出现。

特性抽取的方法主要有以下四种。

(1) 基于名词和名词性词组频次的方法。这种方法简单而有效,具有很好的领域通用性,缺点是可能抽取出很多候选特性,需要进行筛选和去除。

(2) 利用特性和情感之间关系的方法。这种方法有效利用了句子中情感词和特性词之间的修饰关系,但是需要语法解析等工具找出情感词和特性词之间的修饰关系。

(3) 有监督学习的方法。将特性抽取当作信息抽取的特例,使用序列标注模型[如HMM(隐马尔可夫模型)和CRF(条件随机场)]来抽取特性,缺点是需要标注数据。

(4) 聚类和主题模型的方法。无监督学习方法,不需要标注数据。

特性分类的方法可以分为三种。

(1) 语义距离和同义词关系。通过查询语义词典,将满足同义关系或者语义距离接近的特性表达式聚集为一个特性。

(2) 字符串相似度。表示相同特性的词从字符串角度会有很高的相似度,如"价格"和"价钱"。

(3) 聚类方法。实体词聚类能够将多个表示相同特性的特性词聚集在一起,形成一个特性;情感词聚类将含义相近的情感词聚集在一起。

2. 特性情感分类

特性情感分类的目的是对抽取的每一个特性,确定其情感倾向性。特性情感分类通常有两种方法:基于有监督学习的方法和基于情感词典的方法。基于有监督学习的方法存在标注数据难以获取、模型迁移能力不佳、确定情感表达式的范围比较困难等问题。基于情感词典的方法能够克服以上问题,现有大部分特性情感分类采用的是基于情感词典的方法,利用情感词典和一些规则模板来确定特性的情感倾向性。根据 Ding 等的文献[①],特性情感分类一般包括四个步骤。

(1) 情感词标记。对于包含特性的句子,标记句子中出现的所有情感词。正向情感词的分数为+1,负向情感词的分数为-1。如这款电脑的 CPU(中央处理器)速度不快[+1]。

(2) 极性偏移器应用。极性偏移器是那些能够改变情感倾向性的词语或词组。极性偏

① DING X,LIU B,YU P S. A holistic lexicon-based approach to opinion mining[C]//Proceedings of the 2008 International Conference on Web Search And Data Mining. February 11-12,Palo Alto,California. New York:ACM,2008:231-240.

移器包括否定词、强化词和弱化词等。如经过极性偏移器应用后，"这款电脑的 CPU 速度不快[＋1]"变为"这款电脑的 CPU 速度不快[－1]"

（3）转折处理。句子中转折的使用也能够影响情感倾向性，需要对转折进行特殊处理。转折的处理方法是在被转折词分开的两部分中，如果其中一个部分的情感倾向性难以确定，则取另一个部分的情感倾向性的反转。

（4）情感聚集。使用情感聚集函数对一个特性的所有句子的情感倾向性进行聚集，从而得到特性的情感倾向性。假设有一个特性集 $\{a_1, a_2, \cdots a_m\}$，句子 s 中的情感词集合 $\{sw_1, sw_2, \cdots sw_n\}$。句子 s 针对特性的情感倾向性由下面的情感聚集函数计算：

$$\text{score}(a_i, s) = \sum_{j=1}^{n} \frac{sw_j \cdot \text{SO}}{\text{dist}(sw_j, a_i)}$$

其中，$\text{dist}(sw_j, a_i)$ 为句子 s 中情感词 sw_j 与指示特性的特性表达式 a_i 的距离；$sw_j \cdot \text{SO}$ 为在句子 s 中情感词 sw_j 的情感倾向性。

也可以采用其他方法计算句子的情感倾向性。如将句子中出现的所有情感词的情感倾向性相加，或者将情感词的情感倾向性相乘。

3．实体抽取和分类，情感持有者抽取和分类，时间抽取

实体抽取和分类，情感持有者抽取和分类，时间抽取对应于命名实体识别，主要有两种方法：基于规则的方法和基于序列标注的方法。目前，命名实体识别主要采用基于 HMM 和 CRF 等序列标注模型。在情感分析领域，很多应用场景下情感持有者就是信息的发布者，因此不需要进行情感持有者的抽取。大多数系统也会记录用户发布信息的时间，因而时间抽取也相对容易。

9.5.3　情感词库

在情感分析中，情感词库是一种重要的资源，它是基于规则的情感分析使用的主要资源。在有监督学习方法中，情感词也作为一种重要的特征使用。情感词库把一个一个的词语与文本当中所表现出来的情感定向结合起来。其中，每一类文本都是由多个词语组合起来的，而每个由词语组成的句子都是在表达某种观点，也就是情感。一方面，部分研究者将语料库作为研究依托，依据词语之间所呈现的递进、并列或转折等搭配关系来判断形容词的正负性；另一方面，部分研究者利用词典，根据词语的定义进行判断，或者设立某种子词，从词典中去寻找其同义词和反义词。常见的情感语料库有以下几个。

（1）NTCIR(NACSIS Test Collections for IR)多语言语料库。该语料库主要是一类新闻性质的语料库，语料库由中文、英文和日文三种语言的新闻构成，训练集标注了意见持有者、意见持有者的意见、情感极性、根据系列主题预设的相关信息。

（2）MPQA(Multi-Perspective Question Answering)语料库。该语料库以新闻作为语料来源，收录 535 篇新闻。语料库对这些新闻做了语句级的人工标注，同时也进行了语句更细粒度的标注，标注了情感文本的持有者、极性、对象及强度等，以及词语所展示的信念、推断与情绪等。

（3）中国科学院计算机研究所谭松波开发的中文酒店评论语料库。该语料库对将近

1万篇中文酒店评论中的褒贬意向进行了标注,可以作为中文篇章级的情感分类研究的依据。

（4）WordNet 情感词库。该词库是目前最主流的英文情感词库,将心理语言学中人们对于词语的记忆规律作为依据。词库中只收集了动词、名词、形容词以及副词这四类词语,词与词之间的语义关系形成词网。WordNet 词语之间的关系分为同义关系、反义关系、继承关系、部分整体关系、形态关系、导致关系、相似关系、同样关系、属性关系、扩展关系、领域关系、成员关系等。在 WordNet 情感词库中,只将与情感相关的词语标记出来,并没有对词语按照情感类别进行分类。

（5）HowNet 情感词库。该词库中的词语分为英文的主观表达词语、正负面情感词语、正负面评价词语以及程度级别词语这四类,其中描述对象主要为表达的概念以及概念的属性。HowNet 情感词库将情感分为正向、负向两类。

课后习题

1. 简述文本挖掘的过程。
2. 简述文本挖掘的应用。
3. 简述文本分类与文本聚类的应用场景。
4. 简述词袋法与词嵌入法的差异。
5. 简述 TF-IDF 的原理。
6. 简述 Word2Vec 的原理。
7. 文本降维有哪些方法?
8. pLSA 方法与 LSA 方法相比有何优势?
9. 简述 LDA 模型的原理及应用。
10. 简述情感分析的应用。
11. 情感信息抽取的任务有哪些?

应用实例

即测即练

第 10 章

神经网络与深度学习

10.1 深度学习概述

深度学习是一种机器学习技术,它通过构建多层神经网络来模拟人脑的处理方式。深度学习的核心思想是将输入数据表示为向量,然后使用多个隐层进行特征提取和转换,最终通过输出层得到预测结果。

深度学习的优点在于它可以自动地从数据中学习特征,而不需要手动设计特征。这使深度学习在图像识别、语音识别、自然语言处理等领域取得了很大的成功。例如,深度学习可以通过卷积神经网络对图像进行分类和识别,通过循环神经网络(recurrent neural network,RNN)对序列数据进行建模,通过 Transformer 模型对自然语言进行翻译等。深度学习的实现需要大量的计算资源和数据集。为了解决这个问题,研究人员提出了很多优化方法,如使用 GPU(图形处理器)加速训练、使用预训练模型进行迁移学习、使用生成对抗网络(GAN)生成假数据等。这些方法可以大大提高深度学习的效率和准确性。除了在学术研究中的应用,深度学习还被广泛应用于商业领域。例如,谷歌公司的 AlphaGo 围棋程序就是基于深度学习技术开发的。此外,许多公司也利用深度学习技术来提升其产品的性能和用户体验。

深度学习的发展历程可以追溯到 20 世纪 50 年代,当时科学家们开始研究如何模拟人类大脑的结构和功能。随着计算机技术的不断发展,深度学习逐渐成为一种重要的机器学习技术。2012 年,Hinton 等提出了一种名为"卷积神经网络"的新型神经网络结构,这种结构在图像识别领域取得了重大突破。此后,深度学习在各个领域得到了广泛的应用和发展。

深度学习的应用非常广泛,包括图像识别、语音识别、自然语言处理、推荐系统等领域。此外,深度学习还可以用于医疗诊断、金融风险评估、自动驾驶等领域。

10.2 多层感知机

多层感知机(multi-layer perceptron,MLP)是对线性回归的拓展和修正,可以看作多层线性回归。在线性回归中,一般采用类似 softmax 回归的模型结构,softmax 操作将输入直接映射到输出。尽管 softmax 本身非线性,但其变换后输入、输出为线性对应关系,这暗示了一个假设:输入、输出之间具有单调线性关系,即特征的增大一定会导致模型输出的单调增大或减小。然而实际情况中,输入、输出显然不一定具有单调性,而且特征之间相互会有影响,因此线性回归具有一定的局限性。为了解决这个问题,我们引入深度神经网络(deep neural networks,DNN)。

多层感知机由感知机(perceptron learning algorithm,PLA)推广而来。它最主要的特点是有多个神经元层,因此也叫深度神经网络。感知机是单个神经元模型,是较大神经网络的前身。神经网络的强大之处在于它们能够学习训练数据中的表示,以及如何将其与想要预测的输出变量联系起来。从数学上讲,它们能够学习任何映射函数,并且已经被证明是一种通用的近似算法。多层感知机除了输入、输出层,它的中间可以有多个隐藏层,最简单的感知机只含有一个隐藏层,即三层的结构,如图 10-1 所示。

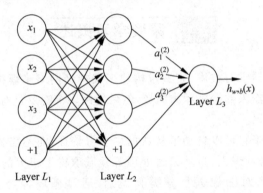

图 10-1 简单的多层感知机结构

从图 10-1 可以看到,多层感知机的层与层之间是全连接的。多层感知机的最底层是输入层,中间是隐藏层,最上层是输出层。

隐藏层的神经元是如何计算得来的? 我们假设输入层用向量 X 表示,则隐藏层的输出就是 $f(w_1 x + b_1)$,w_1 是权重(也叫连接系数),b_1 是偏置,函数 $f(\cdot)$ 可以是常用的 Sigmoid 函数或者 tanh 函数。使用激活函数能够给神经元引入非线性因素,使神经网络可以逼近任何非线性函数,这样神经网络就可以利用到更多的非线性模型中。激活函数需要具备以下几个性质。

(1) 连续并可导(允许少数点上不可导)的非线性函数。可导的激活函数可以直接利用数值优化的方法来学习网络参数。

(2) 激活函数及其导函数尽可能简单,有利于提高网络计算效率。

(3) 激活函数的导函数的值域在一个合适的区间内,不能太大也不能太小,否则会影响训练的效率和稳定性。

Sigmoid 激活函数的公式如下:

$$g(z) = \frac{1}{1 + e^{-z}} \tag{10-1}$$

Sigmoid 函数也叫 Logistic 函数,用于隐层神经元输出,取值范围为(0,1),它可以将一个实数映射到(0,1)区间,可用于二分类,在特征比较复杂或者相差不是特别大的时候效果较好。由于 Sigmoid 函数的求导涉及除法,因此在反向传播求误差梯度时计算量较大,收敛速度缓慢,并且很容易出现梯度消失的情况,从而无法完成深层网络的训练。

tanh 激活函数的公式如下：

$$g(z) = \frac{e^z - e^{-z}}{e^z + e^{-z}} \tag{10-2}$$

tanh 激活函数的取值范围为 $[-1,1]$，与 Sigmoid 函数相比，tanh 函数在特征相差明显时效果较好，在循环过程中会不断扩大特征效果。在具体应用中，tanh 函数相比 Sigmoid 函数往往更具有优越性，这主要是因为 Sigmoid 函数在输入范围为 $[-1,1]$ 时，函数值变化敏感，一旦接近或者超出区间，就失去敏感性，处于饱和状态。

最后就是输出层，输出层与隐藏层是什么关系？其实隐藏层到输出层可以看成一个多类别的逻辑回归，也即 softmax 回归，所以输出层的输出就是 $\text{softmax}(W_2 X_1 + b_2)$，$X_1$ 表示隐藏层的输出 $f(W_1 X + b_1)$。

MLP 所有的参数就是各个层之间的连接权重以及偏置，包括 W_1、b_1、W_2、b_2。对于一个具体的问题，我们如何确定这些参数？求解最佳参数是一个最优化问题，解决最优化问题，最简单的就是随机梯度下降法（SGD）：首先随机初始化所有参数，然后迭代地训练，不断地计算梯度和更新参数，直到满足某个条件为止（比如误差足够小、迭代次数足够多时）。这个过程涉及代价函数、正则化（regularization）、学习速率（learning rate）、梯度计算等。

10.3　反向传播算法

假设采用随机梯度下降法进行神经网络参数学习，给定一个样本 (x,y)，将其输入神经网络模型中，得到网络输出为 $\hat{y}$。假设损失函数为 $\mathcal{L}(y, \hat{y})$，要进行参数学习就需要计算损失函数关于每个参数的导数。

不失一般性，对第 l 层中的参数 $\boldsymbol{W}^{(l)}$ 和 $b^{(l)}$ 计算偏导数。由于 $\dfrac{\partial \mathcal{L}(y, \hat{y})}{\partial \boldsymbol{W}^{(l)}}$ 的计算涉及向量对矩阵的微分，十分烦琐，因此我们先计算 $\mathcal{L}(y, \hat{y})$ 关于参数矩阵中每个元素的偏导数 $\dfrac{\partial \mathcal{L}(y, \hat{y})}{\partial \boldsymbol{\omega}_{ij}^{(l)}}$，根据链式法则：

$$\frac{\partial \mathcal{L}(y, \hat{y})}{\partial \boldsymbol{\omega}_{ij}^{(l)}} = \frac{\partial z^{(l)}}{\partial \boldsymbol{\omega}_{ij}^{(l)}} \frac{\partial \mathcal{L}(y, \hat{y})}{\partial z^{(l)}} \tag{10-3}$$

$$\frac{\partial \mathcal{L}(y, \hat{y})}{\partial b^{(l)}} = \frac{\partial z^{(l)}}{\partial b^{(l)}} \frac{\partial \mathcal{L}(y, \hat{y})}{\partial z^{(l)}} \tag{10-4}$$

式（10-3）和式（10-4）中的第二项都是目标函数关于第 l 层的神经元 $z^{(l)}$ 的偏导数，称为误差项，可以一次计算得到。这样我们只需要计算三个偏导数，分别为 $\dfrac{\partial z^{(l)}}{\partial \boldsymbol{\omega}_{ij}^{(l)}}$，$\dfrac{\partial z^{(l)}}{\partial b^{(l)}}$ 和 $\dfrac{\partial \mathcal{L}(y, \hat{y})}{\partial z^{(l)}}$。

下面分别来计算这三个偏导数。

（1）计算偏导数 $\dfrac{\partial z^{(l)}}{\partial \boldsymbol{\omega}_{ij}^{(l)}}$，因为 $z^{(l)} = \boldsymbol{W}^{(l)} a^{(l-1)} + b^{(l)}$，偏导数

$$\frac{\partial z^{(l)}}{\partial \omega_{ij}^{(l)}} = \left[\frac{\partial z_1^{(l)}}{\partial \omega_{ij}^{(l)}}, \cdots, \frac{\partial z_i^{(l)}}{\partial \omega_{ij}^{(l)}}, \cdots, \frac{\partial z_{M_l}^{(l)}}{\partial \omega_{ij}^{(l)}} \right] \tag{10-5}$$

$$= \left[0, \cdots, \frac{\partial (\omega_{i:}^{(l)} a^{(l-1)} + b_i^{(i)})}{\partial \omega_{ij}^{(l)}}, \cdots, 0 \right] \tag{10-6}$$

$$= [0, \cdots, a_j^{(l-1)}, \cdots, 0] \tag{10-7}$$

$$\triangleq \mathbb{I}_i(a_j^{(l-1)}) \in \mathbb{R}^{1 \times M_l} \tag{10-8}$$

其中,$\omega_{i:}^{(l)}$ 为权重矩阵 $\boldsymbol{W}^{(l)}$ 的第 i 行,$\mathbb{I}_i(a_j^{(l-1)})$ 表示第 i 个元素为 $a_j^{(l-1)}$、其余为 0 的行向量。

（2）计算偏导数 $\dfrac{\partial z^{(l)}}{\partial b^{(l)}}$,由于 $z^{(l)}$ 和 $b^{(l)}$ 的函数关系为 $z^{(l)} = \boldsymbol{W}^{(l)} a^{(l-1)} + b^{(l)}$,因此偏导数:

$$\frac{\partial z^{(l)}}{\partial b^{(l)}} = \boldsymbol{I}_{M_l} \in \mathbb{R}^{M_l \times M_l} \tag{10-9}$$

为 $M_l \times M_l$ 的单位矩阵。

（3）计算偏导数 $\dfrac{\partial \mathcal{L}(y, \hat{y})}{\partial z^{(l)}}$,偏导数 $\dfrac{\partial \mathcal{L}(y, \hat{y})}{\partial z^{(l)}}$ 表示第 l 层神经元对最终损失的影响,也反映了最终损失对第 l 层神经元的敏感程度,因此一般称为第 l 层神经元的误差项,用 $\delta^{(l)}$ 来表示:

$$\delta^{(l)} \triangleq \frac{\partial \mathcal{L}(y, \hat{y})}{\partial z^{(l)}} \tag{10-10}$$

误差项 $\delta^{(l)}$ 也间接反映了不同神经元对网络能力的贡献程度,从而比较好地解决了贡献度分配问题(credit assignment problem,CAP)。

根据 $z^{(l+1)} = \boldsymbol{W}^{(l+1)} a^{(l)} + b^{(l+1)}$,有

$$\frac{\partial z^{(l+1)}}{\partial a^{(l)}} = (\boldsymbol{W}^{(l+1)})^{\mathrm{T}} \in \mathbb{R}^{M_l \times M_{l+1}} \tag{10-11}$$

根据 $a^{(l)} = f_l(z^{(l)})$,其中 $f_l(\cdot)$ 为按位计算的函数,有

$$\frac{\partial a^{(l)}}{\partial z^{(l)}} = \frac{\partial f_l(z^{(l)})}{\partial z^{(l)}} \tag{10-12}$$

$$= \mathrm{diag}(f'_l(z^{(l)})) \in \mathbb{R}^{M_l \times M_l} \tag{10-13}$$

因此,根据链式法则,第 l 层的误差项为

$$\delta^{(l)} \triangleq \frac{\partial \mathcal{L}(y, \hat{y})}{\partial z^{(l)}} \tag{10-14}$$

$$= \frac{\partial a^{(l)}}{\partial z^{(l)}} \frac{\partial z^{(l+1)}}{\partial a^{(l)}} \frac{\partial \mathcal{L}(y, \hat{y})}{\partial z^{(l+1)}} \tag{10-15}$$

$$= \mathrm{diag}(f'_l(z^{(l)})) (\boldsymbol{W}^{(l+1)})^{\mathrm{T}} \delta^{(l+1)} \tag{10-16}$$

$$= f'_l(z^{(l)}) \odot ((\boldsymbol{W}^{(l+1)})^{\mathrm{T}} \delta^{(l+1)}) \in \mathbb{R}^{M_l} \tag{10-17}$$

其中,$\odot$ 为向量的 Hadamard 积运算符,表示每个元素相乘。

从式(10-17)可以看出，第 l 层的误差项可以通过第 $l+1$ 层的误差项计算得到，这就是误差的反向传播。反向传播算法的含义是：第 l 层的一个神经元的误差项（或敏感性）是所有与该神经元相连的第 $l+1$ 层的神经元的误差项的权重和，然后，再乘上该神经元激活函数的梯度。

在计算出上面三个偏导数之后，式(10-3)可以写为

$$\frac{\partial \mathcal{L}(y,\hat{y})}{\partial \omega_{ij}^{(l)}} = \text{II}_i(a_j^{(l-1)}) \boldsymbol{\delta}^{(l)} \tag{10-18}$$

$$= [0,\cdots,a_j^{(l-1)},\cdots,0]\ [\delta_1^{(l)},\cdots,\delta_i^{(l)},\cdots,\delta_{M_l}^{(l)}] \tag{10-19}$$

$$= \delta_i^{(l)} a_j^{(l-1)} \tag{10-20}$$

其中，$\delta_i^{(l)} a_j^{(l-1)}$ 相当于向量 $\boldsymbol{\delta}^{(l)}$ 和向量 $\boldsymbol{a}^{(l-1)}$ 外积的第 i,j 个元素。式(10-20)可以进一步写为

$$\left[\frac{\partial \mathcal{L}(y,\hat{y})}{\partial \omega_{ij}^{(l)}}\right]_{ij} = \left[\boldsymbol{\delta}^{(l)}(\boldsymbol{a}^{(l-1)})^{\mathrm{T}}\right]_{ij} \tag{10-21}$$

因此，$\mathcal{L}(y,\hat{y})$ 关于第 l 层权重 $\boldsymbol{W}^{(l)}$ 的梯度为

$$\frac{\partial \mathcal{L}(y,\hat{y})}{\partial \omega_{ij}^{(l)}} = \boldsymbol{\delta}^{(l)}(\boldsymbol{a}^{(l-1)})^{\mathrm{T}} \in \mathbf{R}^{M_l \times M_{l-1}} \tag{10-22}$$

同理，$\mathcal{L}(y,\hat{y})$ 关于第 l 层偏置 $b^{(l)}$ 的梯度为

$$\frac{\partial \mathcal{L}(y,\hat{y})}{\partial b^{(l)}} = \boldsymbol{\delta}^{(l)} \in \mathbf{R}^{M_l} \tag{10-23}$$

在计算出每一层的误差项之后，我们就可以得到每一层参数的梯度。因此，使用误差反向传播算法的前馈神经网络训练过程可以分为以下三步。

(1) 前馈计算每一层的净输入 $z^{(l)}$ 和激活值 $\boldsymbol{a}^{(l)}$，直到最后一层。

(2) 反向传播计算每一层的误差项 $\boldsymbol{\delta}^{(l)}$。

(3) 计算每一层参数的偏导数，并更新参数。

表 10-1 给出使用反向传播算法的随机梯度下降训练过程。

表 10-1　使用反向传播算法的随机梯度下降训练过程

输入：训练集 $D=\{(x^{(n)},y^{(n)})\}_{n=1}^N$，验证集 V，学习率 $\boldsymbol{\alpha}$，正则化系数 λ，网络层数：L，神经元数量 M_l，$1 \leqslant l \leqslant L$

1：随机初始化 W,b;

2：repeat

3：　对训练集 D 中的样本随机重排序；

4：for $n=1\cdots N$ do

5：　　从训练集 D 中选取样本 $(x^{(n)},y^{(n)})$;

6：　　前馈计算每一层的净输入 $z^{(l)}$ 和激活值 $\boldsymbol{a}^{(l)}$，直到最后一层

7：　　反向传播计算每一层的误差 $\boldsymbol{\delta}^{(l)}$

8：　　$\forall l, \dfrac{\partial \mathcal{L}(y^{(n)},\hat{y}^{(n)})}{\partial W^{(l)}} = \delta^{(l)}(\boldsymbol{a}^{(l-1)})^{\mathrm{T}}$　　//计算每一层参数的导数

9：　　$\forall l, \dfrac{\partial \mathcal{L}(y^{(n)},\hat{y}^{(n)})}{\partial b^{(l)}} = \boldsymbol{\delta}^{(l)}$

10：	$W^{(l)} \leftarrow W^{(l)} - \alpha\, (\pmb{\delta}^{(l)} (a^{(l-1)})^{\mathrm{T}} + \lambda W^{(l)})$ //更新参数
11：	$b^{(l)} \leftarrow b^{(l)} - \pmb{\alpha}\pmb{\delta}^{(l)}$
13：	end

14：until 神经网络模型在验证集 V 上的错误率不再下降。

输出：W, b

10.4　卷积神经网络

卷积神经网络是一种具有局部连接、权重共享等特性的深层前馈神经网络。卷积神经网络最早主要是用来处理图像信息，在用全连接前馈网络来处理图像时，会存在以下两个问题。①参数太多：如果输入图像大小为 $100 \times 100 \times 3$（即图像高度为 100，宽度为 100 以及 RGB 3 个颜色通道），在全连接前馈网络中，第一个隐藏层的每个神经元到输入层都有 $100 \times 100 \times 3 = 30\,000$ 个互相独立的连接，每个连接都对应一个权重参数。随着隐藏层神经元数量的增多，参数的规模也会急剧扩大。这会导致整个神经网络的训练效率非常低，也很容易出现过拟合。②局部不变性特征：自然图像中的物体都具有局部不变性特征，如尺度缩放、平移（shift）、旋转等操作不影响其语义信息。而全连接前馈网络很难提取这些局部不变性特征，一般需要进行数据增强（data augmentation）来提高性能。

卷积神经网络是受生物学上感受野（receptive field）机制的启发而提出的。感受野机制主要是指听觉、视觉等神经系统中一些神经元的特性，即神经元只接受其所支配的刺激区域内的信号。在视觉神经系统中，视觉皮层中的神经细胞的输出依赖于视网膜上的光感受器。当视网膜上的光感受器受到刺激时，将神经冲动信号传到视觉皮层，但并非所有视觉皮层中的神经元都会接受这些信号。一个神经元的感受野是指视网膜上的特定区域，只有该区域内的刺激才能够激活该神经元。

目前，卷积神经网络通常由卷积层、汇聚层和全连接层交叉堆叠而成，构成前馈神经网络。卷积神经网络具有三个结构上的特性：局部连接、权重共享以及汇聚。这些特性使得卷积神经网络在一定程度上具有平移、缩放和旋转不变性。与前馈神经网络相比，卷积神经网络的参数更少。

卷积神经网络主要使用在图像和视频分析的各种任务（如图像分类、人脸识别、物体识别、图像分割等）上，其准确率一般也远远超出了其他神经网络模型。近年来卷积神经网络也广泛地应用到自然语言处理、推荐系统等领域。

10.4.1　卷积

卷积（convolution）是分析数学中一种重要的运算。在信号处理或图像处理中，经常使用一维卷积或二维卷积。

一维卷积经常用在信号处理中，用于计算信号的延迟累积。假设一个信号发生器每隔时刻 t 产生一个信号 x_t，其信息的衰减率为 w_k，即在 $k-1$ 个时间步长后，信息为原来的 w_k

倍。假设 $w_1=1, w_2=\dfrac{1}{2}, w_3=\dfrac{1}{4}$，那么在 t 时刻收到的信号 y_t 为当前时刻产生的信息和以前时刻延迟信息的叠加：

$$y_t = w_1 \times x_t + w_2 \times x_{t-1} + w_3 \times x_{t-2} = \sum_{k=1}^{K} w_k x_{t-k+1} \tag{10-24}$$

我们把 $w_1, w_2, \cdots$ 称为滤波器(filter)或卷积核(convolution kernel)。假设滤波器长度为 K，它和一个信号序列 $x_1, x_2, \cdots$ 的卷积为

$$y_t = \sum_{k=1}^{K} w_k x_{t-k+1} \tag{10-25}$$

为简单起见，这里假设卷积的输出 y_t 的下标 t 从 K 开始。

信号序列 x 和滤波器 w 的卷积定义为

$$y = w * x \tag{10-26}$$

其中，$*$ 表示卷积运算，一般情况下滤波器的长度 K 远小于信号序列 x 的长度。

我们可以设计不同的滤波器来提取信号序列的不同特征。比如，当令滤波器 $w=\left[\dfrac{1}{K}, \cdots, \dfrac{1}{K}\right]$ 时，卷积相当于信号序列的简单移动平均(窗口大小为 K)；当令滤波器 $w=[1, -2, 1]$ 时，可以近似实现对信号序列的二阶微分，即

$$x''(t) = x(t+1) + x(t-1) - 2x(t) \tag{10-27}$$

图 10-2 给出了两个滤波器的一维卷积示例，可以看出，两个滤波器分别提取了输入序列的不同特征。滤波器 $w=\left[\dfrac{1}{3}, \dfrac{1}{3}, \dfrac{1}{3}\right]$ 可以检测信号序列中的低频信息，而滤波器 $w=[1, -2, 1]$ 可以检测信号序列中的高频信息。(注意：这里的高频和低频指的是信号变化的强烈程度)

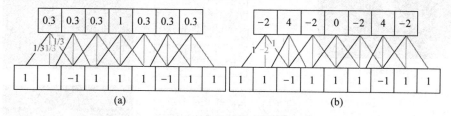

图 10-2　一维卷积示例

(a) 滤波器 $w=\left[\dfrac{1}{3}, \dfrac{1}{3}, \dfrac{1}{3}\right]$；(b) 滤波器 $w=[1, -2, 1]$

图 10-2 中，下层为输入信号序列，上层为卷积结果。连接边上的数字为滤波器中的权重，图 10-2(a)中的卷积结果为近似值。

卷积也经常用在图像处理中。因为图像为一个二维结构，所以需要对一维卷积进行扩展。给定一个图像 $X \in \mathbb{R}^{M \times N}$ 和一个滤波器 $W \in \mathbb{R}^{U \times V}$，一般 $U \ll M, V \ll N$，其卷积为

$$y_{ij} = \sum_{u=1}^{U} \sum_{v=1}^{V} w_{uv} x_{i-u+1, j-v+1} \tag{10-28}$$

为了简单起见，这里假设卷积的输出 y_{ij} 的下标 (i, j) 从 (U, V) 开始。

输入信息 X 和滤波器 W 的二维卷积定义为

$$Y = W * X \qquad\qquad (10\text{-}29)$$

其中，* 表示二维卷积运算，图 10-3 给出了二维卷积示例。

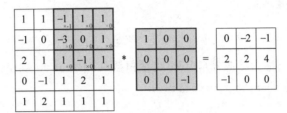

图 10-3　二维卷积示例

在图像处理中常用的均值滤波(mean filter)就是一种二维卷积，将当前位置的像素值设为滤波器窗口中所有像素的平均值，即 $w_{uv} = \dfrac{1}{uv}$。在图像处理中，卷积经常作为特征提取的有效方法。一幅图像在经过卷积操作后得到的结果称为特征映射。图 10-4 给出了在图像处理中几种常用的滤波器，最上面的滤波器是常用的高斯滤波器，中间的滤波器是均值滤波器，最下面的是中值滤波器，是非线性的图像处理方法，在去噪的同时可以兼顾边界信息的保留。

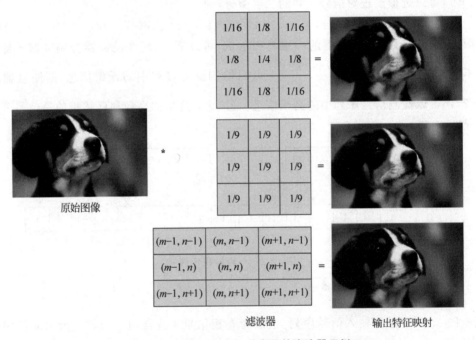

图 10-4　图像处理中几种常用的滤波器示例

在机器学习和图像处理领域，卷积的主要功能是在一个图像(或某种特征)上滑动一个卷积核(即滤波器)，通过卷积操作得到一组新的特征。在计算卷积的过程中，需要进行卷积核翻转。在具体实现上，一般会以互相关操作来代替卷积，从而减少一些不必要的操作或开销。翻转(flip)指从两个维度(从上到下、从左到右)颠倒次序，即旋转 180 度。衡量两个序列相关性的函数，通常是用滑动窗口的点积计算来实现。给定一个图像：$X \in \mathbb{R}^{M \times N}$ 和卷

积核 $W \in \mathbb{R}^{U \times V}$，它们的互相关为

$$y_{ij} = \sum_{u=1}^{U} \sum_{v=1}^{V} w_{uv} x_{i+u-1, j+v-1} \tag{10-30}$$

和式(10-28)对比可知，互相关和卷积的区别仅在于卷积核是否进行翻转。因此，互相关也可以被称为不翻转卷积。

在神经网络中使用卷积是为了进行特征抽取，卷积核是否进行翻转和其特征抽取的能力无关。特别是当卷积核是可学习的参数时，卷积和互相关在能力上是等价的。因此，为了实现上(或描述上)的方便起见，我们用互相关来代替卷积。事实上，很多深度学习工具中卷积操作都是互相关操作。

在卷积的标准定义基础上，还可以引入卷积核的滑动步长和零填充(zero padding)来增强卷积的多样性，从而更灵活地进行特征抽取。滑动步长是指卷积核在滑动时的时间间隔，图 10-5(a)给出了步长为 2 的卷积示例。零填充是在输入向量两端进行补零。图 10-5(b)给出了输入两端各补一个零后的卷积示例。

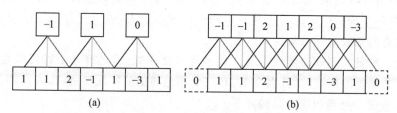

图 10-5　卷积的步长和零填充(滤波器为 $[-1, 0, 1]$)

(a) 步长 $S=2$；(b) 零填充 $P=1$

假设卷积层的输入神经元个数为 M，卷积大小为 K，步长为 S，在输入两端各填补 P 个 0，那么该卷积层的神经元数量为 $(M-K+2P)/S+1$。一般常用的卷积有以下三类。

(1) 窄卷积(narrow convolution)：步长 $S=1$，两端不补零 $P=0$，卷积后输出长度为 $M-K+1$。

(2) 宽卷积(wide convolution)：步长 $S=1$，两端补零 $P=K-1$，卷积后输出长度 $M+K-1$。

(3) 等宽卷积(equal-width convolution)：步长 $S=1$，两端补零 $P=(K-1)/2$，卷积后输出长度 M。

在全连接前馈神经网络中，如果第 l 层有 M_l 个神经元，第 $l-1$ 层有 M_{l-1} 个神经元，连接边有 $M_l \times M_{l-1}$ 个，也就是权重矩阵有 $M_l \times M_{l-1}$ 个参数。当 M_l 和 M_{l-1} 都很大时，权重矩阵的参数非常多，训练的效率会降低。

如果采用卷积来代替全连接，第 l 层的净输入 $z^{(l)}$ 为第 $l-1$ 层活性值 $a^{(l-1)}$ 和卷积核 $w^{(l)} \in \mathbb{R}^K$ 的卷积，即

$$z^{(l)} = w^{(l)} \otimes a^{(l-1)} + b^{(l)} \tag{10-31}$$

其中，卷积核 $w^{(l)} \in \mathbb{R}^K$ 为可学习的权重向量；$b^{(l)} \in \mathbb{R}$ 为可学习的偏置。

卷积层有两个很重要的性质。

(1) 局部连接。在卷积层(假设是第 l 层)中的每一个神经元都只和前一层(第 $l-1$ 层)中某个局部窗口内的神经元相连，构成一个局部连接网络。

(2) 权重共享。作为参数的卷积核 $w^{(l)}$ 对于第 l 层的所有的神经元都是相同的。如图 10-5(b) 中，所有同颜色连接上的权重都是相同的。权重共享可以理解为一个卷积核只捕捉输入数据中的一种特定的局部特征。因此，如果要提取多种特征，就需要使用多个不同的卷积核。

由于局部连接和权重共享，卷积层的参数只有一个 K 维的权重 $w^{(l)}$ 和 1 维的偏置 $b^{(l)}$，共有 $K+1$ 个参数，参数个数和神经元的数量无关。此外，第 l 层的神经元个数不是任意选择的，而是满足 $M_l = M_{l-1} - K + 1$。

卷积层的作用是提取一个局部区域的特征，不同的卷积核相当于不同的特征提取器。上文描述的卷积层的神经元和全连接网络都是一维结构。由于卷积网络主要应用在图像处理上，而图像为二维结构，因此为了更充分地利用图像的局部信息，通常将神经元组织为三维结构的神经层，其大小为高度 $M \times$ 宽度 $N \times$ 深度 D，由 D 个 $M \times N$ 大小的特征映射构成。

特征映射为一幅图像（或其他特征映射）在经过卷积提取到的特征，每个特征映射可以作为一类抽取的图像特征。为了提升卷积网络的表示能力，可以在每一层使用多个不同的特征映射，以更好地表示图像的特征。

在输入层，特征映射就是图像本身。如果是灰度图像，就是有一个特征映射，输入层的深度 $D=1$；如果是彩色图像，分别有 RGB 三个颜色通道的特征映射，输入层的深度 $D=3$。不失一般性，假设一个卷积层的结构如下。

输入特征映射组：$\mathcal{X} \in \mathbb{R}^{M \times N \times D}$ 为三维张量（tensor），其中每个切片（slice）矩阵 $\boldsymbol{X}^d \in \mathbb{R}^{M \times N}$ 为一个输入特征映射，$1 \leqslant d \leqslant D$；

输出特征映射组：$\mathcal{Y} \in \mathbb{R}^{M' \times N' \times P}$ 为三维张量，其中每个切片矩阵 $\boldsymbol{Y}^p \in \mathbb{R}^{M' \times N'}$ 为一个输出特征映射，$1 \leqslant p \leqslant P$；

卷积核：$W \in \mathbb{R}^{U \times V \times P \times D}$ 为四维张量，其中每个切片矩阵 $\boldsymbol{W}^{p,d} \in \mathbb{R}^{U \times V}$。

为了计算输出特征映射 $\boldsymbol{Y}^p$，用卷积核 $W^{p,1}, W^{p,2}, \cdots, W^{p,D}$ 分别对输入特征映射 $X^1, X^2, \cdots, X^D$ 进行卷积，然后将卷积结果相加，并加上一个标量偏置 b^p 得到卷积层的净输入 Z^p，再经过非线性激活函数后得到输出特征映射 $\boldsymbol{Y}^p$。

$$Z^p = W^p \otimes X + b^p = \sum_{d=1}^{D} \boldsymbol{W}^{p,d} \otimes \boldsymbol{X}^d + b^p \tag{10-32}$$

$$\boldsymbol{Y}^p = f(Z^p) \tag{10-33}$$

其中，$W^p \in \mathbb{R}^{U \times V \times D}$ 为三维卷积核；$f(\cdot)$ 为非线性激活函数，一般用 ReLU 函数（线性整流函数）。

整个计算过程如图 10-6 所示，如果希望卷积层输出 P 个特征映射，可以将上述计算过程重复 P 次，得到 P 个输出特征映射 $\boldsymbol{Y}^1, \boldsymbol{Y}^2, \cdots, \boldsymbol{Y}^p$。

在输入为 $\mathcal{X} \in \mathbb{R}^{M \times N \times D}$，输出为 $\mathcal{Y} \in \mathbb{R}^{M' \times N' \times P}$ 的卷积层中，每一个输出特征映射都需要 D 个卷积核以及一个偏置。假设每个卷积核的大小为 $U \times V$，那么共需要 $P \times D \times (U \times V) + P$ 个参数。

汇聚层（pooling layer）也叫子采样层（subsampling layer），其作用是进行特征选择，降低特征数量，从而减少参数数量。

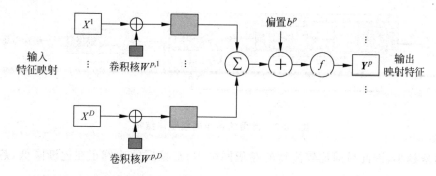

图 10-6　卷积层中从输入特征映射组 X 到输出特征映射 Y^p 的计算示例

卷积层虽然可以显著减少网络中连接的数量，但特征映射组中的神经元个数并没有显著减少。如果后面接一个分类器，分类器的输入维数依然很高，很容易出现过拟合。为了解决这个问题，可以在卷积层之后加上一个汇聚层，从而降低特征维数，避免过拟合。常用的汇聚函数有两种。

（1）最大汇聚（maximum pooling 或 max pooling）：对于一个区域 $R_{m,n}^d$，选择这个区域内所有神经元的最大活性值作为这个区域的表示，即

$$y_{m,n}^d = \max_{i \in R_{m,n}^d} x_i \tag{10-34}$$

其中，x_i 为区域 R_k^d 每个神经元的活性值。

（2）平均汇聚（mean pooling）：一般是取区域内所有神经元活性值的平均值，即

$$y_{m,n}^d = \frac{1}{|R_{m,n}^d|} \sum_{i \in R_{m,n}^d} x_i \tag{10-35}$$

对于每一个输入特征映射 X^d 的 $M' \times N'$ 个区域进行子采样，得到汇聚层的输出特征映射 $Y^d = \{y_{m,n}^d\}$，$1 \leqslant m \leqslant M'$，$1 \leqslant n \leqslant N'$。

目前主流的卷积网络中，汇聚层仅包含下采样操作，但在早期的一些卷积网络（比如 LeNet-5）中，有时也会在汇聚层使用非线性激活函数，比如：

$$Y'^d = f(w^d Y^d + b^d) \tag{10-36}$$

其中，Y'^d 为汇聚层的输出，$f(\cdot)$ 为非线性激活函数，w^d 和 b^d 为科学系的标量权重和偏置值。

典型的汇聚层是将每个特征映射划分为 2×2 大小的不重叠区域，然后使用最大汇聚的方式进行下采样。汇聚层也可以看作一个特殊的卷积层，卷积核大小为 $K \times K$，步长为 $S \times S$，卷积核为 max 函数或 mean 函数。过大的采样区域会急剧减少神经元的数量，也会造成过多的信息损失。

一个典型的卷积网络由卷积层、汇聚层、全连接层交叉堆叠而成。目前常用的卷积网络整体结构如图 10-7 所示。一个卷积块为连续 M 个卷积层和 b 个汇聚层（M 通常设置为 2~5，b 为 0 或 1）。一个卷积网络中可以堆叠 N 个连续的卷积块，然后在后面接着 K 个全连接层（N 的取值区间比较大，比如 1~100 或者更大；K 一般为 0~2）。

目前，卷积网络的整体结构趋向于使用更小的卷积核（比如 1×1 和 3×3）以及更深的结构（比如层数大于 50）。此外，由于卷积的操作越来越灵活（比如不同的步长），汇聚层的作用

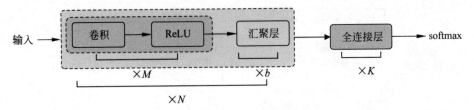

图 10-7 常用的卷积网络整体结构

也变得越来越小,因此目前比较流行的卷积网络中,汇聚层的比例正在逐渐降低,趋向于全卷积网络。

10.4.2 参数学习

在卷积神经网络中,参数包括卷积核中的权重和偏置。与全连接前馈神经网络类似,卷积神经网络也可以通过误差反向传播算法来进行参数学习。在全连接前馈神经网络中,梯度主要通过每一层的误差项 δ 进行反向传播,并进一步计算每层参数的梯度。而在卷积神经网络中,主要有两种不同功能的神经层:卷积层和汇聚层。由于卷积核和偏置是卷积层的参数,因此只需要计算卷积层中参数的梯度。

不失一般性,对第 l 层为卷积层、第 $l-1$ 层的输入特征映射为 $\mathcal{X}^{(l)} \in \mathbb{R}^{M \times N \times D}$。第 l 层的第 $p(1 \leqslant p \leqslant P)$ 个特征映射输入:

$$Z^{(l,p)} = \sum_{d=1}^{D} W^{(l,p,d)} \otimes X^{(l-1,d)} + b^{(l,p)} \tag{10-37}$$

其中,$W^{(l,p,d)}$ 和 $b^{(l,p)}$ 为卷积核以及偏置。第 l 层中共有 $P \times D$ 个卷积核和 P 个偏置,可以分别使用链式法则来计算其梯度。

损失函数 $\mathcal{L}$ 关于第 l 层的卷积核 $W^{(l,p,d)}$ 的偏导数为

$$\frac{\partial \mathcal{L}}{\partial W^{(l,p,d)}} = \frac{\partial \mathcal{L}}{\partial Z^{(l,p)}} \otimes X^{(l-1,d)} = \delta^{(l,p)} \otimes X^{(l-1,d)} \tag{10-38}$$

其中,$\delta^{(l,p)} = \dfrac{\partial \mathcal{L}}{\partial Z^{(l,p)}}$ 为损失函数关于第 l 层的第 p 个特征映射净输入 $Z^{(l,p)}$ 的偏导数。

同理可得,损失函数关于第 l 层的第 p 个偏置 $b^{(l,p)}$ 的偏导数为

$$\frac{\partial \mathcal{L}}{\partial b^{(l,p)}} = \sum_{i,j} \left[\delta^{(l,p)} \right]_{i,j} \tag{10-39}$$

在卷积网络中,每层参数的梯度依赖其所在层的误差项 $\delta(l,p)$。

10.4.3 卷积神经网络中的反向传播算法

卷积层和汇聚层中误差项的计算有所不同,因此我们分别计算其误差项。当第 $l+1$ 层为汇聚层时,因为汇聚层是下采样操作,$l+1$ 层的每个神经元的误差项 δ 对应于第 l 层的相应特征映射的一个区域。l 层的第 p 个特征映射中的每个神经元都有一条边和 $l+1$ 层的第 p 个特征映射中的一个神经元相连。根据链式法则,第 l 层的一个特征映射的误差项

$\delta^{(l,p)}$，只需要对 $l+1$ 层对应特征映射的误差项 $\delta^{(l+1,p)}$ 进行上采样（up sampling）操作（和第 l 层的大小一样），再和 l 层特征映射的激活值偏导数逐元素相乘，就得到了 $\delta^{(l,p)}$。第 l 层的第 p 个特征映射的误差项 $\delta^{(l,p)}$ 的具体推导过程如下：

$$\delta^{(l,p)} \triangleq \frac{\partial \mathcal{L}}{\partial Z^{(l,p)}} \tag{10-40}$$

$$= \frac{\partial X^{(l,p)}}{\partial Z^{(l,p)}} \frac{\partial Z^{(l+1,p)}}{\partial X^{(l,p)}} \frac{\partial \mathcal{L}}{\partial Z^{(l+1,p)}} \tag{10-41}$$

$$= f'_l(Z^{(l,p)}) \odot \mathrm{up}(\delta^{(l+1,p)}) \tag{10-42}$$

其中，$f'_l(\cdot)$ 为第 l 层使用的激活函数导数，up 为上采样函数，与汇聚层中使用的下采样操作刚好相反，如果下采样是最大汇聚，误差项 $\delta^{(l+1,p)}$ 中每个值会直接传递到前一层对应区域中的最大值所对应的神经元，该区域中其他神经元的误差项都设置为 0。如果下采样是平均汇聚，误差项 $\delta^{(l+1,p)}$ 中每个值会被平均分配到前一层对应区域中的所有神经元上。

当 $l+1$ 层位卷积层时，假设特征映射输入 $z^{(l+1)} \in \mathbb{R}^{M \times N \times D}$，其中第 $p(1 \leqslant p \leqslant P)$ 个特征映射净输入为

$$Z^{(l+1,p)} = \sum_{d=1}^{D} W^{(l+1,p,d)} \otimes X^{(l,d)} + b^{(l+1,p)} \tag{10-43}$$

其中，$Z^{(l+1,p)}$ 和 $b^{(l+1,p)}$ 为第 $l+1$ 层的卷积核以及偏置，第 $l+1$ 层中共有 $P \times D$ 个卷积核和 P 个偏置。

第 l 层的第 d 个特征映射的误差项 $\delta^{(l,d)}$ 的具体推导过程如下：

$$\delta^{(l,d)} \triangleq \frac{\partial \mathcal{L}}{\partial Z^{(l,d)}} \tag{10-44}$$

$$= \frac{\partial X^{(l,d)}}{\partial Z^{(l,d)}} \frac{\partial \mathcal{L}}{\partial X^{(l,d)}} \tag{10-45}$$

$$= f'_l(Z^{(l,d)}) \odot \sum_{p=1}^{P} \left(\mathrm{rot}180(W^{(l+1,p,d)}) \widetilde{\otimes} \frac{\partial \mathcal{L}}{\partial Z^{(l+1,d)}} \right) \tag{10-46}$$

$$= f'_l(Z^{(l,d)}) \odot \sum_{p=1}^{P} (\mathrm{rot}180(W^{(l+1,p,d)}) \widetilde{\otimes} \delta^{(l+1,p)}) \tag{10-47}$$

其中，$\widetilde{\otimes}$ 为宽卷积。

10.4.4　典型的卷积神经网络

LeNet-5[1] 虽然提出的时间比较早，但它是一个非常成功的神经网络模型。基于 LeNet-5 的手写数字识别系统在 20 世纪 90 年代被美国很多银行使用，用来识别支票上面的手写数字。

AlexNet[2] 是第一个现代深度卷积网络模型，其首次使用了很多现代深度卷积网络的技

---

[1]　LECUN Y，BOTTOU L，BENGIO Y，et al. Gradient-based learning applied to document recognition［J］. Proceedings of the IEEE，1998，86(11)：2278 - 2324.

[2]　KRIZHEVSKY A，SUTSKEVER I，HINTON G E. ImageNet classification with deep convolutional neural networks[J/OL]. Communications of the ACM，2017，60(6)：84-90. http://doi. org/10. 1145/3065386.

术方法,如使用 GPU 进行并行训练,采用了 ReLU 作为非线性激活函数,使用 Dropout 防止过拟合,使用数据增强来提高模型准确率等。AlexNet 赢得了 2012 年 ImageNet 图像分类竞赛的冠军。因为网络规模超出了当时的单个 GPU 的内存限制,AlexNet 将网络拆为两半,分别放在两个 GPU 上,GPU 间只在某些层(比如第 3 层)进行通信。此外,AlexNet 还在前两个汇聚层之后进行了局部响应归一化(local response normalization,LRN)以增强模型的泛化能力。

在卷积网络中,如何设置卷积层的卷积核大小是一个十分关键的问题。在 Inception 网络中,一个卷积层包含多个不同大小的卷积操作,称为 Inception 模块。Inception 网络由多个 Inception 模块和少量的汇聚层堆叠而成。Inception 模块同时使用 1×1、3×3、5×5 等不同大小的卷积核,并将得到的特征映射在深度上拼接(堆叠)起来作为输出特征映射。Inception 网络有多个版本,其中最早的 Inception v1 版本就是非常著名的 GoogLeNet。[①] GoogLeNet 赢得了 2014 年 ImageNet 图像分类竞赛的冠军。Inception 网络有多个改进版本,其中比较有代表性的有 Inception v3 网络。[②] Inception v3 网络用多层的小卷积核来替换大的卷积核,以减少计算量和参数量,并保持感受野不变,具体包括:使用两层 3×3 的卷积来替换 v1 中的 5×5 的卷积;使用连续的 $K\times1$ 和 $1\times K$ 来替换 $K\times K$ 的卷积。此外,Inception v3 网络也引入标签平滑以及批量归一化(batch normalization,BN)等优化方法进行训练。

残差网络(residual network,ResNet)通过给非线性的卷积层增加直连边(shortcut connection)[也称残差连接(residual connection)]的方式来提高信息的传播效率。假设在一个深度网络中,我们期望一个非线性单元(可以为一层或多层的卷积层)$f(x;\theta)$ 去逼近一个目标函数为 $h(x)$。如果将目标函数拆分成两部分:恒等函数(identity function)x 和残差函数(Residue Function)$h(x)-x$。

$$h(x)=x+(h(x)-x) \tag{10-48}$$

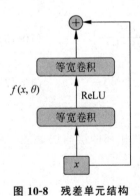

根据通用近似定理,一个由神经网络构成的非线性单元有足够的能力来近似逼近原始目标函数或残差函数,但实际中后者更容易学习。[③] 因此,原来的优化问题可以转换为:让非线性单元 $f(x;\theta)$ 去近似残差函数 $h(x)-x$,并用 $f(x;\theta)$ 去逼近 $h(x)$。

图 10-8 给出了一个典型的残差单元示例。残差单元由多个级联的(等宽)卷积层和一个跨层的直连边组成,再经过 ReLU 激活后得到输出。

残差网络就是将很多个残差单元串联起来构成的一个非常深的网络。和残差网络类似的还有 Highway Network。[④]

图 10-8 残差单元结构

① SZEGEDY C,LIU W,JIA Y,et al. Going deeper with convolutions[C]//Proceedings of the IEEE Conference on Computer Vision And Pattern Recognition,2015.

② SZEGEDY C,VANHOUCKE V,IOFFE S,et al. Rethinking the inception architecture for computer vision[C]// Proceedings of the IEEE Conference on Computer Vision and Pattern Recognition,2016.

③ HE K,ZHANG X,REN S,et al. Deep residual learning for image recognition[C]//Proceedings of the IEEE Conference on Computer Vision and Pattern Recognition,2016.

④ SRIVASTAVA R K,GREFF K,SCHMIDHUBER J. Highway Networks[C]//ICML 2015 Deep Learning Workshop. Arxiv Preprint Arxiv:1505.00387,2015.

10.5　循环神经网络

循环神经网络是一类具有短期记忆(short-term memory)能力的神经网络.在循环神经网络中,神经元不但可以接受其他神经元的信息,也可以接受自身的信息,形成具有环路的网络结构.和前馈神经网络相比,循环神经网络更加符合生物神经网络的结构.循环神经网络已经被广泛应用在语音识别、语言模型以及自然语言生成等任务上.循环神经网络的参数学习可以通过随时间反向传播算法[①]来学习.随时间反向传播算法即按照时间的逆序将错误信息一步步地往前传递.当输入序列比较长时,会存在梯度爆炸和消失问题,也称长程依赖问题.为了解决这个问题,人们对循环神经网络进行了很多改进,其中最有效的改进方式引入门控机制(gating mechanism).此外,循环神经网络可以很容易地扩展到两种更广义的记忆网络模型:递归神经网络和图网络.

循环神经网络通过使用带自反馈的神经元,能够处理任意长度的时序数据.给定一个输入序列 $x_{1:T}=(x_1,x_2,\cdots x_t,\cdots,x_T)$,循环神经网络通过式(10-49)更新带反馈边的隐藏层的活性值 h_t:

$$h_t = f(h_{t-1},x_t) \tag{10-49}$$

其中,$h_0=0$,$f(\cdot)$ 为一个非线性函数,可以是一个前馈网络.

图 10-9 给出了循环神经网络的示例,其中"延迟器"为一个虚拟单元,记录神经元最近一次(或几次)活性值.

由于循环神经网络具有短期记忆能力,相当于存储装置,因此其计算能力十分强大.理论上,循环神经网络可以近似任意的非线性动力系统.前馈神经网络可以模拟任何连续函数,而循环神经网络可以模拟任何程序.

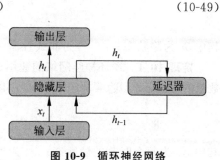

图 10-9　循环神经网络

10.5.1　简单循环网络

简单循环网络(simple recurrent network,SRN)[②]是一个非常简单的循环神经网络,只有一个隐藏层的神经网络,在一个两层的前馈神经网络中,连接存在相邻的层与层之间,隐藏层的节点之间是无连接的.而简单循环网络增加了从隐藏层到隐藏层的反馈连接.

令向量 $x_t\in\mathbb{R}^M$ 表示在时刻 t 网络的输入,$h_t\in\mathbb{R}^D$ 表示隐藏层状态(即隐藏层神经元活性值),则 h_t 不仅和当前时刻的输入 x_t 相关,也和上一个时刻的隐藏层状态 h_{t-1} 相关.简单循环网络在时刻 t 的更新公式为

$$z_t = Uh_{t-1} + Wx_t + b \tag{10-50}$$

①　WERBOS P J. Backpropagation through time:what it does and how to do it[J]. Proceedings of the IEEE,1990,78(10):1550-1560.

②　ELMAN J L. Finding structure in time[J]. Cognitive science,1990,14(2):179-211.

$$h_t = f(z_t) \tag{10-51}$$

其中，z_t 为隐藏层的净输入；$U \in \mathbb{R}^{D \times D}$ 为状态-状态权重矩阵；$W \in \mathbb{R}^{D \times M}$ 为状态-输入权重矩阵；$b \in \mathbb{R}^D$ 为偏置向量；$f(\cdot)$ 为非线性激活函数，通常为 Logistic 函数或者 tanh 函数。公式(10-50)和公式(10-51)也经常直接写为

$$h_t = f(Uh_{t-1} + Wx_t + b) \tag{10-52}$$

如果我们把每个时刻的状态都看作前馈神经网络的一层，循环神经网络可以看作在时间维度上权值共享的神经网络。图 10-10 给出了按时间展开的循环神经网络。

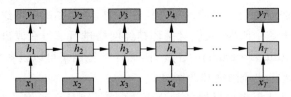

图 10-10　按时间展开的循环神经网络

先定义一个完全连接的循环神经网络，其输入为 x_t，输出为 y_t：

$$h_t = f(Uh_{t-1} + Wx_t + b) \tag{10-53}$$

$$y_t = Vh_t \tag{10-54}$$

其中，h 为隐状态；$f(\cdot)$ 为非线性激活函数；U、W、b 和 V 为网络参数。

定理 10.1　循环神经网络的通用近似定理[①]：如果一个完全连接的循环神经网络有足够数量的 Sigmoid 型隐藏神经元，它可以以任意的准确率去近似任何一个非线性动力系统：

$$s_t = g(s_{t-1}, x_t) \tag{10-55}$$

$$y_t = o(s_t) \tag{10-56}$$

其中，s_t 为每个时刻的隐状态；x_t 为外部输入；$g(\cdot)$ 为可测的状态转换函数；$o(\cdot)$ 为连续输出函数，并且对状态空间的紧致性没有限制。

定理 10.2　图灵完备[②]：所有的图灵机都可以被一个由使用 Sigmoid 型激活函数的神经元构成的全连接循环网络来进行模拟。

因此，一个完全连接的循环神经网络可以近似解决所有的可计算问题。

10.5.2　应用到机器学习

循环神经网络可以应用到很多不同类型的机器学习任务，根据这些任务的特点可以分为以下几种模式：序列到类别模式、同步的序列到序列模式、异步的序列到序列模式。下面分别来看下这几种应用模式。

1. 序列到类别模式

序列到类别模式主要用于序列数据的分类问题：输入为序列，输出为类别。比如在文

---

①　HAYKIN S. Neural networks and learning machines[M]. Chennai, Tamil Nadu: Pearson Education India, 2009.

②　SIEGELMANN H T, SONTAG E D. Turing computability with neural nets[J]. Applied mathematics letters, 1991, 4(6): 77-80.

本分类中,输入数据为单词的序列,输出为该文本的类别。

假设一个样本 $x_{1:T} = (x_1, x_2, \cdots, x_t, \cdots, x_T)$ 为一个长度为 T 的序列,输出为一个类别 $y \in \{1, \cdots, C\}$。我们可以将样本 x 按不同时刻输入循环神经网络中,并得到不同时刻的隐藏状态 $h_1, \cdots, h_T$。我们可以将 h_T 看作整个序列的最终表示(或特征),并输入给分类器 $g(\cdot)$ 进行分类[图 10-11(a)],即

$$\hat{y} = g(h_T) \tag{10-57}$$

其中,$g(\cdot)$ 可以是简单的线性分类器(比如 Logistic 回归)或复杂的分类器(比如多层前馈神经网络)。

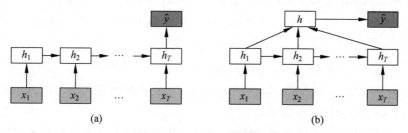

图 10-11　序列到类别模式

(a) 正常模式;(b) 按时间进行平均采样模式

除了将最后时刻的状态作为整个序列的表示之外,我们还可以对整个序列的所有状态进行平均,并用这个平均状态来作为整个序列的表示[图 10-11(b)],即

$$\hat{y} = g\left(\frac{1}{T}\sum_{t=1}^{T} h_T\right) \tag{10-58}$$

2. 同步的序列到序列模式

同步的序列到序列模式主要用于序列标注(sequence labeling)任务,即每一时刻都有输入和输出,输入序列和输出序列的长度相同,比如在词性标注(part-of-speech tagging)中,每一个单词都需要标注其对应的词性标签。

在同步的序列到序列模式(图 10-12)中,输入为一个长度为 T 的序列 $x_{1:T} = (x_1, x_2, \cdots, x_t, \cdots, x_T)$,输出序列为 $y_{1:T} = (y_1, \cdots, y_T)$。样本 x 按不同时刻输入循环神经网络中,并得到不同时刻的隐状态 $h_1, h_2, \cdots, h_t$。每个时刻的隐状态 h_t 代表了当前时刻和历史的信息,并输入给分类器 $g(\cdot)$ 得到当前时刻的标签 $\hat{y}_t$,即

$$\hat{y}_t = g(h_t) \tag{10-59}$$

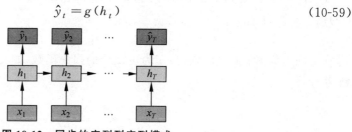

图 10-12　同步的序列到序列模式

3. 异步的序列到序列模式

异步的序列到序列模式也称为编码器-解码器(encoder-decoder)模型,即输入序列和输

出序列不需要有严格的对应关系,也不需要保持相同的长度。比如在机器翻译中,输入为源语言的单词序列,输出为目标语言的单词序列。

在异步的序列到序列模式中,输入为长度为 T 的序列 $x_{1:T}=(x_1,x_2,\cdots,x_t,\cdots,x_T)$,输出长度为 M 的序列 $y_{1:T}=(y_1,\cdots,y_T)$。异步的序列到序列模式一般通过先编码、后解码的方式来实现。先将样本 x 按不同时刻输入一个循环神经网络(编码器)中,并得到其编码 h_T。然后再使用另一个循环神经网络(解码器),得到输出序列 $\hat{y}_{1:M}$。为了建立输出序列之间的依赖关系,在解码器中通常使用非线性的自回归模型。令 $f_1(\cdot)$ 和 $f_2(\cdot)$ 分别用作编码器和解码器的循环神经网络,则编码器-解码器模型可以写为

$$h_t = f_1(h_{t-1}, x_t) \; \forall \, t \in [1, T] \tag{10-60}$$

$$h_{T+1} = f_2(h_{T+t-1}, \hat{y}_{t-1}) \tag{10-61}$$

$$\hat{y}_t = g(h_{T+t}) \tag{10-62}$$

其中,$g(\cdot)$ 为分类器;$\hat{y}_t$ 为预测输出的向量表示。在解码器通常采用自回归模型,每个时刻的输入为上一个时刻的预测结果 $\hat{y}_{t-1}$。

图 10-13 给出了异步的序列到序列模式示例,其中<EOS>表示输入序列的结束,虚线表示将上一个时刻的输出作为下一个时刻的输入。

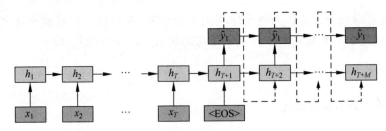

图 10-13　异步的序列到序列模式

10.5.3　参数学习

循环神经网络的参数可以通过梯度下降方法来进行学习。以随机梯度下降为例,给定一个训练样本 (x,y),其中 $x_{1:T}=(x_1,x_2,\cdots x_t,\cdots,x_T)$ 为长度是 T 的输入序列,$y_{1:T}=(y_1,\cdots,y_T)$ 是长度为 T 的标签序列,即在每个时刻 t,都有一个监督信息 y_t,我们定义时刻 t 的损失函数为

$$\mathcal{L}_t = \mathcal{L}(y_t, g(h_t)) \tag{10-63}$$

其中,$g(h_t)$ 为第 t 时刻的输出;$\mathcal{L}$ 为可微分的损失函数,如交叉熵。那么整个序列的损失函数为

$$\mathcal{L} = \sum_{t=1}^{T} L_t \tag{10-64}$$

整个序列的损失函数 $\mathcal{L}$ 关于参数 U 的梯度为

$$\frac{\partial \mathcal{L}}{\partial U} = \sum_{t=1}^{T} \frac{\partial \mathcal{L}_t}{\partial U} \tag{10-65}$$

即每个时刻损失 $\mathcal{L}_t$ 对参数 U 的偏导数之和。

　　循环神经网络中存在一个递归调用的函数 $f(\cdot)$，因此其计算参数梯度的方式和前馈神经网络不太相同。在循环神经网络中主要有两种计算梯度的方式：随时间反向传播（back propagation through time，BPTT）算法和实时循环学习（real-time recurrent learning，RTRL）算法。

　　随时间反向传播[①]算法的主要思想是通过类似前馈神经网络的误差反向传播算法来计算梯度。BPTT 算法将循环神经网络看作一个展开的多层前馈网络，其中"每一层"对应循环网络中的"每个时刻"（图 10-10）。这样，循环神经网络就可以按照前馈网络中的反向传播算法计算参数梯度。在"展开"的前馈网络中，所有层的参数是共享的，因此参数的真实梯度是所有"展开层"的参数梯度之和。

　　先来计算式（10-65）中 t 时刻损失对参数 U 的偏导数 $\dfrac{\partial \mathcal{L}_t}{\partial U}$。由于参数 U 和隐藏层在每个时刻 k（$1 \leqslant k \leqslant t$）的净输入 $z_k = U h_{k-1} + W x_k + b$ 有关，因此 t 时刻的损失函数 $\mathcal{L}_t$ 关于参数 u_{ij} 的梯度为

$$\frac{\partial \mathcal{L}_t}{\partial u_{ij}} = \sum_{k=1}^{t} \frac{\partial^+ z_k}{\partial u_{ij}} \frac{\partial \mathcal{L}_t}{\partial z_k} \tag{10-66}$$

其中，$\dfrac{\partial^+ z_k}{\partial U_{ij}}$ 表示"直接"偏导数，即公式 $z_k = U h_{k-1} + W x_k + b$ 中保持 h_{k-1} 不变，对 u_{ij} 进行求偏导数，得到

$$\frac{\partial^+ z_k}{\partial U_{ij}} = [0, \cdots, [\boldsymbol{h}_{k-1}]_j, \cdots, 0] \tag{10-67}$$

$$\triangleq \mathbb{I}_i([\boldsymbol{h}_{k-1}]_j) \tag{10-68}$$

其中，$[\boldsymbol{h}_{k-1}]_j$ 为 $k-1$ 时刻隐状态的第 j 维；$\mathbb{I}_i(x)$ 为除了第 i 个元素的值为 x 外、其余都为 0 的行向量。

　　定义误差项 $\delta_{t,k} = \dfrac{\partial \mathcal{L}_t}{\partial z_k}$ 为 t 时刻的损失对 k 时刻隐藏层的净输入 z_k 的导数，则当 $1 \leqslant k \leqslant t$ 时：

$$\delta_{t,k} = \frac{\partial \mathcal{L}_t}{\partial z_k} \tag{10-69}$$

$$= \frac{\partial \boldsymbol{h}_k}{\partial z_k} \frac{\partial z_{k+1}}{\partial \boldsymbol{h}_k} \frac{\partial \mathcal{L}_t}{\partial z_{k+1}} \tag{10-70}$$

$$= \mathrm{diag}(f'(z_k)) \boldsymbol{U}^\mathrm{T} \delta_{t,k+1} \tag{10-71}$$

　　将式（10-71）和式（10-68）代入式（10-66）得到

$$\frac{\partial \mathcal{L}_t}{\partial u_{ij}} = \sum_{k=1}^{t} [\delta_{t,k}]_i [\boldsymbol{h}_{k-1}]_j \tag{10-72}$$

　　将式（10-72）改写成矩阵形式为

---

① WERBOS P J. Backpropagation through time：what it does and how to do it[J]. Proceedings of the IEEE，1990，78(10)：1550-1560.

$$\frac{\partial \mathcal{L}_t}{\partial \boldsymbol{U}} = \sum_{k=1}^{t} \delta_{t,k} \boldsymbol{h}_{k-1}^{\mathrm{T}} \tag{10-73}$$

图 10-14 给出了误差项随时间进行反向传播算法的示例。

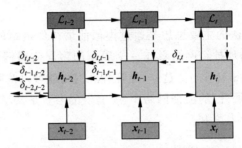

图 10-14　误差项随时间反向传播算法示例

将式(10-73)代入式(10-65)，得到整个序列的损失函数$\mathcal{L}$关于参数$\boldsymbol{U}$的梯度：

$$\frac{\partial \mathcal{L}}{\partial \boldsymbol{U}} = \sum_{t=1}^{T} \sum_{k=1}^{t} \delta_{t,k} \boldsymbol{h}_{k-1}^{\mathrm{T}} \tag{10-74}$$

同理可得，$\mathcal{L}$关于权重$\boldsymbol{W}$和偏置$\boldsymbol{b}$的梯度为

$$\frac{\partial \mathcal{L}}{\partial \boldsymbol{W}} = \sum_{t=1}^{T} \sum_{k=1}^{t} \delta_{t,k} \boldsymbol{x}_{k}^{\mathrm{T}} \tag{10-75}$$

$$\frac{\partial \mathcal{L}}{\partial \boldsymbol{b}} = \sum_{t=1}^{T} \sum_{k=1}^{t} \delta_{t,k} \tag{10-76}$$

在 BPTT 算法中，参数的梯度需要在一个完整的"前向"计算和"反向"计算后才能得到并进行参数更新。

与反向传播的 BPTT 算法不同的是，实时循环学习是通过前向传播的方式来计算梯度[①]。

假设循环神经网络中$t+1$时刻的状态h_{t+1}为

$$h_{t+1} = f(z_{t+1}) = f(\boldsymbol{U}h_t + \boldsymbol{W}x_{t+1} + \boldsymbol{b}) \tag{10-77}$$

其关于参数u_{ij}的偏导数为

$$\frac{\partial h_{t+1}}{\partial u_{ij}} = \left(\frac{\partial^+ z_{t+1}}{\partial u_{ij}} + \frac{\partial h_t}{\partial u_{ij}} \boldsymbol{U}^{\mathrm{T}} \right) \frac{\partial h_{t+1}}{\partial z_{t+1}} \tag{10-78}$$

RTRL 算法和 BPTT 算法都是基于梯度下降的算法，分别通过前向模式和反向模式应用链式法则来计算梯度。在循环神经网络中，一般网络输出维度远低于输入维度，因此 BPTT 算法的计算量会更小，但是 BPTT 算法需要保存所有时刻的中间梯度，空间复杂度较高。RTRL 算法不需要梯度回传，因此非常适合用于需要在线学习或无限序列的任务中。

循环神经网络在学习过程中的主要问题是由于梯度消失或爆炸问题，很难建模长时间间隔(long range)的状态之间的依赖关系。在 BPTT 算法中将式(10-71)展开得到

$$\delta_{t,k} = \prod_{\tau=k}^{t-1} (\mathrm{diag}(f'(z_\tau)\boldsymbol{U}^{\mathrm{T}})) \delta_{t,t} \tag{10-79}$$

① WILLIAMS R J, ZIPSER D. Gradient-based learning algorithms for recurrent[J]. Backpropagation: theory, architectures, and applications, 1995, 1: 433-486.

如果定义 $\gamma \cong \| \text{diag}(f'(z_\tau)U^T) \|$,则

$$\delta_{t,k} \cong \gamma^{t-k}\delta_{t,t} \tag{10-80}$$

若 $\gamma > 1$,当 $t-k \to \infty$ 时,$\gamma^{t-k} \to \infty$。当间隔 $t-k$ 较大时,梯度也会变得非常大,从而造成系统不稳定,称为梯度爆炸问题(gradient exploding problem)。相反,若 $\gamma < 1$,当 $t-k \to \infty$ 时,$\gamma^{t-k} \to 0$,当间隔 $t-k$ 较大时,梯度也会变得非常小,从而出现和深层前馈神经网络类似的梯度消失问题(vanishing gradient problem)。

由于循环神经网络经常使用 Logistic 函数或 tanh 函数作为非线性激活函数,其导数值都小于 1,并且权重矩阵 $\|U\|$ 也不会太大,如果时间间隔 $t-k$ 过大,$\delta_{t,k}$ 会趋向于 0,因而经常会出现梯度消失问题。

虽然简单循环网络理论上可以建立长时间间隔的状态之间的依赖关系,但是由于梯度爆炸问题或梯度消失问题,实际上只能学习到短期的依赖关系。这样,如果时刻 t 的输出 y_t 依赖于时刻 k 的输入 x_k,当间隔 $t-k$ 比较大时,简单循环网络很难建模这种长距离的依赖关系,称为长程依赖问题(long-term dependencies problem)。

10.5.4　基于门控的循环神经网络

为了改善循环神经网络的长程依赖问题,一种非常好的解决方案是在循环神经网络的基础上引入门控机制来控制信息的累积速度,包括有选择地加入新的信息,并有选择地遗忘之前累积的信息。这一类网络可以称为基于门控的循环神经网络(gated RNN)。下面主要介绍长短期记忆(long short-term memory network,LSTM)网络及其变体。

长短期记忆网络[①]是一个循环神经网络的变体,可以有效地解决简单循环神经网络的梯度爆炸问题或梯度消失问题。LSTM 网络的主要改进在以下两个方面。

(1) 新的内部状态。LSTM 网络引入一个新的内部状态(internal state)$c_t \in \mathbb{R}^D$ 专门进行线性的循环信息传递,同时(非线性地)输出信息给隐藏层的外部状态 $h_t \in \mathbb{R}^D$。内部状态 c_t 通过式(10-81)和式(10-82)计算:

$$c_t = f_t \odot c_{t-1} + i_t \odot \tilde{c}_t \tag{10-81}$$

$$h_t = o_t \odot \tanh(c_t) \tag{10-82}$$

其中,$f_t \in [0,1]^D$、$i_t \in [0,1]^D$ 和 $o_t \in [0,1]^D$ 为三个门,用来控制信息传递的路径;$\odot$ 为向量元素成绩;c_{t-1} 为上一时刻的记忆单元;$\tilde{c}_t \in \mathbb{R}^D$ 是通过非线性函数得到的候选状态:

$$\tilde{c}_t = \tanh(W_c x_t + U_c h_{t-1} + b_c) \tag{10-83}$$

在每个时刻 t,LSTM 网络的内部状态 c_t 记录了当前时刻为止的历史信息。

(2) 门控机制。LSTM 网络引入门控机制来控制信息传递的路径。式(10-81)和式(10-82)中三个"门"分别为输入门 i_t、遗忘门 f_t 和输出门 o_t。这三个门的作用为:输入门 i_t 控制当前时刻的候选状态 $\tilde{c}_t$ 有多少信息需要保存,遗忘门 f_t 控制上一个时刻的内部状态 c_{t-1} 需要遗忘多少信息,输出门 o_t 控制当前时刻的内部状态 c_t 有多少信息需要输出给外部状态 h_t。

---

① GERS F A,SCHMIDHUBER J,CUMMINS F. Learning to forget: continual prediction with LSTM[J/OL]. Neural computation,2000,12(10): 2451-2471. http://doi.org/10.1162/089976600300015015.

当 $f_t=0$，$i_t=1$ 时，记忆单元将历史信息清空，并将候选状态向量 $\tilde{c}_t$ 写入。但此时记忆单元 c_t 依然和上一时刻的历史信息相关。当 $f_t=1$，$i_t=0$ 时，记忆单元将复制上一时刻的内容，不写入新的信息。

LSTM 网络中的"门"是一种"软"门，取值在 $(0,1)$ 之间，表示以一定的比例允许信息通过。三个门的计算方式为

$$i_t = \sigma(W_i x_t + U_i h_{t-1} + b_i) \tag{10-84}$$

$$f_t = \sigma(W_f x_t + U_f h_{t-1} + b_f) \tag{10-85}$$

$$o_t = \sigma(W_o x_t + U_o h_{t-1} + b_o) \tag{10-86}$$

其中，$\sigma(\cdot)$ 为 Logistic 函数，其输出区间为 $(0,1)$；x_t 为当前的输入时刻；h_{t-1} 为上一时刻的外部状态。

图 10-15 给出了 LSTM 网络的循环单元结构，其计算过程为：首先，利用上一时刻的外部状态 h_{t-1} 和当前时刻的输入 x_t，计算三个门，以及候选状态 $\tilde{c}_t$；其次，结合遗忘门 f_t 和输入门 i_t 来更新记忆单元 c_t；最后，结合输出门 o_t，将内部状态的信息传递给外部状态 h_t。

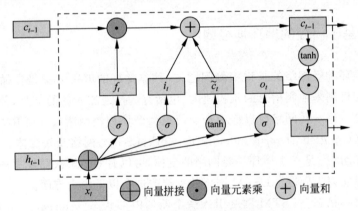

图 10-15　LSTM 网络的循环单元结构

通过 LSTM 循环单元，整个网络可以建立较长距离的时序依赖关系。式(10-81)~式(10-86)可以简洁地描述为

$$\begin{bmatrix} \tilde{c}_t \\ o_t \\ i_t \\ f_t \end{bmatrix} = \begin{bmatrix} \tanh \\ \sigma \\ \sigma \\ \sigma \end{bmatrix} \left(W \begin{bmatrix} x_t \\ h_{t-1} \end{bmatrix} + b \right) \tag{10-87}$$

$$c_t = f_t \odot c_{t-1} + i_t \odot \tilde{c}_t \tag{10-88}$$

$$h_t = o_t \odot \tanh(c_t) \tag{10-89}$$

其中，$x_t \in \mathbb{R}^M$ 为当前时刻的输入；$W \in \mathbb{R}^{4D \times (M+D)}$ 和 $b \in \mathbb{R}^{4D}$ 为网络参数。

循环神经网络中的隐状态 h 存储了历史信息，可以看作一种记忆。在简单循环网络中，隐藏状态每个时刻都会被重写，因此可以看作一种短期记忆。在神经网络中，长期记忆(long-term memory)可以看作网络参数，隐含了从训练数据中学到的经验，其更新周期要远远长于短期记忆。而在 LSTM 网络中，记忆单元 c 可以在某个时刻捕捉到某个关键信息，

并有能力将此关键信息保存一定的时间间隔。记忆单元 c 中保存信息的生命周期要长于短期记忆 h,但又远远短于长期记忆,因此称为长短期记忆。

目前主流的 LSTM 网络用三个门来动态地控制内部状态应该遗忘多少历史信息,输入多少新信息,以及输出多少信息。我们可以对门控机制进行改进并获得 LSTM 网络的不同变体。

(1) 无遗忘门的 LSTM 网络[①]。最早提出的 LSTM 网络是没有遗忘门的,其内部状态的更新为

$$c_t = c_{t-1} + i_t \odot \tilde{c}_t \tag{10-90}$$

如之前的分析,记忆单元 c 会不断增大。当输入序列的长度非常大时,记忆单元的容量会饱和,从而大大降低 LSTM 模型的性能。

(2) peephole 连接。这种变体是三个门不但依赖于输入 x_t 和上一时刻的隐状态 h_{t-1},也依赖于上一时刻的记忆单元 c_{t-1},即

$$i_t = \sigma(W_i x_t + U_i h_{t-1} + \boldsymbol{V}_i c_{t-1} + b_i) \tag{10-91}$$

$$f_t = \sigma(W_f x_t + U_f h_{t-1} + \boldsymbol{V}_f c_{t-1} + b_f) \tag{10-92}$$

$$o_t = \sigma(W_o x_t + U_o h_{t-1} + \boldsymbol{V}_o c_{t-1} + b_o) \tag{10-93}$$

其中,$\boldsymbol{V}_i$,$\boldsymbol{V}_f$ 和 $\boldsymbol{V}_o$ 为对角矩阵。

(3) 耦合输入门和遗忘门。LSTM 网络中的输入门和遗忘门有些互补关系,因此同时用两个门比较冗余。为了降低 LSTM 网络的计算复杂度,将这两门合并为一个门。令 $f_t = 1 - i_t$,内部状态的更新方式为

$$c_t = (1 - i_t) \odot c_{t-1} + i_t \odot \tilde{c}_t \tag{10-94}$$

(4) 门控循环单元(gated recurrent unit,GRU)网络[②]。这是一种比 LSTM 网络更加简单的循环神经网络。GRU 网络引入门控机制来控制信息更新的方式。和 LSTM 不同,GRU 不引入额外的记忆单元,GRU 网络也是引入一个更新门(update gate)来控制当前状态需要从历史状态中保留多少信息(不经过非线性变换),以及需要从候选状态中接受多少新信息,即

$$h_t = z_t \odot h_{t-1} + (1 - z_t) \odot g(x_t, h_{t-1}; \theta) \tag{10-95}$$

其中,$z_t \in [0,1]^D$ 为更新门:

$$z_t = \sigma(W_z x_t + U_z h_{t-1} + b_z) \tag{10-96}$$

在 LSTM 网络中,输入门和遗忘门是互补关系,具有一定的冗余性。GRU 网络直接使用一个门来控制输入和遗忘之间的平衡。当 $z_t = 0$ 时,当前状态 h_t 和前一时刻的状态 h_{t-1} 之间为非线性函数关系;当 $z_t = 1$ 时,h_t 和 h_{t-1} 之间为线性函数关系。

在 GRU 网络中,函数 $g(x_t, h_{t-1}; \theta)$ 的定义为

$$\tilde{h}_t = \tanh(W_h x_t + U_h(r_t \odot h_{t-1}) + b_h) \tag{10-97}$$

其中,$\tilde{h}_t$ 表示当前时刻的候选状态,$r_t \in [0,1]^D$ 为重置门(reset gate):

---

① HOCHREITER S,SCHMIDHUBER J. Long short-term memory[J]. Neural computation,1997,9(8): 1735-1780.

② CHO K,VAN MERRIENBOER B,GULCEHRE C,et al. Learning phrase representations using RNN Encoder-Decoder for Statistical Machine Translation[Z]. Arxiv Preprint Arxiv: 1406. 1078,2014.

$$r_t = \sigma(W_r x_t + U_r h_{t-1} + b_r) \tag{10-98}$$

用来控制候选状态 $\tilde{h}_t$ 的计算是否依赖上一时刻的状态 h_{t-1}。当 $r_t = 0$ 时,候选状态 $\tilde{h}_t = \tanh(W_h x_t + b_h)$ 只和当前输入 x_t 相关,和历史状态无关。当 $r_t = 1$ 时,候选状态 $\tilde{h}_t = \tanh(W_h x_t + W_h x_t + b_h)$ 和当前输入 x_t 以及历史状态 h_{t-1} 相关,和简单循环网络一致。综上,GRU 网络的状态更新方式为

$$h_t = z_t \odot h_{t-1} + (1 - z_t) \odot \tilde{h}_t \tag{10-99}$$

可以看出,当 $z_t = 0, r = 1$ 时,GRU 网络退化为简单循环网络;当 $z_t = 1, r = 0$ 时,当前状态 h_t 只和当前输入 x_t 相关,和历史状态 h_{t-1} 无关。当 $z_t = 1$ 时,当前状态 $h_t = h_{t-1}$ 等于上一时刻状态 h_{t-1},和当前输入 x_t 无关。

图 10-16 给出了 GRU 网络的循环单元结构。

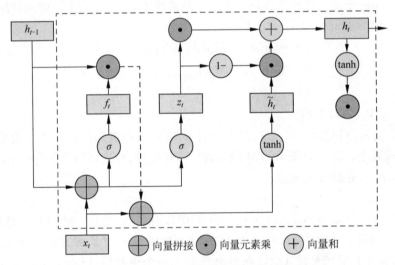

图 10-16　GRU 网络的循环单元结构

（5）深层循环神经网络。如果将深度定义为网络中信息传递路径长度的话,循环神经网络可以看作既"深"又"浅"的网络。一方面,如果我们把循环网络按时间展开,长时间间隔的状态之间的路径很长,循环网络可以看作一个非常深的网络。另一方面,如果同一时刻网络输入到输出之间的路径 $x_t \to y_t$,这个网络是非常浅的。

因此,我们可以增加循环神经网络的深度,从而增强循环神经网络的能力。增加循环神经网络的深度主要是增加同一时刻网络输入到输出之间的路径 $x_t \to y_t$,如增加隐状态到输出 $h_t \to y_t$,以及输入到隐状态 $x_t \to h_t$ 之间路径的深度。

（6）堆叠神经网络。一种常见的增加循环神经网络深度的做法是将多个循环网络堆叠起来,称为堆叠循环神经网络（stacked recurrent neural network,SRNN）。一个堆叠的简单循环网络（stacked SRN）也称循环多层感知器（recurrent multi-layer perceptron,RMLP）。[①]

图 10-17 给出了按时间展开的堆叠循环神经网络,第 l 层网络的输入是第 $l-1$ 层网络的输出。我们定义 $h_t^{(l)}$ 为在时刻 t 时第 l 层的隐状态:

---

① PARLOS A,ATIYA A,CHONG K,et al. Recurrent multilayer perceptron for nonlinear system identification [C]//IJCNN-91-Seattle International Joint Conference on Neural Networks,1991,2：537-540.

$$h_t^{(l)} = f(\boldsymbol{U}^{(l)} h_{t-1}^{(l)} + \boldsymbol{W}^{(l)} h_t^{(l-1)} + \boldsymbol{b}^{(l)}) \tag{10-100}$$

其中，$\boldsymbol{U}^{(l)}$，$\boldsymbol{W}^{(l)}$ 和 $\boldsymbol{b}^{(l)}$ 为偏置向量；$h_t^{(0)} = x_t$。

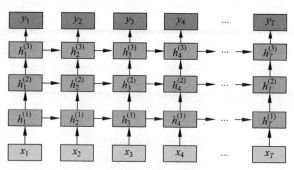

图 10-17　按时间展开的堆叠循环神经网络

在有些任务中，一个时刻的输出不但和过去时刻的信息有关，也和后续时刻的信息有关。比如给定一个句子，其中一个词的词性由它的上下文决定，即包含左右两边的信息。因此，在这些任务中，我们可以增加一个按照时间的逆序来传递信息的网络层来增强网络的能力。

（7）双向循环神经网络（bidirectional recurrent neural network，Bi-RNN）。双向循环神经网络由两层循环神经网络组成，它们的输入相同，只是信息传递的方向不同。假设第 1 层按时间顺序，第 2 层按时间逆序，在时刻 t 的隐状态定义为 $h_t^{(1)}$ 和 $h_t^{(2)}$，则

$$h_t^{(1)} = f(U^{(l)} h_{t-1}^{(1)} + W^{(1)} x_t + b^{(1)}) \tag{10-101}$$

$$h_t^{(2)} = f(U^{(l)} h_{t-1}^{(2)} + W^{(2)} x_t + b^{(2)}) \tag{10-102}$$

$$h_t = h_t^{(1)} \oplus h_t^{(2)} \tag{10-103}$$

其中，$\oplus$ 为向量拼接操作。

图 10-18 给出了按时间展开的双向循环神经网络。

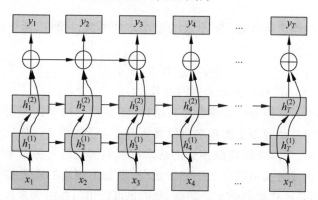

图 10-18　按时间展开的双向循环神经网络

如果将循环神经网络按时间展开，每个时刻的隐状态 h_t 看作一个节点，那么这些节点构成一个链式结构，每个节点 t 都收到其父节点的消息（message），更新自己的状态，并传递给其子节点。而链式结构是一种特殊的图结构，我们可以比较容易地将这种消息传递（message passing）的思想扩展到任意的图结构上。

递归神经网络是循环神经网络在有向无循环图上的扩展。递归神经网络的一般结构为

树状的层次结构,如图 10-19(a)所示。

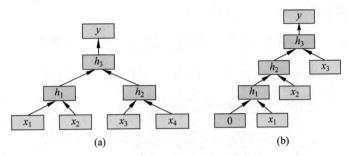

图 10-19　递归神经网络

(a) 一般结构;(b) 退化结构

以图 10-19(a)中的结构为例,有三个隐藏层 h_1、h_2 和 h_3,其中,h_1 由两个输入层 x_1 和 x_2 计算得到,h_2 由另外两个输入层 x_3 和 x_4 计算得到,h_3 由两个隐藏层 h_1 和 h_2 计算得到。对于一个节点 h_i,它可以接受来自父节点集合 π_i 中所有节点的信息,并更新自己的状态。

$$h_i = f(h_{\pi_i}) \tag{10-104}$$

其中,h_{π_i} 表示集合 π_i 中所有节点状态的拼接;$f(\cdot)$ 为一个和节点位置无关的非线性函数,可以为一个单层的前馈神经网络。图 10-19(a)所示的递归神经网络具体可以写为

$$h_1 = \sigma\left(W\begin{bmatrix}x_1\\x_2\end{bmatrix} + b\right) \tag{10-105}$$

$$h_2 = \sigma\left(W\begin{bmatrix}x_3\\x_4\end{bmatrix} + b\right) \tag{10-106}$$

$$h_3 = \sigma\left(W\begin{bmatrix}h_1\\h_2\end{bmatrix} + b\right) \tag{10-107}$$

其中,$\sigma(\cdot)$ 表示非线性激活函数;W 和 b 为可学习的参数。同样,输出层 y 可以为一个分类器,比如:

$$y = g(W'h_3 + b') \tag{10-108}$$

其中,$g(\cdot)$ 为分类器;W' 和 b' 为分类器的参数。

当递归神经网络的结构退化为线性序列结构[图 10-19(b)]时,递归神经网络就等价于简单循环网络。递归神经网络主要用来建模自然语言句子的语义。给定一个句子的语法结构(一般为树状结构),可以使用递归神经网络来按照句法的组合关系来合成一个句子的语义。句子中每个短语成分又可以分成一些子成分,即每个短语的语义都可以由它的子成分语义组合而来,进而合成整句的语义。同样,我们也可以用门控机制来改进递归神经网络中的长距离依赖问题,如树结构的长短期记忆模型(tree-structured LSTM)[1]就是将 LSTM 模型的思想应用到树结构的网络中,来实现更灵活的组合函数。

---

① TAI K S,SOCHER R,MANNING C D. Improved semantic representations from tree-structured long short-term memory networks[C]//53rd Annual Meeting of the Association for Computational Linguistics,2015; ZHU X,SOBHANI P,GUO H. Long short-term memory over recursive structures[C]//Proceedings of the 32nd International Conference on Machine Learning,PMLR 37,2015:1604-1612.

10.5.5　图神经网络

在实际应用中,很多数据是图结构的,如知识图谱、社交网络、分子网络等。而前馈网络和反馈网络很难处理图结构的数据。

对于一个任意的图结构 $G(\mathcal{V}, \mathcal{E})$,其中 $\mathcal{V}$ 表示节点集合,$\mathcal{E}$ 表示边集合,每条边表示两个节点之间的依赖关系。节点之间的连接可以是有向的,也可以是无向的。图中每个节点 v 都用一组神经元来表示其状态 $h^{(v)}$,初始状态可以为节点 v 的输入特征 $x^{(v)}$。每个节点可以收到来自相邻节点的消息,并更新自己的状态。

$$m_t^{(v)} = \sum_{u \in \mathcal{N}(v)} f(h_{t-1}^{(v)}, h_{t-1}^{(u)}, e^{(u,v)}) \tag{10-109}$$

$$h_t^{(v)} = g(h_{t-1}^{(v)}, m_t^{(v)}) \tag{10-110}$$

其中,$\mathcal{N}(v)$ 表示节点 v 的邻居;$m_t^{(v)}$ 表示在第 t 时刻节点 v 收到的信息;$e^{(u,v)}$ 为边 (u,v) 上的特征。

式(10-109)和式(10-110)是一种同步的更新方式,所有的结构同时接受信息并更新自己的状态。而对于有向图来说,使用异步的更新方式会更有效率,比如循环神经网络或递归神经网络。在整个图更新 T 次后,可以通过一个读出函数(readout function)$g(\cdot)$ 来得到整个网络的表示:

$$o_t = g(h_T^{(v)} \mid v \in \mathcal{V}) \tag{10-111}$$

10.6　深度学习方法的优化

虽然神经网络具有非常强的表达能力,但是应用神经网络模型到机器学习时依然存在一些难点。深度神经网络的优化十分困难。

首先,神经网络的损失函数是一个非凸函数,找到全局最优解通常比较困难。其次,深度神经网络的参数通常非常多,训练数据也比较大,因此也无法使用计算代价很高的二阶优化方法,而一阶优化方法的训练效率通常比较低。此外,深度神经网络存在梯度消失问题或梯度爆炸问题,导致基于梯度的优化方法经常失效。

目前,研究者从大量的实践中总结了一些经验方法,在神经网络的表示能力、复杂度、学习效率和泛化能力之间找到比较好的平衡,并得到一个好的网络模型。本节从神经网络优化和网络正则化两个方面来介绍这些方法。在网络优化方面,介绍一些常用的优化算法、参数初始化方法、数据预处理方法、逐层归一化(layer-wise normalization)方法和超参数优化(hyperparameter optimization)方法。在网络正则化方面,介绍一些提高网络泛化能力的方法,包括 L1 和 L2 正则化、权重衰减(weight decay)、提前停止、丢弃法(Dropout Method)、数据增强和标签平滑(label smoothing)。

10.6.1　神经网络优化

神经网络优化是指寻找一个神经网络模型来使经验(或结构)风险最小化的过程,包括模型选择以及参数学习等。深度神经网络是一个高度非线性的模型，其风险函数是一个非凸函数，因此风险最小化是一个非凸优化问题。此外，深度神经网络还存在梯度消失问题。因此，深度神经网络的优化是一个具有挑战性的问题。本节概要地介绍神经网络优化的一些特点和改善方法。

高维变量的非凸优化：低维空间的非凸优化问题主要是存在一些局部最优点。基于梯度下降的优化方法会陷入局部最优点，因此在低维空间中非凸优化的主要难点是如何选择初始化参数和逃离局部最优点。深度神经网络的参数非常多，其参数学习是在非常高维空间中的非凸优化问题，其挑战和在低维空间中的非凸优化问题有所不同。

鞍点（saddle point）：在高维空间中，非凸优化的难点并不在于如何逃离局部最优点，而是如何逃离鞍点，鞍点的梯度是 0，但是在一些维度上是最高点，在另一些维度上是最低点，如图 10-20 所示。

在高维空间中，局部最小值要求在每一维度上都是最低点，这种概率非常低。假设网络有 10 000 维参数，梯度为 0 的点［即驻点（stationary point）］在某一维上是局部最小值的概率为 p，那么在整个参数空间中，驻点是局部最优点的概率为 $p^{10\,000}$，这种可能性非常小。也就是说，在高维空间中大部分驻点都是鞍点。基于梯度下降的优化方法会在鞍点附近接近于停滞，很难从这些鞍点中逃离。因此，随机梯度下降对于高维空间中的非凸优化问题十分重要，通过在梯度方向上引入随机性，可以有效地逃离鞍点。

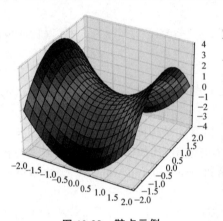

图 10-20　鞍点示例

平坦最小值：深度神经网络的参数非常多，并且有一定的冗余性，这使得每单个参数对最终损失的影响都比较小，因此会导致损失函数在局部最小解附近通常是一个平坦的区域，称为平坦最小值（flat minima）。[①] 图 10-21 给出了平坦最小值和尖锐最小值（sharp minima）的示例。

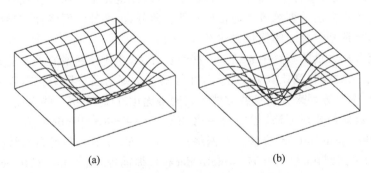

(a)   (b)

图 10-21　平坦最小值和尖锐最小值的示例

(a) 平坦最小值；(b) 尖锐最小值

资料来源：HOCHREITER S，SCHMIDHUBER J. Flat minima[J]. Neural computation，1997，9(1)：1-42.

---

① HOCHREITER S，SCHMIDHUBER J. Flat minima[J]. Neural computation，1997，9(1)：1-42.

　　在一个平坦最小值的邻域内,所有点对应的训练损失都比较接近,表明我们在训练神经网络时,不需要精确地找到一个局部最小解,只要在一个局部最小解的邻域内就足够了。这里的很多描述都是经验性的,并没有很好的理论证明。平坦最小值通常被认为和模型泛化能力有一定的关系。一般而言,当一个模型收敛到一个平坦的局部最小值时,其鲁棒性会更好,即微小的参数变动不会剧烈影响模型能力;而当一个模型收敛到一个尖锐的局部最小值时,其鲁棒性也会比较差。具备良好泛化能力的模型通常应该是鲁棒的,因此理想的局部最小值应该是平坦的。

　　局部最小解的等价性:在非常大的神经网络中,大部分的局部最小解是等价的,它们在测试集上性能都比较相似。此外,局部最小解对应的训练损失都可能非常接近于全局最小解对应的训练损失[①]。虽然神经网络有一定概率收敛于比较差的局部最小值,但随着网络规模扩大,网络陷入比较差的局部最小值的概率会大大降低。在训练神经网络时,我们通常没有必要找全局最小值,这反而可能导致过拟合。

　　改善神经网络优化的目标是找到更好的局部最小值和提高优化效率。目前比较有效的经验性改善方法通常分为以下几个方面:使用更有效的优化算法来提高梯度下降优化方法的效率和稳定性,如动态学习率调整、梯度估计修正等;使用更好的参数初始化方法、数据预处理方法来提高优化效率;修改网络结构来得到更好的优化地形(optimization landscape),如使用 ReLU 激活函数、残差连接、逐层归一化等;使用更好的超参数优化方法。

　　通过上面的方法,我们通常可以高效地、端到端地训练一个深度神经网络。

1. 优化算法

　　目前,深度神经网络的参数学习主要是通过梯度下降法来寻找一组可以最小化结构风险的参数。在具体实现中,梯度下降法可以分为批量梯度下降、随机梯度下降以及小批量梯度下降三种形式。根据不同的数据量和参数量,可以选择一种具体的实现形式。本节介绍一些在训练神经网络时常用的优化算法。这些优化算法大体上可以分为两类:调整学习率,使得优化更稳定;梯度估计修正,优化训练速度。

　　在训练深度神经网络时,训练数据的规模通常都比较大。如果在梯度下降时,每次迭代都要计算整个训练数据上的梯度,这就需要比较多的计算资源。另外大规模训练集中的数据通常会非常冗余,也没有必要在整个训练集上计算梯度。因此,在训练深度神经网络时,经常使用小批量梯度下降法(mini-batch gradient descent)。

　　令 $f(x;\theta)$ 表示一个深度神经网络,θ 为网络参数,在使用小批量梯度下降进行优化时,每次选取 K 个训练样本 $\mathcal{S}=\{(x^{(k)},y^{(k)})\}_{k=1}^{K}$。第 t 次迭代时损失函数关于参数 θ 的偏导数为

$$\mathcal{G}(\theta)=\frac{1}{K}\sum_{(x,y)\in\mathcal{S}}\frac{\partial\mathcal{L}(y,f(x;\theta))}{\partial\theta} \tag{10-112}$$

其中,$\mathcal{L}(\cdot)$ 为可微分的损失函数;K 为批量大小(batch size)。

---

　　① CHOROMANSKA A,HENAFF M,MATHIEU M,et al. The loss surfaces of multilayer networks[C]// Proceedings of the Eighteenth International Conference on Artificial Intelligence and Statistics,PMLR 38,2015:192-204.

第 t 次更新的梯度 g_t 定义为

$$g_t \triangleq \mathfrak{g}_t(\theta_{t-1}) \tag{10-113}$$

使用梯度下降来更新参数,

$$\theta_t \leftarrow \theta_{t-1} - \alpha g_t \tag{10-114}$$

其中,$\alpha > 0$ 为学习率。

每次迭代时参数更新的差值 $\Delta\theta_t$ 定义为

$$\Delta\theta_t = \theta_t - \theta_{t-1} \tag{10-115}$$

$\Delta\theta_t$ 和梯度 g_t 并不需要完全一致。$\Delta\theta_t$ 为每次迭代时参数的实际更新方向,即 $\theta_t = \theta_{t-1} + \Delta\theta_t$。在标准的小批量梯度下降中,$\Delta\theta_t = -\alpha g_t$。

从上面公式可以看出,影响小批量梯度下降法的主要因素有:①批量大小 K;②学习率 α;③梯度估计(gradient estimation)。为了更有效地训练深度神经网络,在标准的小批量梯度下降法的基础上,也经常使用一些改进方法以加快优化速度,如如何选择批量大小、如何调整学习率以及如何修正梯度估计。我们分别从这三个方面来介绍在神经网络优化中常用的算法。这些改进的优化算法也同样可以应用在批量或随机梯度下降法上。

1)批量大小选择

在小批量梯度下降法中,批量大小对网络优化的影响非常重要。一般来说,批量大小不影响随机梯度的期望值,但会影响随机梯度的方差。当批量大小较大时,随机梯度的方差较小,引入的噪声也更少,训练更加稳定,因此可以设置较大的学习率。相反,当批量大小较小时,需要设置较小的学习率,否则模型可能无法收敛。通常情况下,学习率会随着批量大小的增加而相应地增大。一种简单有效的方法是线性缩放规则(linear scaling rule)[①]:当批量大小增加 m 倍时,学习率也增加 m 倍。线性缩放规则通常适用于批量大小比较小时;当批量大小非常大时,线性缩放可能会导致训练不稳定。

此外,批量大小和模型的泛化能力也有一定的关系。Keskar 等[②]通过实验发现:批量越大,越有可能收敛到尖锐最小值;批量越小,越有可能收敛到平坦最小值。

2)学习率调整

学习率是神经网络优化时的重要超参数。在梯度下降法中,学习率 α 的取值非常关键,如果过大就不会收敛,如果过小则收敛速度太慢。常用的学习率调整方法包括学习率衰减(learning rate decay)、学习率预热(learning rate warmup)、周期性学习率调整以及一些自适应调整学习率的方法,如 AdaGrad 算法(adaptive gradient algorithm,自适应梯度算法)、RMSprop 算法、AdaDelta 算法等。自适应学习率方法可以针对每个参数设置不同的学习率。

从经验上看,学习率在一开始要保持大些来保证收敛速度,在收敛到最优点附近时要小些以避免来回振荡。比较简单的学习率调整可以通过学习率衰减的方式来实现,也称学习率退火(learning rate annealing)。

(1)学习率衰减。不失一般性,这里的衰减方式设置为按迭代次数进行衰减。假设初

① GOYAL P,DOLLÁR P,GIRSHICK R,et al. Accurate,large minibatch SGD:training ImageNet in 1 hour[R]. Arxiv Preprint Arxiv:1706.02677,2018.

② KESKAR N S,MUDIGERE D,NOCEDAL J,et al. On large-batch training for deep learning:generalization gap and sharp minima[C]//International Conference on Learning Representations. Arxiv Preprint Arxiv:1609.04836,2017.

始化学习率为 α_0，在第 t 次迭代时的学习率 α_t。常见的衰减方法有以下几种。

① 分段常数衰减(piecewise constant decay)，即每经过 T_1，T_2，$\cdots$，T_m 次迭代将学习率衰减为原来的 β_1，β_2，$\cdots$，β_m 倍，其中 T_m 和 $\beta_m < 1$ 为根据经验设置的超参数，分段常数衰减也称阶梯衰减(step decay)。

② 逆时衰减(inverse time decay)：

$$\alpha_t = \alpha_0 \frac{1}{1 + \beta \times t} \tag{10-116}$$

其中，β 为衰减率。

③ 指数衰减(exponential decay)：

$$\alpha_t = \alpha_0 \beta^t \tag{10-117}$$

其中，$\beta < 1$ 为衰减率。

④ 自然指数衰减(natural exponential decay)：

$$\alpha_t = \alpha_0 \exp(-\beta \times t) \tag{10-118}$$

其中，β 为衰减率。

⑤ 余弦衰减(cosine decay)：

$$\alpha_t = \frac{1}{2} \alpha_0 \left(1 + \cos\left(\frac{t\pi}{T}\right)\right) \tag{10-119}$$

其中，T 为总的迭代次数。

(2) 学习率预热。在小批量梯度下降法中，当批量大小的设置比较大时，通常需要比较大的学习率。但在刚开始训练时，由于参数是随机初始化的，梯度往往也比较大，再加上比较大的初始学习率，训练会不稳定。为了提高训练稳定性，我们可以在最初几轮迭代时，采用比较小的学习率，等梯度下降到一定程度后再恢复到初始的学习率，这种方法称为学习率预热。

一个常用的学习率预热方法是逐渐预热(gradual warmup)。假设预热的迭代次数为 T'，初始学习率为 α_0，在预热过程中，每次更新的学习率为

$$\alpha' = \frac{t}{T'} \alpha_0, \quad 1 \leqslant t \leqslant T' \tag{10-120}$$

当预热过程结束，再选择一种学习率衰减方法来逐渐降低学习率。

(3) 周期性学习率调整。为了使梯度下降法逃离鞍点或尖锐最小值，一种经验性的方式是在训练过程中周期性地增大学习率。当参数处于尖锐最小值附近时，增大学习率有助于逃离尖锐最小值；当参数处于平坦最小值附近时，增大学习率依然有可能在该平坦最小值的吸引域(basin of attraction)内。因此，周期性地增大学习率虽然可能短期内损害优化过程，使网络收敛的稳定性变差，但从长期来看有助于找到更好的局部最优解。接下来介绍两种常用的周期性调整学习率的方法：循环学习率(cyclic learning rate)和带热重启的随机梯度下降。

使用循环学习率[1]，即让学习率在一个区间内周期性地增大和缩小。通常可以使用线性

---

[1]　GOYAL P，DOLLÁR P，GIRSHICK R，et al. Accurate，large minibatch SGD：training ImageNet in 1 hour[R]. Arxiv Preprint Arxiv：1706.02677，2018.

缩放来调整学习率,称为三角循环学习率(triangular cyclic learning rate)。假设每个循环周期的长度相等,都为 $2\Delta T$,其中前 ΔT 步为学习率线性增大阶段,后 ΔT 为学习率线性缩小阶段。在第 t 次迭代时,其所在的循环周期数 m 为

$$m = \left\lfloor 1 + \frac{t}{2\Delta T} \right\rfloor \tag{10-121}$$

第 t 次迭代的学习率为

$$\alpha_t = \alpha_{\min}^m + (\alpha_{\max}^m - \alpha_{\min}^m)(\max(0, 1-b)) \tag{10-122}$$

其中,$\alpha_{\max}^m$ 和 $\alpha_{\min}^m$ 分别为第 m 个周期中学习率的上界和下界,可以随着 m 的增大而逐渐降低;$b \in [0,1]$ 的计算为

$$b = \left| \frac{t}{\Delta T} - 2m + 1 \right| \tag{10-123}$$

带热重启的随机梯度下降(stochastic gradient descent with warm restarts,SGDR)[1]是用热重启方式来替代学习率衰减的方法。学习率每间隔一定周期后重新初始化为某个预先设定值,然后逐渐衰减。每次重启后模型参数不是从头开始优化,而是在重启前的参数基础上继续优化。

假设在梯度下降过程中重启 M 次,第 m 次重启在上次重启开始第 T_m 个回合后进行,T_m 称为重启周期。在第 m 次重启之前,采用预先衰减来降低学习率。第 t 次迭代的学习率为

$$\alpha_t = \alpha_{\min}^m + \frac{1}{2}(\alpha_{\max}^m - \alpha_{\min}^m)\left(1 + \cos\left(\frac{T_{\text{cur}}}{T_m}\pi\right)\right) \tag{10-124}$$

其中,$\alpha_{\max}^m$ 和 $\alpha_{\min}^m$ 分别为第 m 个周期学习率的上界和下界,可以随着 m 的增大而逐渐降低;T_{cur} 为重启之后的回合(Epoch)数,T_{cur} 可以取小数,这样可以在一个回合内部进行学习率衰减。重启周期 T_m 可以随着重启次数逐渐增加,比如 $T_m = T_{m-1} \times \mathcal{K}$,其中 $\mathcal{K} > 1$ 为放大因子。

(4)AdaGrad 算法。在标准的梯度下降法中,每个参数在每次迭代时都使用相同的学习率。由于每个参数的维度上收敛速度都不相同,因此根据不同参数的收敛情况分别设置学习率。AdaGrad 算法[2]是借鉴 L2 正则化的思想,每次迭代时自适应地调整每个参数的学习率。第 t 次迭代时,先计算每个参数梯度平方的累计值:

$$G_t = \sum_{\tau=1}^{t} g_\tau \odot g_\tau \tag{10-125}$$

其中,$\odot$ 为按元素乘积;$g_\tau \in \mathbb{R}^{|\theta|}$ 为第 τ 次迭代时的梯度。

AdaGrad 算法的参数更新差值为

$$\Delta\theta_t = -\frac{\alpha}{\sqrt{G_t + \varepsilon}} \odot g_t \tag{10-126}$$

---

[1] LOSHCHILOV I, HUTTER F. SGDR: stochastic gradient descent with warm restarts[C]//International Conference on Learning Representations. Arxiv Preprint Arxiv: 1608.03983, 2016.

[2] DUCHI J, HAZAN E, SINGER Y. Adaptive subgradient methods for online learning and stochastic optimization[J]. Journal of machine learning research, 2011, 12(2011): 2121-2159.

其中,α 为初始学习率；ε 是为了保持数值稳定性而设置的非常小的常数,一般取值 e^{-10} 到 e^{-7}。此外,这里的开方、除、加法运算都是按元素进行的操作。

在 AdaGrad 算法中,如果某个参数的偏导数累积比较大,其学习率相对较小；相反,如果其偏导数累积较小,其学习率相对较大。但整体是随着迭代次数的增加,学习率逐渐缩小。AdaGrad 算法的缺点是在经过一定次数的迭代依然没有找到最优点时,由于这时的学习率已经非常小,很难再继续找到最优点。

（5）RMSprop 算法。RMSprop 算法是 Geoff Hinton[①] 提出的一种自适应学习率的方法,可以在有些情况下避免 AdaGrad 算法中学习率不断单调下降以至于过早衰减的缺点。

RMSprop 算法首先计算每次迭代梯度 g_t 平方的指数衰减移动平均,

$$G_t = \beta G_{t-1} + (1-\beta) g_t \odot g_t \tag{10-127}$$

$$= (1-\beta) \sum_{\tau=1}^{t} \beta^{t-\tau} g_\tau \odot g_\tau \tag{10-128}$$

其中,β 为衰减率,一般取值为 0.9。RMSprop 算法的参数更新差值为

$$\Delta\theta_t = -\frac{\alpha}{\sqrt{G_t + \varepsilon}} \odot g_t \tag{10-129}$$

其中,α 为初始的学习率,如 0.001。

从式(10-129)可以看出,RMSProp 算法和 AdaGrad 算法的区别在于 G_t 的计算由累积方式变成了指数衰减移动平均。在迭代过程中,每个参数的学习率并不是呈衰减趋势,既可以变小也可以变大。

（6）AdaDelta 算法。AdaDelta 算法是 AdaGrad 算法的一个改进。和 RMSprop 算法类似,AdaDelta 算法通过梯度平方的指数衰减移动平均来调整学习率。此外,AdaDelta 算法还引入每次参数更新差值 $\Delta\theta$ 的平方的指数衰减权移动平均。

第 t 次迭代时,参数更新差值 $\Delta\theta$ 的平方的指数衰减权移动平均为

$$\Delta X_{t-1}^2 = \beta_1 \Delta X_{t-2}^2 + (1-\beta_1) \Delta\theta_{t-1} \odot \Delta\theta_{t-1} \tag{10-130}$$

其中,β_1 为衰减率。此时 $\Delta\theta_t$ 还未知,因此只能计算到 $\Delta\theta_{t-1}$。AdaDelta 算法的参数更新差值为

$$\Delta\theta_t = -\frac{\sqrt{\Delta X_{t-1}^2 + \varepsilon}}{\sqrt{G_t + \varepsilon}} g_t \tag{10-131}$$

其中,G_t 的计算方式和 RMSprop 算法一样[式(10-127)]；ΔX_{t-1}^2 为参数更新差值 $\Delta\theta$ 的指数衰减权移动平均。从式(10-131)可以看出,AdaDelta 算法将 RMSprop 算法中的初始学习率 α 改为动态计算的 $\sqrt{\Delta X_{t-1}^2}$,在一定程度上平抑了学习率的波动。

3）梯度估计修正

除了调整学习率之外,还可以进行梯度估计的修正。在随机（小批量）梯度下降法中,如果每次选取样本数量比较小,损失会呈现振荡的方式下降。也就是说,随机梯度下降方法中每次迭代的梯度估计和整个训练集上的最优梯度并不一致,具有一定的随机性。增加批量

---

① HINTON G. Lecture 6. 5-rmsprop: divide the gradient by a running average of its recent magnitude[J]. Coursera: neural networks for machine learning 4,2012,2: 26-31.

大小也是缓解随机性的一种方式。一种有效地缓解梯度估计随机性的方式是通过使用最近一段时间内的平均梯度代替当前时刻的随机梯度来作为参数更新的方向,从而提高优化速度。

(1) 动量法(Momentum Method)。动量是模拟物理中的概念。一个物体的动量指的是该物体在它运动方向上保持运动的趋势,是该物体的质量和速度的乘积。动量法是用之前积累动量来替代真正的梯度。每次迭代的梯度可以看作加速度。

在第 t 次迭代时,计算负梯度的"加权移动平均"作为参数的更新方向:

$$\Delta\theta_t = \rho\Delta\theta_{t-1} - \alpha g_t = -\alpha\sum_{\tau=1}^{t}\rho^{t-\tau}g_\tau \tag{10-132}$$

其中,ρ 为动量因子,通常设为 0.9;α 为学习率。

这样,每个参数的实际更新差值取决于最近一段时间内梯度的加权平均值。当某个参数在最近一段时间内的梯度方向不一致时,其真实的参数更新幅度变小;相反,当在最近一段时间内的梯度方向都一致时,其真实的参数更新幅度变大,起到加速作用。一般而言,在迭代初期,梯度方向都比较一致,动量法会起到加速作用,可以更快地到达最优点。在迭代后期,梯度方向会不一致,在收敛值附近振荡,动量法会起到减速作用,增强稳定性。从某种角度来说,当前梯度叠加上部分的上次梯度,一定程度上可以近似看作二阶梯度。

(2) Nesterov 加速梯度。Nesterov 加速梯度(Nesterov accelerated gradient,NAG)是一种对动量法的改进,也称 Nesterov 动量法(Nesterov momentum)。

在动量法中,实际的参数更新方向 $\Delta\theta_t$ 为上一步的参数更新方向 $\Delta\theta_{t-1}$ 和当前梯度的反方向 $-g_t$ 的叠加。这样,$\Delta\theta_t$ 可以被拆分为两步进行,先根据 $\Delta\theta_{t-1}$ 更新一次得到参数 $\hat{\theta}$,再用 $-g_t$ 进行更新:

$$\hat{\theta} = \theta_{t-1} + \rho\Delta\theta_{t-1} \tag{10-133}$$

$$\theta_t = \hat{\theta} - \alpha g_t \tag{10-134}$$

其中,梯度 g_t 为点 θ_{t-1} 上的梯度,因此在第二步更新中有些不太合理。更合理的更新方向应该为 $\hat{\theta}$ 上的梯度。这样,合并后的更新方向为

$$\Delta\theta_t = \rho\Delta\theta_{t-1} - \alpha g_t(\theta_{t-1} + \rho\Delta\theta_{t-1}) \tag{10-135}$$

其中,$g_t(\theta_{t-1}+\rho\Delta\theta_{t-1})$ 表示损失函数在点 $\hat{\theta}=\theta_{t-1}+\rho\Delta\theta_{t-1}$ 上的偏导数。

(3) Adam 算法(adaptive moment estimation algorithm,自适应矩估计算法)。Adam 算法可以看作动量法和 RMSprop 算法的结合,不但使用动量作为参数更新方向,而且可以自适应调整学习率。Adam 算法一方面计算梯度平方 g_t^2 的指数加权平均(和 RMSprop 算法类似),另一方面计算梯度 g_t 的指数加权平均(和动量法类似)。

$$M_t = \beta_1 M_{t-1} + (1-\beta_1)g_t \tag{10-136}$$

$$G_t = \beta_2 G_{t-1} + (1-\beta_2)g_t \odot g_t \tag{10-137}$$

其中,β_1 和 β_2 分别为两个移动平均的衰减率,通常取值为 $\beta_1=0.9$,$\beta_2=0.99$。我们可以把 M_t 和 G_t 分别看作梯度的均值(一阶矩)和未减去均值的方差(二阶矩)。

假设 $M_0=0$,$G_0=0$,那么在迭代初期 M_t 和 G_t 的值会比真实的均值和方差要小。特别是当 β_1 和 β_2 都接近于 1 时,偏差会很大。因此,需要对偏差进行修正。

$$\hat{M}_t = \frac{M_t}{1-\beta_1^t} \tag{10-138}$$

$$\hat{G}_t = \frac{G_t}{1 - \beta_2^t} \tag{10-139}$$

Adam 算法的参数更新差值为

$$\Delta\theta_t = -\frac{\alpha}{\sqrt{\hat{G}_t + \varepsilon}}\hat{M}_t \tag{10-140}$$

其中,学习率 α 通常设为 0.001,并且也可以进行衰减,比如 $\alpha_t = \frac{\alpha_0}{\sqrt{t}}$。Adam 算法是 RMSProp 算法与动量法的结合,因此一种自然的 Adam 算法的改进方法是引入 Nesterov 加速梯度,称为 Nadam 算法。

（4）梯度截断(gradient clipping)。在深度神经网络或循环神经网络中,除了梯度消失之外,梯度爆炸也是影响学习效率的主要因素。在基于梯度下降的优化过程中,如果梯度突然增大,用大的梯度更新参数反而会导致其远离最优点。为了避免这种情况,当梯度的模大于一定阈值时,就对梯度进行截断,称为梯度截断。

梯度截断是一种比较简单的启发式方法,把梯度的模限定在一个区间,当梯度的模小于或大于这个区间时就进行截断。一般截断的方式有以下两种。

按值截断：在第 t 次迭代时,梯度为 g_t,给定一个区间 $[a, b]$,如果一个参数的梯度小于 a,就将其设为 a；如果大于 b,就将其设为 b。

$$g_t = \max(\min(g_t, b), a) \tag{10-141}$$

按模截断：按模截断是将梯度的模截断到一个给定的截断阈值 b。如果 $\|g_t\|^2 \leqslant b$,保持 g_t 不变。如果 $\|g_t\|^2 > b$,令

$$g_t = \frac{b}{\|g_t\|}g_t \tag{10-142}$$

截断阈值 b 是一个超参数,也可以根据一段时间内的平均梯度来自动调整。实验中发现,训练过程对阈值 b 并不十分敏感,通常一个小的阈值就可以得到很好的结果。

表 10-2 汇总了上面介绍的几种神经网络常用优化算法。

表 10-2　神经网络常用优化算法的汇总

类　　别		优 化 算 法
学习率调整	固定衰减学习率	分段常数衰减、逆时衰减、(自然)指数衰减、余弦衰减
	周期性学习率	循环学习率、SGDR
	自适应学习率	AdaGrad、RMSprop、AdaDelta
梯度估计修正		动量法、Nesterov 加速梯度、梯度截断
综合方法		Adam≈动量法＋RMSprop

2. 参数初始化方法

神经网络的参数学习是一个非凸优化问题。当使用梯度下降法来优化网络参数时,参数初始值的选取十分关键,关系到网络的优化效率和泛化能力。参数初始化的方式通常有以下三种。

1）预训练初始化

不同的参数初始值会收敛到不同的局部最优解。虽然这些局部最优解在训练集上的损失比较接近，但是它们的泛化能力差异很大。一个好的初始值会使网络收敛到一个泛化能力高的局部最优解。预训练初始化（pre-trained initialization）通常会提升模型泛化能力的一种解释是预训练任务起到一定的正则化作用。通常情况下，一个已经在大规模数据上训练过的模型可以提供一个好的参数初始值，这种初始化方法称为预训练初始化。

预训练任务可以为监督学习任务或无监督学习任务。由于无监督学习任务更容易获取大规模的训练数据，因此被广泛采用。预训练模型在目标任务上的学习过程也称精调（fine-tuning）。

2）固定值初始化

对于一些特殊的参数，可以根据经验用一个特殊的固定值来进行初始化。比如偏置通常用 0 来初始化，但是有时可以设置某些经验值以提高优化效率。在 LSTM 网络的遗忘门中，偏置通常初始化为 1 或 2，使时序上的梯度变大。对于使用 ReLU 的神经元，有时也可以将偏置设为 0.01，使 ReLU 神经元在训练初期更容易激活，从而获得一定的梯度来进行误差反向传播。

3）随机初始化

在线性模型的训练（比如感知器和 Logistic 回归）中，我们一般将参数全部初始化为 0。但是这在神经网络的训练中会存在一些问题。如果参数都为 0，在第一遍前向计算时，所有的隐藏层神经元的激活值都相同；在反向传播时，所有权重的更新也都相同，这样会导致隐藏层神经元没有区分性，这种现象也称对称权重现象。为了打破这个平衡，比较好的方式是对每个参数都随机初始化（random initialization），使得不同神经元之间的区分性更好。

虽然预训练初始化通常具有更好的收敛性和泛化性，但是灵活性不够，不能在目标任务上任意地调整网络结构。因此，好的随机初始化方法对训练神经网络模型来说依然十分重要。随机初始化通常只应用在神经网络的权重矩阵上。这里我们介绍三类常用的随机初始化方法：基于固定方差的参数初始化、基于方差缩放的参数初始化和正交初始化。

（1）基于固定方差的参数初始化。一种最简单的随机初始化方法是从一个固定均值（通常为 0）和方差 σ^2 的分布中采样来生成参数的初始值。这里的"固定"的含义是方差 σ^2 为一个预设值，和神经元的输入、激活函数以及所在层数无关。基于固定方差的参数初始化方法主要有以下两种。

① 高斯分布初始化：使用一个高斯分布 $\mathcal{N}(0,\sigma^2)$ 对每个参数进行随机初始化。

② 均匀分布初始化：在一个给定的区间 $[-r,r]$ 内采用均匀分布来初始化参数。假设随机变量 x 在区间 $[a,b]$ 内均匀分布，则其方差为：$\mathrm{var}(x)=\dfrac{(b-a)^2}{12}$，因此，若使用区间为 $[-r,r]$ 的均匀采样分布，并满足 $\mathrm{var}(x)=\sigma^2$，则 r 的取值为：$r=\sqrt{3\sigma^2}$。

在基于固定方差的随机初始化方法中，比较关键的是如何设置方差 σ^2。如果参数范围取得太小，一是会导致神经元的输出过小，经过多层之后信号就慢慢消失了；二是还会使得 Sigmoid 型激活函数丢失非线性的能力，以 Sigmoid 型函数为例，在 0 附近基本上是近似线性的。这样多层神经网络的优势也就不存在了。如果参数范围取得太大，会导致输入状态过大。对于 Sigmoid 型激活函数来说，激活值变得饱和，梯度接近于 0，从而导致梯度消失问题。

为了降低固定方差对网络性能以及优化效率的影响,基于固定方差的随机初始化方法一般需要配合逐层归一化来使用。

(2) 基于方差缩放的参数初始化。要高效地训练神经网络,给参数选取一个合适的随机初始化区间是非常重要的。一般而言,参数初始化的区间应该根据神经元的性质进行差异化的设置。如果一个神经元的输入连接很多,它的每个输入连接上的权重就应该小一些,以避免神经元的输出过大(当激活函数为 ReLU 时)或过饱和(当激活函数为 Sigmoid 函数时)。初始化一个深度网络时,为了缓解梯度消失问题或梯度爆炸问题,应尽可能保持每个神经元输入和输出的方差一致,根据神经元的连接数量来自适应地调整初始化分布的方差,这类方法称为方差缩放(variance scaling)。

(3) 正交初始化。上面介绍的两种基于方差的初始化方法都是对权重矩阵中的每个参数进行独立采样。由于采样的随机性,采样出来的权重矩阵依然可能存在梯度消失问题或梯度爆炸问题。假设一个 L 层的等宽线性网络(激活函数为恒等函数)为

$$y = \boldsymbol{W}^{(L)} \boldsymbol{W}^{(L-1)} \cdots \boldsymbol{W}^{(1)} x \tag{10-143}$$

其中,$\boldsymbol{W}^{(L)} \in \mathbb{R}^{M \times M}(1 \leqslant l \leqslant L)$ 为神经网络的第 l 层权重矩阵。

在反向传播中,误差项 δ 的反向传播公式为 $\delta^{(l-1)} = (\boldsymbol{W}^{(l)})^{\mathrm{T}} \delta^{(l)}$。为了避免梯度消失问题或梯度爆炸问题,我们希望误差项在反向传播中具有范数保持性(norm-preserving),即 $\|\delta^{(l-1)}\|^2 = \|\delta^{(l)}\|^2 = \|(\boldsymbol{W}^{(l)})^{\mathrm{T}} \delta^{(l)}\|^2$。如果我们以均值为 0、方差为 $\frac{1}{M}$ 的高斯分布来随机生成权重矩阵($\boldsymbol{W}^{(l)}$)中每个元素的初始值,那么当 $M \to \infty$ 时,范数保持性成立。但是当 M 不够大时,这种对每个参数进行独立采样的初始化方式难以保证范数保持性。

因此,一种更加直接的方式是将 $\boldsymbol{W}^{(l)}$ 初始化为正交矩阵,即 $\boldsymbol{W}^{(L)} \boldsymbol{W}^{(L)^{\mathrm{T}}} = \boldsymbol{I}$,这种方法称为正交初始化(orthogonal initialization)。正交初始化的具体实现过程可以分为两步:①用均值为 0、方差为 1 的高斯分布初始化一个矩阵;②将这个矩阵用奇异值分解得到两个正交矩阵,并使用其中之一作为权重矩阵。

根据正交矩阵的性质,这个线性网络在信息的前向传播过程和误差的反向传播过程中都具有范数保持性,从而避免在训练开始时就出现梯度消失或梯度爆炸现象。正交初始化通常用在循环神经网络中循环边上的权重矩阵上。

当在非线性神经网络中应用正交初始化时,通常需要将正交矩阵乘以一个缩放系数 ρ。比如当激活函数为 ReLU 时,激活函数在 0 附近的平均梯度可以近似为 0.5。为了保持范数不变,缩放系数 ρ 可以设置为 $\sqrt{2}$。

3. 数据预处理方法

一般而言,样本特征由于来源以及度量单位不同,它们的尺度(即取值范围)往往差异很大。以描述长度的特征为例,当用"米"做单位时,令其值为 x,那么当用"厘米"做单位时,其值为 $100x$。不同机器学习模型对数据特征尺度的敏感程度不一样。如果一个机器学习算法在缩放全部或部分特征后不影响它的学习和预测,我们就称该算法具有尺度不变性(scale invariance)。比如线性分类器是尺度不变的,而最近邻分类器就是尺度敏感的。当我们计算不同样本之间的欧氏距离时,尺度大的特征会起到主导作用。因此,对于尺度敏感的模

型,必须对样本进行预处理,将各个维度的特征转换到相同的取值区间,并且消除不同特征之间的相关性,才能获得比较理想的结果。

理论上来说,神经网络应该具有尺度不变性,可以通过参数的调整来适应不同特征的尺度,但尺度不同的输入特征会增加训练难度。假设一个只有一层的网络 $y = \tanh(\omega_1 x_1 + \omega_2 x_2 + b)$,其中,$x_1 \in [0,10]$,$x_2 \in [0,1]$。之前提到 tanh 函数的导数在 $[-2,2]$ 上是敏感的,其余的导数接近于 0。因此,如果 $\omega_1 x_1 + \omega_2 x_2 + b$ 过大或过小,都会导致梯度过小、难以训练。为了提高训练效率,我们需要使 $\omega_1 x_1 + \omega_2 x_2 + b$ 在 $[-2,2]$,因此需要将 ω_1 设得小一些,如在 $[-0.1,0.1]$ 之间。可以想象,如果数据维数很多,我们很难这样精心去选择每一个参数。因此,如果每一个特征的尺度相似,如 $[0,1]$ 或者 $[-1,1]$,我们就不太需要区别对待每一个参数,从而减少人工干预。

除了参数初始化比较困难之外,不同输入特征的尺度差异比较大时,梯度下降法的效率也会受到影响。尺度不同会造成在大多数位置上的梯度方向并不是最优的搜索方向。当使用梯度下降法寻求最优解时,会导致需要很多次迭代才能收敛。如果我们把数据归一化为相同尺度,大部分位置的梯度方向近似于最优搜索方向。这样,在梯度下降求解时,每一步梯度的方向都基本指向最小值,训练效率会大大提高。

归一化方法泛指把数据特征转换为相同尺度的方法,比如把数据特征映射到 $[0,1]$ 或 $[-1,1]$ 区间内,或者映射为服从均值为 0、方差为 1 的标准正态分布。归一化的方法有很多种,比如之前我们介绍的 Sigmoid 型函数等都可以将不同尺度的特征挤压到一个比较受限的区间。这里,我们介绍几种在神经网络中经常使用的归一化方法。

最小最大值归一化(min-max normalization)是一种非常简单的归一化方法,通过缩放将每一个特征的取值范围归一到 $[0,1]$ 或 $[-1,1]$ 之间。假设有 N 个样本 $\{x^{(n)}\}_{n=1}^N$,对于每一维特征 x,归一化后的特征为

$$\hat{x}^{(n)} = \frac{x^{(n)} - \min_n(x^{(n)})}{\max_n(x^{(n)}) - \min_n(x^{(n)})} \tag{10-144}$$

其中,$\min(x)$ 和 $\max(x)$ 分别为特征 x 在所有样本上的最小值和最大值。

标准化也叫 Z 值归一化(Z-score normalization),来源于统计上的标准分数。将每一个维特征都调整为均值为 0、方差为 1。假设有 N 个样本 $\{x^{(n)}\}_{n=1}^N$,对于每一维特征 x,我们先计算它的均值和方差:

$$\mu = \frac{1}{N} \sum_{n=1}^N x^{(n)} \tag{10-145}$$

$$\sigma^2 = \frac{1}{N} \sum_{n=1}^N (x^{(n)} - \mu)^2 \tag{10-146}$$

然后,将特征 $x^{(n)}$ 减去均值,并除以标准差,得到新的特征值 $\hat{x}^{(n)}$:

$$\hat{x}^{(n)} = \frac{x^{(n)} - \mu}{\sigma} \tag{10-147}$$

其中,标准差 σ 不能为 0。如果标准差为 0,说明这一维特征没有任何区分性,可以直接删掉。

白化(whitening)是一种重要的预处理方法,用来降低输入数据特征之间的冗余性。输入数据经过白化处理后,特征之间相关性较低,并且所有特征都具有相同的方差。白化的一

个主要实现方式是使用主成分分析方法去除掉各个成分之间的相关性。

4. 逐层归一化方法

逐层归一化方法是将传统机器学习中的数据归一化方法应用到深度神经网络中,对神经网络中隐藏层的输入进行归一化,从而使得网络更容易训练的方法。逐层归一化可以有效提高训练效率的原因有以下两个方面。

(1) 更好的尺度不变性。在深度神经网络中,一个神经层的输入是之前神经层的输出。给定一个神经层 l,它之前的神经层 $(1, \cdots, l-1)$ 的参数变化会导致其输入的分布发生较大的改变。当使用随机梯度下降来训练网络时,每次参数更新都会导致该神经层的输入分布发生改变。越高的层,其输入分布会改变得越明显。就像一栋高楼,低楼层发生一个较小的偏移,可能会导致高楼层较大的偏移。从机器学习角度来看,如果一个神经层的输入分布发生改变,那么其参数需要重新学习,这种现象叫作内部协变量偏移(internal covariate shift)。为了缓解这个问题,我们可以对每一个神经层的输入进行归一化操作,使其分布保持稳定。

把每个神经层的输入分布都归一化为标准正态分布,可以使每个神经层对其输入具有更好的尺度不变性。不论低层的参数如何变化,高层的输入保持相对稳定。另外,尺度不变性可以使我们更加高效地进行参数初始化以及超参选择。

(2) 更平滑的优化地形。逐层归一化一方面可以使大部分神经层的输入处于不饱和区域,从而让梯度变大,避免梯度消失问题;另一方面还可以使神经网络的优化地形更加平滑,以及使梯度变得更加稳定,从而允许我们使用更大的学习率,并加快收敛速度。

下面介绍几种比较常用的逐层归一化方法:批量归一化、层归一化(layer normalization,LN)、权重归一化(weight normalization)和局部响应归一化。

(1) 批量归一化。批量归一化是一种有效的逐层归一化方法,可以对神经网络中任意的中间层进行归一化操作。

对于一个深度神经网络,令第 l 层的净输入为 $z^{(l)}$,神经元的输出为 $a^{(l)}$,即

$$a^{(l)} = f(z^{(l)}) = f(Wa^{(l-1)} + b) \tag{10-148}$$

其中,$f(\cdot)$ 为激活函数;W 和 b 为可学习的参数。

为了提高优化效率,就要使净输入 $z^{(l)}$ 的分布一致,如都归一化到标准正态分布。虽然归一化操作也可以应用在输入 $a^{(l-1)}$ 上,但归一化 $z^{(l)}$ 更加有利于优化。因此,在实践中归一化操作一般应用在仿射变换(affine transformation)$Wa^{(l-1)} + b$ 之后、激活函数之前。

利用前面介绍的数据预处理方法对 $z^{(l)}$ 进行归一化,相当于每一层都进行一次数据预处理,从而加快收敛速度。但是逐层归一化需要在中间层进行操作,要求效率比较高,因此复杂度比较高的白化方法就不太合适。为了提高归一化效率,一般使用标准化将净输入 $z^{(l)}$ 的每一维都归一化到标准正态分布。

$$\hat{z}^{(l)} = \frac{z^{(l)} - \mathbb{E}(z^{(l)})}{\sqrt{\mathrm{var}(z^{(l)} + \varepsilon)}} \tag{10-149}$$

其中,$\mathbb{E}(z^{(l)})$ 和 $\mathrm{var}(z^{(l)})$ 是指当前参属下,$z^{(l)}$ 的每一维在整个训练集上的期望和方差。因为目前主要的优化算法是基于小批量的随机梯度下降法,所以准确地计算 $z^{(l)}$ 的期望和方差是不可行的。$z^{(l)}$ 的期望和方差通常用当前小批量样本集的均值和方差近似估计。给定一个包含 K 个样本的小批量样本集合,第 l 层神经元的净输入 $z^{(1,l)}, \cdots, z^{(K,l)}$ 的均值和

方差为

$$\mu_B = \frac{1}{K} \sum_{k=1}^{K} z^{(k,l)} \tag{10-150}$$

$$\sigma_B^2 = \frac{1}{K} \sum_{k=1}^{K} (z^{(k,l)} - \mu_B) \odot (z^{(k,l)} - \mu_B) \tag{10-151}$$

对净输入 $z^{(l)}$ 的标准归一化会使其取值集中到 0 附近,如果使用 Sigmoid 型激活函数,这个取值区间刚好是接近线性变换的区间,减弱了神经网络的非线性性质。因此,为了使归一化不对网络的表示能力造成负面影响,可以通过一个附加的缩放和平移变换改变取值区间。

$$\hat{z}^{(l)} = \frac{z^{(l)} - \mu_B}{\sqrt{\sigma_B^2 + \varepsilon}} \odot \boldsymbol{\gamma} + \boldsymbol{\beta} \tag{10-152}$$

$$\triangleq \mathrm{BN}_{\boldsymbol{\gamma},\boldsymbol{\beta}}(z^{(l)}) \tag{10-153}$$

其中,$\boldsymbol{\gamma}$ 和 $\boldsymbol{\beta}$ 分别代表缩放和平移的参数向量。从最保守的角度考虑,可以通过标准归一化的逆变换来使归一化后的变量被还原为原来的值。当 $\boldsymbol{\gamma} = \sqrt{\sigma_B^2}$,$\boldsymbol{\beta} = \mu_B$ 时,$\hat{z}^{(l)} = z^{(l)}$。

批量归一化操作可以看作一个特殊的神经层,加在每一层非线性激活函数之前,即

$$a^{(l)} = f(\mathrm{BN}_{\boldsymbol{\gamma},\boldsymbol{\beta}}(z^{(l)})) = f(\mathrm{BN}_{\boldsymbol{\gamma},\boldsymbol{\beta}}(Wa^{(l-1)})) \tag{10-154}$$

其中,因为批量归一化本身具有平移变换,所以仿射变换 $Wa^{(l-1)}$ 不再需要偏置参数。

值得一提的是,逐层归一化不但可以提高优化效率,还可以作为一种隐形的正则化方法。在训练时,神经网络对一个样本的预测不仅和该样本自身相关,也和同一批次中的其他样本相关。由于在选取批次时具有随机性,因此神经网络不会"过拟合"到某个特定样本,从而提高网络的泛化能力。

(2) 层归一化。层归一化是和批量归一化非常类似的方法。批量归一化是对一个中间层的单个神经元进行归一化操作,因此要求小批量样本的数量不能太小,否则难以计算单个神经元的统计信息。此外,如果一个神经元的净输入的分布在神经网络中是动态变化的,如循环神经网络,那么就无法应用批量归一化操作。和批量归一化不同的是,层归一化是对一个中间层的所有神经元进行归一化。

对于一个深度神经网络,令第 l 层神经元的净输入为 $z^{(l)}$,其均值和方差为

$$\mu^{(l)} = \frac{1}{M_l} \sum_{i=1}^{M_l} z_i^{(l)} \tag{10-155}$$

$$\sigma^{(l)^2} = \frac{1}{M_l} \sum_{i=1}^{M_l} (z_i^{(l)} - \mu^{(l)})^2 \tag{10-156}$$

其中,M_l 为第 l 层神经元的数量。

层归一化定义为

$$\hat{z}^{(l)} = \frac{z^{(l)} - \mu^{(l)}}{\sqrt{\sigma^{(l)^2} - \varepsilon}} \odot \boldsymbol{\gamma} + \boldsymbol{\beta} \tag{10-157}$$

$$\triangleq \mathrm{LN}_{\boldsymbol{\gamma},\boldsymbol{\beta}}(z^{(l)}) \tag{10-158}$$

其中,$\boldsymbol{\gamma}$ 和 $\boldsymbol{\beta}$ 分别代表缩放和平移的参数向量,和 $z^{(l)}$ 维数相同。

层归一化可以应用在循环神经网络中,对循环神经层进行归一化操作。假设在时刻 t,循环神经网络的隐藏层为 h_t,其层归一化的更新为

$$z_t = Uh_{t-1} + Wx_t \tag{10-159}$$

$$h_t = f(\text{LN}_{\gamma,\beta}(z_t)) \tag{10-160}$$

其中,输入为 x_t,即 t 时刻的输入;U 和 W 为网络参数。

在标准循环神经网络中,循环神经层的净输入一般会随着时间的推移慢慢变大或变小,从而导致梯度爆炸或消失,而层归一化的循环神经网络可以有效地缓解这种状况。层归一化和批量归一化在整体上是十分类似的,差别在于归一化的方法不同。对于 K 个样本的一个小批量集合 $\boldsymbol{Z}^{(l)} = [z^{(1,l)}; \cdots; z^{(K,l)}]$,层归一化是对矩阵 $\boldsymbol{Z}^{(l)}$ 的每一列进行归一化,而批量归一化是对每一行进行归一化。一般而言,批量归一化是一种更好的选择,当小批量样本数量比较小时,可以选择层归一化。

(3) 权重归一化。权重归一化是对神经网络的连接权重进行归一化,通过再参数化(reparameterization)方法,将连接权重分解为长度和方向两种参数。假设第 l 层神经元 $a^{(l)} = f(Wa^{(l-1)} + b)$,我们将 W 再参数化为

$$W_{i,:} = \frac{g_i}{\|v_i\|} v_i, \quad 1 \leqslant i \leqslant M_l \tag{10-161}$$

其中,$W_{i,:}$ 为权重 W 的第 i 行;M_l 为神经元数量;参数 g_i 为标量;v_i 和 $a^{(l-1)}$ 的维数相同。

由于在神经网络中权重经常是共享的,权重数量往往比神经元数量要少,因此权重归一化的开销会比较小。

(4) 局部响应归一化。局部响应归一化是一种受生物学启发的归一化方法,通常用在基于卷积的图像处理上。

假设一个卷积层的输出特征映射 $Y \in \mathbb{R}^{M' \times N' \times P}$ 为三维张量,其中每个切片 $Y^p \in \mathbb{R}^{M' \times N'}$ 为一个输出特征映射,$1 \leqslant p \leqslant P$。

局部响应归一化是对邻近的特征映射进行局部归一化的方法。

$$\hat{Y}^{(p)} = Y^p / \left(k + \alpha \sum_{j=\max(1,p-\frac{n}{w})}^{\min(P,p+\frac{n}{2})} (Y^j)^2 \right)^\beta \tag{10-162}$$

$$\triangleq \text{LRN}_{n,k,\alpha,\beta}(Y^p) \tag{10-163}$$

其中,除和幂运算都是按元素运算,n,k,α,β 为超参数,n 为局部归一化的特征窗口大小。在 AlexNet 中,这些超参数的取值为:$n=5, k=2, \alpha=10\text{e}-4, \beta=0.75$。局部响应归一化和层归一化都是对同层的神经元进行归一化。不同的是,局部响应归一化应用在激活函数之后,只是对邻近的神经元进行局部归一化,并且不减去均值。

局部响应归一化和生物神经元中的侧抑制(lateral inhibition)现象比较类似,即活跃神经元对相邻神经元具有抑制作用。当使用 ReLU 作为激活函数时,神经元的活性值是没有限制的,局部响应归一化可以起到平衡和约束作用。如果一个神经元的活性值非常大,那么和它邻近的神经元就近似地归一化为 0,从而起到抑制作用,增强模型的泛化能力,最大汇聚也具有侧抑制作用。但最大汇聚是对同一个特征映射的邻近位置中的神经元进行抑制,而局部响应归一化是对同一个位置的邻近特征映射中的神经元进行抑制。

5. 超参数优化方法

在神经网络中,除了可学习的参数之外,还存在很多超参数。这些超参数对网络性能的影响也很大。不同的机器学习任务往往需要不同的超参数,常见的超参数有以下三类:①网络结构,包括神经元之间的连接关系、层数、每层的神经元数量、激活函数的类型等;②优化参数,包括优化方法、学习率、小批量的样本数量等;③正则化系数。

超参数优化主要存在两个方面的困难:①超参数优化是一个组合优化问题,无法像一般参数那样通过梯度下降方法来优化,也没有一种通用有效的优化方法;②评估一组超参数配置(configuration)的时间代价非常高,从而导致一些优化方法[如演化算法(evolutionary algorithm)]在超参数优化中难以应用。

假设一个神经网络中总共有 K 个超参数,每个超参数配置表示为一个向量 $x \in X$,$X \in \mathbb{R}^K$ 是超参数配置的取值空间。超参数优化的目标函数定义为 $f(x):X \to \mathbb{R}$,$f(x)$ 是衡量一组超参数配置 x 效果的函数,一般设置为开发集上的错误率。目标函数 $f(x)$ 可以看作一个黑盒函数,不需要知道其具体形式。虽然在神经网络的超参数优化中,$f(x)$ 的形式已知,但是 $f(x)$ 不是关于 x 的连续函数,并且 x 不同,$f(x)$ 的函数形式也不同,因此无法使用梯度下降等优化算法。对于超参数的配置,比较简单的方法有网格搜索、随机搜索、贝叶斯优化(Bayesian optimization)、动态资源分配和神经架构搜索(neural architecture search,NAS)。

1) 网格搜索

网格搜索是一种通过尝试所有超参数的组合来寻找一组合适的超参数配置的方法。假设总共有 K 个超参数,第 k 个超参数可以取 m_k 个值。那么,总共的配置组合数量为 $m_1 \times m_2 \times \cdots \times m_K$。如果超参数是连续的,可以将超参数离散化,选择几个“经验”值,如学习率 α,我们可以设置 $\alpha \in \{0.01, 0.1, 0.5, 1.0\}$。一般而言,对于连续的超参数,我们不能按等间隔的方式进行离散化,需要根据超参数自身的特点进行离散化。网格搜索根据这些超参数的不同组合分别训练一个模型,然后测试这些模型在开发集上的性能,选取一组性能最好的配置。

2) 随机搜索

不同超参数对模型性能的影响有很大差异。有些超参数(比如正则化系数)对模型性能的影响有限,而另一些超参数(比如学习率)对模型性能影响比较大。在这种情况下,采用网格搜索的方法会在不重要的超参数上进行不必要的尝试。一种在实践中比较有效的改进方法是对超参数进行随机组合,然后选取一个性能最好的配置,这就是随机搜索。随机搜索在实践中更容易实现,一般会比网格搜索更加有效。

网格搜索和随机搜索都没有利用不同超参数组合之间的相关性,即如果模型的超参数组合比较类似,其模型性能也是比较接近的。因此这两种搜索方法一般都比较低效。下面介绍两种自适应的超参数优化方法:贝叶斯优化和动态资源分配。

3) 贝叶斯优化

贝叶斯优化是一种自适应的超参数优化方法,根据当前已经试验的超参数组合来预测下一个可能带来最大收益的组合。

一种比较常用的贝叶斯优化方法为时序模型优化(Sequential Model-Based

Optimization，SMBO）。假设超参数优化的函数 $f(x)$ 服从高斯过程，则 $p(f(x)|x)$ 为一个正态分布。贝叶斯优化过程是根据已有的 N 组试验结果 $\mathcal{H}=\{x_n,y_n\}_{n=1}^N$ [y_n 为 $f(x_n)$ 的观测值]来建模高斯过程，并计算 $f(x)$ 的后验分布 $p_{GP}(f(x)|x,\mathcal{H})$。

为了使 $p_{GP}(f(x)|x,\mathcal{H})$ 接近其真实分布，就需要对样本空间进行足够多的采样。但是超参数优化中每一个样本的生成成本很高，需要用尽可能少的样本来使 $p_\theta(f(x)|x,\mathcal{H})$ 接近于真实分布。因此，需要通过定义一个收益函数（acquisition function）$a(x,\mathcal{H})$ 来判断一个样本是否能够给建模 $p_\theta(f(x)|x,\mathcal{H})$ 提供更多的收益，收益越大，其修正的高斯过程会越接近目标函数的真实分布。

收益函数的定义有很多种方式。一种常用的方式是期望改善（expected improvement，EI）函数。假设 $y^*=\min\{y_n,1\leqslant n\leqslant N\}$ 是当前已有样本中的最优值，期望改善函数为

$$EI(x,\mathcal{H})=\int_{-\infty}^{+\infty}\max(y^*-y,0)p_{GP}(y\mid x,\mathcal{H})\mathrm{d}y \tag{10-164}$$

期望改善是定义一个样本 x 在当前模型 $p_{GP}(f(x)|x,\mathcal{H})$ 下，$f(x)$ 超过最好结果 y^* 的期望。除了期望改善函数以外，收益函数还有其他定义形式，如改善概率（probability of improvement）、高斯过程置信上界（GP upper confidence bound，GP-UCB）等。

4）动态资源分配

在超参数优化中，每组超参数配置的评估代价比较高。如果我们在较早的阶段就估计出一组配置的效果会比较差，那么我们就可以中止这组配置的评估，将更多的资源留给其他配置。这个问题可以归结为多臂赌博机问题的一个泛化问题：最优臂问题（best-arm problem），即在给定有限的机会次数下，如何玩这些赌博机并找到收益最大的臂。和多臂赌博机问题类似，最优臂问题也是在利用和探索之间找到最佳的平衡。

由于目前神经网络的优化方法一般都采取随机梯度下降，因此我们可以通过一组超参数的学习曲线来预估这组超参数配置是否有希望得到比较好的结果。如果一组超参数配置的学习曲线不收敛或者收敛比较差，我们可以应用早期停止（early-stopping）策略来中止当前的训练。

动态资源分配的关键是将有限的资源分配给更有可能带来收益的超参数组合。一种有效的方法是逐次减半（successive halving），将超参数优化看作一种非随机的最优臂问题。假设要尝试 N 组超参数配置，总共可利用的资源预算（摇臂的次数）为 B，我们可以通过 $T=\lceil\log_2(N)\rceil-1$ 轮主次减半的方法来选取最优的配置。

在逐次减半方法中，尝试的超参数配置数量 N 十分关键。N 越大，得到最佳配置的机会也越大，但每组配置分到的资源就越少，这样早期的评估结果可能不准确。相反，N 越小，每组超参数配置的评估会越准确，但有可能无法得到最优的配置。因此，如何设置 N 是平衡"利用-探索"的一个关键因素。一种改进的方法是 HyperBand，即通过尝试不同的 N 来选取最优参数。

5）神经架构搜索

上面介绍的超参数优化方法都是在固定（或变化比较小）的超参数空间 $\mathcal{X}$ 中进行最优配置搜索，而最重要的神经网络架构一般还是需要由有经验的专家来进行设计。

神经架构搜索是一个新的比较有前景的研究方向，通过神经网络来自动实现网络架构的设计。一个神经网络的架构可以用一个变长的字符串来描述。利用元学习的思想，神经

架构搜索利用一个控制器来生成另一个子网络的架构描述。控制器可以由一个循环神经网络来实现。控制器的训练可以通过强化学习来完成,其奖励信号为生成的子网络在开发集上的准确率。

10.6.2　网络正则化

机器学习模型的关键是泛化问题,即在样本真实分布上的期望风险最小化。而训练数据集上的经验风险最小化和期望风险并不一致。如果神经网络的泛化能力非常强,其在训练数据上的错误率往往可以降到非常低,甚至到 0,从而导致过拟合。因此,如何提高神经网络的泛化能力反而成为影响模型能力的最关键因素。

正则化是一种通过限制模型复杂度,从而避免过拟合、提升泛化能力的方法,如引入约束、增加先验、提前停止等。

在传统的机器学习中,提高泛化能力的方法主要是限制模型复杂度,比如采用 L1 和 L2 正则化等方式。而在训练深度神经网络时,特别是在过度参数化(over-parameterization)时,L1 和 L2 正则化的效果往往不如浅层机器学习模型中显著。过度参数化是指模型参数的数量远远大于训练数据的数量。因此训练深度学习模型时,往往还会使用其他的正则化方法,如权重衰减、提前停止、丢弃法、数据增强等。

1. L1 和 L2 正则化

L1 和 L2 正则化是机器学习中最常用的正则化方法,通过约束参数的 ℓ_1 和 ℓ_2 来减少模型在训练数据集上的过拟合现象。

通过加入 L1 和 L2 正则化,优化问题可以写为

$$\theta^* = \arg\min_\theta \frac{1}{N} \sum_{n=1}^N \mathcal{L}(y^{(n)}, f(x^{(n)};\theta)) + \lambda \mathrm{L}\mathcal{P}(\theta) \tag{10-165}$$

其中,$\mathcal{L}(\cdot)$ 为损失函数;N 为训练样本数量;$f(\cdot)$ 为待学习的神经网络;θ 为其参数;$\mathrm{L}\mathcal{P}$ 为范数函数,p 的取值通常为 $\{1,2\}$,代表 L1 和 L2 范数;λ 为正则化系数。

带正则化的优化问题等价于下面带约束条件的优化问题:

$$\theta^* = \arg\min \frac{1}{N} \sum_{n=1}^N \mathcal{L}(y^{(n)}, f(x^{(n)};\theta)) \tag{10-166}$$

$$\mathrm{s.\,t.}\ \ \mathrm{L}\mathcal{P}(\theta) \leqslant 1 \tag{10-167}$$

L1 范数在零点不可导,因此经常用式(10-168)来近似:

$$\mathrm{L1}(\theta) = \sum_{d=1}^D \sqrt{\theta_d^2 + \varepsilon} \tag{10-168}$$

其中,D 为参数数量;ε 为一个非常小的常数。

一种折中的正则化方法是同时加入 L1 和 L2 正则化,称为弹性网络正则化(elastic net regularization):

$$\theta^* = \arg\min_\theta \frac{1}{N} \sum_{n=1}^N \mathcal{L}(y^{(n)}, f(x^{(n)};\theta)) + \lambda_1 \mathrm{L1}(\theta) + \lambda_2 \mathrm{L2}(\theta) \tag{10-169}$$

其中,λ_1 和 λ_1 分别为两个正则化项的系数。

2. 权重衰减

权重衰减是一种有效的正则化方法,在每次参数更新时,引入一个衰减系数。

$$\theta_t \leftarrow (1-\beta)\theta_{t-1} - \alpha g_t \tag{10-170}$$

其中,g_t 为第 t 步更新时的梯度;α 为学习率;β 为权重衰减系数,一般取值比较小,如 0.000 5。在标准的随机梯度下降中,权重衰减正则化和 L2 正则化的效果相同。因此,权重衰减在一些深度学习框架中通过 L2 正则化来实现。但是,在较为复杂的优化方法中(比如 Adam 算法),权重衰减和 L2 正则化并不等价。

3. 提前停止

提前停止对于深度神经网络来说是一种简单有效的正则化方法。由于深度神经网络的拟合能力非常强,因此比较容易在训练集上过拟合。在使用梯度下降法进行优化时,我们可以使用一个和训练集独立的样本集合,称为验证集(validation set),并用验证集上的错误来代替期望错误。当验证集上的错误率不再下降,就停止迭代。然而在实际操作中,验证集上的错误率变化曲线并不一定是平衡曲线,很可能是先升高再降低。因此,提前停止的具体标准需要根据实际任务进行优化。

4. 丢弃法

当训练一个深度神经网络时,我们可以随机丢弃一部分神经元(同时丢弃其对应的连接边)来避免过拟合,这种方法称为丢弃法。每次选择丢弃的神经元是随机的。最简单的方法是设置一个固定的概率 p。对每一个神经元都以概率 p 来判定要不要保留。对于一个神经层 $y = f(Wx+b)$,我们可以引入一个掩蔽函数 $\mathrm{mask}(\cdot)$ 使得 $y = f(W\mathrm{mask}(x)+b)$。掩蔽函数 $\mathrm{mask}(\cdot)$ 的定义为

$$\mathrm{mask}(x) = \begin{cases} m \odot x, & \text{当训练阶段时} \\ px, & \text{当测试阶段时} \end{cases} \tag{10-171}$$

其中,$m \in \{0,1\}^D$ 是丢弃掩码(dropout mask),通过以概率 p 的伯努利分布随机生成。在训练时,激活神经元的平均数量为原来的 p 倍。而在测试时,所有的神经元都是可以激活的,这会造成训练和测试时网络的输出不一致。为了缓解这个问题,在测试时需要将神经层的输入 x 乘以 p,也相当于把不同的神经网络做了平均。保留率 p 可以通过验证集来选取一个最优的值。一般来讲,对于隐藏层的神经元,其保留率 $p=0.5$ 时效果最好,这对大部分的网络和任务都比较有效。当 $p=0.5$ 时,在训练时有一半的神经元被丢弃,只剩余一半的神经元是可以激活的,随机生成的网络结构最具多样性。对于输入层的神经元,其保留率通常设为更接近 1 的数,使得输入变化不会太大。对输入层神经元进行丢弃时,相当于给数据增加噪声,以此来提高网络的鲁棒性。

丢弃法一般是针对神经元进行随机丢弃,但是也可以扩展到对神经元之间的连接进行随机丢弃,或每一层进行随机丢弃。图 10-22 给出了一个网络应用丢弃法后的示例。

集成学习角度的解释:每做一次丢弃,相当于从原始的网络中采样得到一个子网络。如果一个神经网络有 n 个神经元,那么总共可以采样出 2^n 个子网络。每次迭代都相当于训练一个不同的子网络,这些子网络都共享原始网络的参数。那么,最终的网络可以近似看作

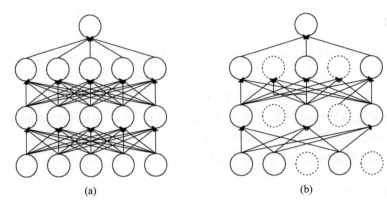

图 10-22　丢弃法示例

(a) 标准网络；(b) 应用丢弃法后的网络

集成了指数级个不同网络的组合模型。

贝叶斯学习角度的解释：丢弃法也可以解释为一种贝叶斯学习的近似。用 $y = f(x;\boldsymbol{\theta})$ 来表示要学习的神经网络，贝叶斯学习是假设参数 $\boldsymbol{\theta}$ 为随机向量，并且先验分布为 $q(\boldsymbol{\theta})$，贝叶斯方法的预测为

$$\mathbb{E}_{q(\boldsymbol{\theta})}[y] = \int_q f(x;\boldsymbol{\theta})\mathrm{d}\boldsymbol{\theta} \tag{10-172}$$

$$\approx \frac{1}{M}\sum_{m=1}^{M} f(x,\theta_m) \tag{10-173}$$

其中，$f(x,\theta_m)$ 为第 m 次应用丢弃方法后的网络，其参数 θ_m 为对全部参数 θ 的一次采样。

当在循环神经网络上应用丢弃法时，不能直接对每个时刻的隐状态进行随机丢弃，这样会损害循环网络在时间维度上的记忆能力。一种简单的方法是对非时间维度的连接（即非循环连接）进行随机丢失。如图 10-23 所示，不同的线形表示不同的丢弃掩码。

然而根据贝叶斯学习的解释，丢弃法是一种对参数 θ 的采样。每次采样的参数需要在每个时刻保持不变。因此，在对循环神经网络使用丢弃法时，需要对参数矩阵的每个元素进行随机丢弃，并在所有时刻都使用相同的丢弃掩码。这种方法称为变分丢弃法（variational dropout）。图 10-24 给出了变分丢弃法的示例，相同线形表示使用相同的丢弃掩码。

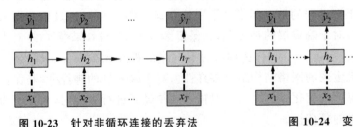

图 10-23　针对非循环连接的丢弃法　　　　图 10-24　变分丢弃法示例

5. 数据增强

深度神经网络一般都需要大量的训练数据才能获得比较理想的效果。在数据量有限的情况下，可以通过数据增强来增加数据量，提高模型鲁棒性，避免过拟合。目前，数据增强还

主要应用在图像数据上,在文本等其他类型的数据上还没有太好的方法。

图像数据的增强主要是通过算法对图像进行转变,引入噪声等方法来提升数据的多样性。增强的方法主要有几种。

(1) 旋转:将图像按顺时针或逆时针方向随机旋转一定角度。

(2) 翻转:将图像沿水平或垂直方向随机翻转一定角度。

(3) 缩放:将图像放大或缩小一定比例。

(4) 平移:将图像沿水平或垂直方向平移一定步长。

(5) 加噪声:加入随机噪声。

6. 标签平滑

在数据增强中,我们可以给样本特征加入随机噪声来避免过拟合。同样,我们也可以给样本的标签引入一定的噪声。假设训练数据集中有一些样本的标签是被错误标注的,那么最小化这些样本上的损失函数会导致过拟合。一种改善的正则化方法是标签平滑,即在输出标签中添加噪声来避免模型过拟合。一个样本 x 的标签可以用独热向量表示,即: $\boldsymbol{y} = [0,\cdots,0,1,0,\cdots,0]^{\mathrm{T}}$。这种标签可以看作硬目标(hard target)。如果使用 Softmax 分类器并使用交叉熵损失函数,最小化损失函数会使正确类和其他类的权重差异变得很大。根据 Softmax 函数的性质可知,如果要使某一类的输出概率接近于 1,其未归一化的得分需要远大于其他类的得分,可能会导致其权重越来越大,并导致过拟合。此外,如果样本标签是错误的,会导致更严重的过拟合现象。为了改善这种情况,我们可以引入一个噪声对标签进行平滑,即假设样本以 ε 的概率为其他类。平滑后的标签为

$$\widetilde{\boldsymbol{y}} = \left[\frac{\varepsilon}{K-1},\cdots,\frac{\varepsilon}{K-1},1-\varepsilon,\frac{\varepsilon}{K-1},\cdots,\frac{\varepsilon}{K-1}\right]^{\mathrm{T}} \tag{10-174}$$

其中,K 为标签数量,这种标签可以看作软目标(soft target)。标签平滑可以避免模型的输出过拟合到硬目标上,并且通常不会损害其分类能力。

上面的标签平滑方法是给其他 $K-1$ 个标签相同的概率 $\frac{\varepsilon}{K-1}$,没有考虑标签之间的相关性。一种更好的做法是按照类别相关性来赋予其他标签不同的概率。比如先训练另外一个更复杂(一般为多个网络的集成)的教师网络(teacher network),并使用大网络的输出作为软目标来训练学生网络(student network)。这种方法也称知识蒸馏(knowledge distillation)。

课后习题

1. 证明宽卷积具有交换性。

2. 分析卷积神经网络中用 1×1 的卷积核的作用。

3. 对于一个输入为 $100\times100\times256$ 的特征映射组,使用 3×3 的卷积核,输出为 $100\times100\times256$ 的特征映射组的卷积层,求其时间复杂度和空间复杂度。如果引入一个 1×1 卷积核,先得到 $100\times100\times64$ 的特征映射,再进行 3×3 的卷积,得到 $100\times100\times256$ 的特征映射组,求其时间复杂度和空间复杂度。

4. 在空洞卷积中,当卷积核大小为 K、膨胀率为 D 时,如何设置零填充 P 的值以使卷

积为等宽卷积？

    5. 分析延时神经网络、卷积神经网络和循环神经网络的异同点。

    6. 推导 LSTM 网络中参数的梯度，并分析其避免梯度消失的效果。

    7. 推导 GRU 网络中参数的梯度，并分析其避免梯度消失的效果。

    8. 证明当递归神经网络的结构退化为线性序列结构时，递归神经网络就等价于简单循环神经网络。

    9. 在小批量梯度下降中，试分析为什么学习率要和批量大小成正比。

    10. 分析为什么批量归一化不能直接应用于循环神经网络。

    11. 分析为什么不能在循环神经网络中的循环连接上直接应用丢弃法。

    12. 在神经网络中，梯度消失问题通常是由什么引起的？

应用实例

即测即练

参 考 文 献

[1] 陈晓红,寇纲,刘咏梅.商务智能与数据挖掘[M].北京:高等教育出版社,2018.

[2] 陈国青,曾大军,卫强,等.大数据环境下的决策方式转变与使能创新[J].管理世界,2020(2):95-106.

[3] 范淼,李超.Python 机器学习及实践——从零开始通往 Kaggle 竞赛之路[M].北京:清华大学出版社,2016.

[4] 方小敏.Python 数据挖掘实战[M].北京:电子工业出版社,2021.

[5] HAN J,KAMBER M,PEI J.数据挖掘概念与技术[M].范明,孟小峰,译.北京:机械工业出版社,2012.

[6] 李航.统计学习方法[M].2 版.北京:清华大学出版社,2019.

[7] 李明江,张良均,周东平,等.Python3 智能数据分析快速入门[M].北京:机械工业出版社,2019.

[8] 刘艳,韩龙哲,李沐沐.Python 机器学习[M].北京:清华大学出版社,2021.

[9] 刘超.回归分析——方法、数据与 R 的应用[M].北京:高等教育出版社,2019.

[10] 欧高炎,朱占星,董彬,等.数据科学导引[M].北京:高等教育出版社,2017.

[11] TAN P N,STEINBACH M,KARPATNE A,等.数据挖掘导论[M].段磊,张天庆,译.北京:机械工业出版社,2019.

[12] 邱锡鹏.机器学习:算法原理与编程实践[M].北京:电子工业出版社,2019.

[13] 邱锡鹏.神经网络与深度学习[M].北京:机械工业出版社,2020.

[14] 孙家泽,王曙燕.数据挖掘算法与应用(Python 实现)[M].北京:清华大学出版社,2020.

[15] 王国胤,刘群,于洪,等.大数据挖掘及应用[M].北京:清华大学出版社,2017.

[16] 魏伟一,张国治.Python 数据挖掘与机器学习[M].北京:清华大学出版社,2021.

[17] 吴军.数学之美[M].北京:人民邮电出版社,2008.

[18] 肖刚,张良均.Python 中文自然语言处理基础与实战[M].北京:人民邮电出版社,2022.

[19] 张兴会.数据仓库与数据挖掘技术[M].北京:清华大学出版社,2012.

[20] 张志华.特征选择与稀疏学习[M].北京:清华大学出版社,2012.

[21] 张良均,谭立云,刘名军,等.Python 数据分析与挖掘实战[M].2 版.北京:机械工业出版社,2021.

[22] 周志华.机器学习[M].北京:清华大学出版社,2016.

[23] 周志华,王魏,高尉,等.机器学习理论导引[M].北京:机械工业出版社,2020.

[24] ALOISE D,DESHPANDE A,HANSEN P,et al. NP-hardness of Euclidean sum-of-squares clustering [J]. Machine learning,2009,75:245-248.

[25] BISHOP C M,NASRABADI N M. Pattern recognition and machine learning [M]. New York:springer,2006.

[26] BLEI D M,NG A Y,JORDAN M I. Latent dirichlet allocation[J]. Journal of machine learning research,2003,3:993-1022.

[27] BLEI D,LAFFERTY J. Correlated topic models [C]// Proceedings of the 18th Conference on Advances in Neural Information Processing Systems. Cambridge:MIT Press,2005:147-154.

[28] BREIMAN L,FRIEDMAN J H,OLSHEN R A. Classification and regression trees (CART)[J]. Biometrics,1984,40(3):358.

[29] BREIMAN L. Bagging predictors[J]. Machine learning,1996,24:123-140.

[30] BREIMAN L. Random forests[J]. Machine learning,2001,45:5-32.

[31] BREIMAN L. Classification and regression trees[M]. London:Routledge,2017.

[32] CHO K,VAN MERRIËNBOER B,GULCEHRE C,et al. Learning phrase representations using RNN encoder-decoder for statistical machine translation[Z]. arXiv preprint arXiv:1406.1078,2014.

[33] CHOROMANSKA A,HENAFF M,MATHIEU M,et al. The loss surfaces of multilayer networks

[C]//Artificial Intelligence and Statistics. PMLR,2015：192-204.

[34] CRAWFORD S L. Extensions to the CART algorithm[J]. International journal of man-machines studies,1989,31(2)：197-217.

[35] DIETTERICH T G. Ensemble methods in machine learning [C]//International Workshop on Multiple Classifier Systems. Berlin,Heidelberg：Springer Berlin Heidelberg,2000：1-15.

[36] DING X,LIU B,YU P S. A holistic lexicon-based approach to opinion mining[C]//Proceedings of the 2008 International Conference on Web Search and Data Mining,2008：231-240.

[37] DOMINGOS P,PAZZANI M. Beyond independence：conditions for the optimality of the simple Bayesian classifier[C]//Proceedings of the 13th International Conference on Machine Learning,1996：105-112.

[38] DUCHI J,HAZAN E,SINGER Y. Adaptive subgradient methods for online learning and stochastic optimization[J]. Journal of machine learning research,2011,12(7)：2121-2159.

[39] ELMAN J L. Finding structure in time[J]. Cognitive science,1990,14(2)：179-211.

[40] ESTIVILL-CASTRO V. Why so many clustering algorithms：a position paper[J]. ACM SIGKDD explorations newsletter,2002,4(1)：65-75.

[41] FLETCHER R. Practical methods of optimization[M]. Hoboken,NJ：John Wiley & Sons,2000.

[42] FREUND Y,SCHAPIRE R E. A decision-theoretic generalization of on-line learning and an application to boosting[J]. Journal of computer and system sciences,1997,55(1)：119-139.

[43] GERS F A,SCHMIDHUBER J,CUMMINS F. Learning to forget：continual prediction with LSTM [J]. Neural computation,2000,12(10)：2451-2471.

[44] GOODFELLOW I,BENGIO Y,COURVILLE A. Deep learning[M]. Cambridge,MA：The MIT Press,2016.

[45] GOYAL P,DOLLÁR P,GIRSHICK R,et al. Accurate,large minibatch sgd：training imagenet in 1 hour[R]. arXiv preprint arXiv：1706. 02677,2017.

[46] GNIAZDOWSKI Z. Geometric interpretation of a correlation[J]. Zeszyty Naukowe Warszawskiej Wyższej Szkoły Informatyki,2013,9(7)：27-35.

[47] HE K,ZHANG X,REN S,et al. Deep residual learning for image recognition[C]//Proceedings of the IEEE Conference on Computer Vision and Pattern Recognition,2016：770-778.

[48] HO T K,HULL J J,SRIHARI S N. Decision combination in multiple classifier systems[J]. IEEE transactions on pattern analysis and machine intelligence,1994,16(1)：66-75.

[49] HOCHREITER S,SCHMIDHUBER J. Flat minima[J]. Neural computation,1997,9(1)：1-42.

[50] HOCHREITER S,SCHMIDHUBER J. Long short-term memory[J]. Neural computation,1997,9 (8)：1735-1780.

[51] KESKAR N S,MUDIGERE D,NOCEDAL J,et al. On large-batch training for deep learning：generalization gap and sharp minima[C]//International Conference on Learning Representations. arXiv preprint arXiv：1609. 04836,2016.

[52] KRIZHEVSKY A,SUTSKEVER I,HINTON G E. ImageNet classification with deep convolutional neural networks[J]. Communications of the ACM,2017,60(6)：84-90.

[53] LECUN Y,BOTTOU L,BENGIO Y,et al. Gradient－based learning applied to document recognition [J]. Proceedings of the IEEE,1998,86(11)：2278-2324.

[54] LOSHCHILOV I,HUTTER F. SGDR：stochastic gradient descent with warm restarts [C]// International Conference on Learning Representations. Arxiv Preprint Arxiv：1608. 03983,2016.

[55] NOCEDAL J,WRIGHT S J. Numerical optimization [M]. New York,NY：Springer New York,1999.

[56] PARLOS A,ATIYA A,CHONG K,et al. Recurrent multilayer perceptron for nonlinear system

identification[C]//IJCNN-91-Seattle International Joint Conference on Neural Networks. IEEE,1991, 2: 537-540.

[57] PERRONE M P,COOPER L N. When networks disagree: ensemble methods for hybrid neural networks[M]//COOPER L N. How we learn; how we remember: toward an understanding of brain and neural systems: selected papers of Leon N Cooper. Hackensack,NJ: World Scientific Publishing Company,1995: 342-358.

[58] PREPARATA F P,SHAMOS M I. Computational geometry: an introduction[M]. Secaucus, NJ: Springer Science & Business Media,2012.

[59] QUINLAN J R. Induction of decision trees[J]. Machines learning,1986,1: 81-106.

[60] QUINLAN J R. C4.5: programs for machines learning[M]. San Francisco,CA: Morgan Kaufmann, 1993.

[61] SCHLIMMER J C,FISHER D. A case study of incremental concept induction[C]//Proceedings of the Fifth AAAI National Conference on Artificial Intelligence,1986: 496-501.

[62] SIEGELMANN H T,SONTAG E D. Turing computability with neural nets[J]. Applied mathematics letters,1991,4(6): 77-80.

[63] SRIVASTAVA R K, GREFF K, SCHMIDHUBER J. Highway networks[C]//ICML 2015 Deep Learning Workshop. arXiv preprint arXiv:1505.00387,2015.

[64] SZEGEDY C,LIU W,JIA Y,et al. Going deeper with convolutions[C]//Proceedings of the IEEE Conference on Computer Vision and Pattern Recognition. 2015: 1-9.

[65] SZEGEDY C,VANHOUCKE V,IOFFE S,et al. Rethinking the inception architecture for computer vision[C]//Proceedings of the IEEE Conference on Computer Vision and Pattern Recognition. 2016: 2818-2826.

[66] TAI K S,SOCHER R,MANNING C D. Improved semantic representations from tree-structured long short-term memory networks[C]//Annual Meeting of the Association for Computational Linguistics. arXiv preprint arXiv:1503.00075,2015.

[67] TAN P,STEINBACH M,KUMAR V. Introduction to data mining[M]. New York: Addison-Wesley Longman Publishing Co. ,Inc,2005.

[68] TIELEMAN T,HINTON G. Lecture 6.5-rmsprop: divide the gradient by a running average of its recent magnitude[J]. COURSERA: neural networks for machine learning,2012,4(2): 26-31.

[69] TOM M M. Machine learning[M]. New York: McGraw-Hill,1997.

[70] UTGOFF P E. ID5: an incremental ID3 [C]//Machine Learning Proceedings 1988. Morgan Kaufmann,1988: 107-120.

[71] UTGOFF P E, BERKMAN N C, CLOUSE J A. Decision tree induction based on efficient tree restructuring[J]. Machine learning,1997,29: 5-44.

[72] VAN DER HEIJDEN F,DUIN R P,DE RIDDER D,et al. Classification, parameter estimation and state estimation: an engineering approach using MATLAB[M]. Hoboken, NJ: John Wiley & Sons,2005.

[73] VAPNIK V N,CHERVONENKIS A Y. On the uniform convergence of relative frequencies of events to their probabilities[J]. Theory of Probability and its applications,1971,16: 264-280.

[74] WERBOS P J. Backpropagation through time: what it does and how to do it[J]. Proceedings of the IEEE,1990,78(10): 1550-1560.

[75] WILLIAMS R J,ZIPSER D. Gradient-based learning algorithms for recurrent connectionist networks [M]. Boston,MA: College of Computer Science,Northeastern University,1990.

[76] WOLPERT D H,MACREADY W G. An efficient method to estimate bagging's generalization error [J]. Machine learning,1999,35: 41-55.

[77] XU L,KRZYZAK A,SUEN C Y. Methods of combining multiple classifiers and their applications to handwriting recognition[J]. IEEE transactions on systems, man, and cybernetics,1992,22(3): 418-435.

[78] ZHU X,SOBIHANI P, GUO H. Long short-term memory over recursive structures [C]// International Conference on Machine Learning. PMLR,2015:1604-1612.

教师服务

感谢您选用清华大学出版社的教材！为了更好地服务教学，我们为授课教师提供本书的教学辅助资源，以及本学科重点教材信息。请您扫码获取。

≫ 教辅获取

本书教辅资源，授课教师扫码获取

≫ 样书赠送

管理科学与工程类重点教材，教师扫码获取样书

 清华大学出版社

E-mail: tupfuwu@163.com

网址：https://www.tup.com.cn/

电话：010-83470332 / 83470142

传真：8610-83470107

地址：北京市海淀区双清路学研大厦 B 座 509

邮编：100084